数学基礎コース＝K5

基礎課程 微分方程式

森本芳則・浅倉史興　共著

サイエンス社

サイエンス社のホームページのご案内
http://www.saiensu.co.jp
ご意見・ご要望は　rikei@saiensu.co.jp　まで．

まえがき

　本書は，京都大学全学共通科目ならびに総合人間学部における著者の講義ノートに加筆してまとめたものである．したがって，第1，2，3章と第6章の一部は，実際のシラバスに沿った内容となっている．

　微分方程式は理工学のあらゆる場面に現れる．科学者やエンジニアはその微分方程式を解くことにより，いろいろな現象を解析することができ，その結果，新しい知見を得たり，新しい製品を開発できるのである．

　さて，ここで「微分方程式を解けた」という意味を考えてみよう．たとえば

$$\frac{d^2x}{dt^2} - \lambda^2 x = 0 \quad (\lambda：定数)$$

という微分方程式の解は $x = ae^{\lambda t} + be^{-\lambda t}$（$a, b$：任意定数）のように，よく知られた関数で表すことができる．したがって，この場合はこのような関数を見つけられれば，微分方程式が解けたということになる．一方，実数上の連続関数 $q(t)$ をとり，微分方程式

$$\frac{d^2x}{dt^2} + [q(t) - \lambda^2]x = 0 \quad (\lambda：定数)$$

を考えると，たとえば $q(t) = t^2$ の場合はエルミート関数という，よく知られた関数が解となるが，一般の $q(t)$ についてはどのような関数が解になるか分からない．しかし，本書の第2章で解説するように，ある，2回微分可能な関数 $x(t)$ で，上記の微分方程式をみたすものが，確かに存在する．さらに，$x(0)$ と $\frac{dx}{dt}(0)$ の値を指定すれば，その解は唯一つである．したがって，逆に微分方程式が1つの（新しい）関数を定めていることになる．

　おそらく，多くの読者諸氏は「解が存在する」と証明されても，「微分方程式が解けた」とは納得できないであろう．幸いにも，現代はコンピュータを安価に使うことができるので，いろいろな近似計算（数値解法）を行うことにより，解の概要を知ることは容易い．ここで重要なのは，解の一意的な存在が保証されているので，近似計算で得られたものが，実際の解の概要を表していること

i

になる．

　解の一意的な存在が保証されていない場合でも，数値解法を行うのは有益であるが[1]，少々危険であることは承知すべきである．今日のコンピュータ万能と思われる時代において，微分方程式の数学理論は昔よりも一層重要性を増している．したがって，これから日本を背負っていく科学者やエンジニアをめざす，理工系の学生諸君に，是非とも本書を読むことにより，微分方程式を学んで欲しいのが著者の願いである．

　本書の第1章では，よく知られた関数により解ける微分方程式について解説し，解の一意性について述べる．第2章の内容は，解の存在，初期値やパラメータに関する連続的な依存性という微分方程式の基本理論で，本書の中核をなすものである．第3章は，線形微分方程式（系）：微分方程式のなかで「解の重ね合わせ」が可能なものを解説する．ここでは，線形代数が重要な役割を果たす．第4章では，非線形の微分方程式を解説するが，本書では局所的な性質を述べることに止めた．リャプノフ関数を用いると大域的な考察も可能になるが，線形近似が有効でない場合でも解析が可能になることを示すのが主眼である．第5章では境界値問題を解説する．ここでは，線形微分方程式（系）のみを扱い，理論的には境界値問題が一意的に解ける条件と双対問題の表現が中心である．本書では解説されないが，双対問題は偏微分方程式の境界値問題を扱う際に重要な役割を持つ．第6章はモノドロミー行列の解説から始めた．孤立特異点の周りの様子を記述するのに基本となるものであり，確定特異点のみならず不確定特異点における漸近展開でも有効である．後半は級数解法を扱い優級数による評価法を示した．これは，特殊関数を扱う基本手段である．優級数の扱いは，伝統的な方法とは異なり，三宅正武氏（名古屋大学名誉教授）が発案された方法に依っている．付録のコーシー－コワレフスカヤの定理の証明も同氏に負っているが，おそらく最も簡易な証明法であろう．

　本書の執筆を進める際に，著者の恩師である溝畑茂先生，熊ノ郷準先生から受けたご指導が，懐かしく思い出された．また，当時より，笠原晧司先生，浅野潔先生，島倉紀夫先生からもいろいろなことを学ぶことができたのは幸運で

---

[1] 精度保証付きの数値解法というものもあって，こちらは数値計算を行うことにより，解の存在が保証される．

まえがき

あった．これらの先生方には深く感謝する次第である．藤家龍雄先生からの紹介でサイエンス社編集部長の田島伸彦氏から執筆の依頼を受けたのは，15年ほど前であったと思う．執筆を始めてもなかなか進まず，同氏の叱咤激励，また編集業務を担当された同社の平勢耕介氏の尽力によりようやく完成までこぎ着けることができた．長い遅延をお詫びするとともに，こころから感謝の意を表したい．

2014年8月

森本　芳則
浅倉　史興

目 次

第1章 序 論　1
1.1 微 分 方 程 式 1
1.2 初期値問題と解の一意性 5
1.3 求 積 法 7
1.4 高階方程式と連立1階方程式系 19

第2章 解の存在定理　22
2.1 縮小写像の原理 22
2.2 存在定理I（コーシー–リプシッツの定理） 24
2.3 アスコリの定理と軟化子 30
2.4 存在定理II（アルツェラ–ペアノの定理） 32
2.5 初期値とパラメータに関する解の連続性と微分可能性 34

第3章 線形微分方程式　41
3.1 正規形線形微分方程式系 41
3.2 定数係数線形微分方程式系 49
3.3 代数的準備―部分分数展開― 55
3.4 行列のスペクトル分解 60
3.5 定数係数微分方程式 69

第4章 非線形微分方程式系―平衡点の安定性―　85
4.1 相空間と解軌道 85
4.2 平衡点の安定性 96
4.3 リャプノフの方法 107

第5章 境 界 値 問 題　112
5.1 2階微分方程式の境界値問題 112
5.2 微分方程式系の境界値問題 117
5.3 随伴境界値問題 121

	5.4 グリーン関数	125
第6章	解析的微分方程式系	**137**
	6.1 1変数と多変数の正則関数	137
	6.2 解析的な解の存在	143
	6.3 解析的な解の特異点—モノドロミー—	144
	6.4 確定特異点のまわりの解	150
	6.5 ベッセルの微分方程式	162
	6.6 優級数	163
	6.7 正規形の解析的微分方程式—優級数の方法—	166
	6.8 確定特異点型方程式	172
付録		**185**
	A.1 指数関数についての補足	185
	A.2 コーシー–コワレフスカヤの定理	188
問の略解		**194**
参考文献		**203**
索引		**205**

第1章

序　論

　この章では微分方程式とその解の数学的な意味について簡単な例により解説し，微分方程式論で重要な初期条件を与えると解がただ一つ定まる条件について学ぶ．また，微分方程式の形の特殊性を利用して，微積分の計算を有限回，行うことにより解を具体的に求める求積法についても述べる．

1.1　微分方程式

　18世紀末の経済学者マルサスは，人口は制限されなければ幾何級数的に増加することを主張した．これを数学モデルとして説明すると，人口の増加速度は人口数に比例するという仮定のもと微分方程式

$$\frac{dx(t)}{dt} = ax(t) \quad (a > 0 \text{ 定数}) \tag{1.1}$$

が得られる．ここで，$x(t)$ は時刻 t における人口数である．よく知られたように[1]，指数関数 e^{at} の定数倍が (1.1) の解である．$a = 6.93148 \times 10^{-4}$ のとき，人口数は千年で2倍に，2千年で4倍になり，その増加の様子は図1.1で表される．
　式 (1.1) は，現象を表す微分方程式の中で，最も簡単でかつ基本的なものである．$a < 0$ のときも意味があり，たとえば放射性同位元素の崩壊現象を表し，半減期を5千年とすると，その崩壊の様子は図1.2で与えられる．
　方程式 (1.1) は，量 $x(t)$ とその増加速度（正，負も考えて）$x'(t)$ との間の比 $x'(t)/x(t)$（$x(t)$ の増加率という）が一定の値 a であることを意味していた

---

[1] 微分方程式の解として指数関数が自然に定義される（章末参照）．

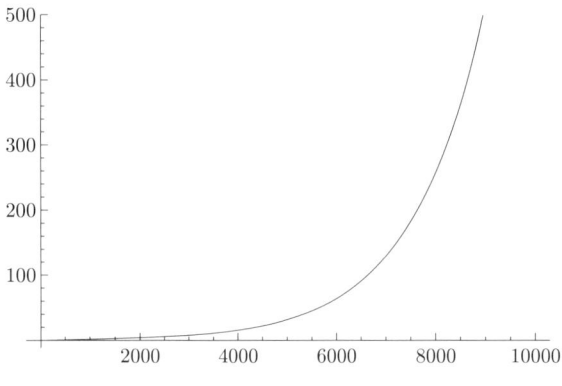

図 1.1 増殖

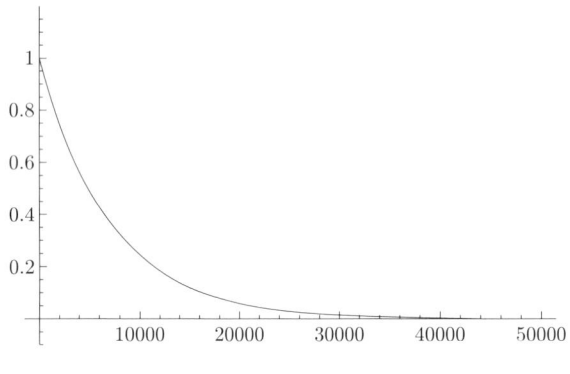

図 1.2 崩壊 (減衰)

が，試験管内のバクテリアの個体数 x などでは，個体数が増えれば栄養状態などの悪化で，増加率は減ると考えられる．最も簡単なモデルとして，増加率が $a(b-x)$ (b は飽和状態の個体数) に比例すると仮定したロジスティック方程式

$$\frac{dx}{dt} = ax(b-x), \quad a>0, b>0 \tag{1.2}$$

がある．この方程式は未知関数の変換により，(1.1) に帰着され (下記の問 1.2)，飽和状態の個体数 b を 150 として，時刻 $t=0$ の初期個体数を 1 とすると次図の太線で表される個体数の変化を見ることができる．

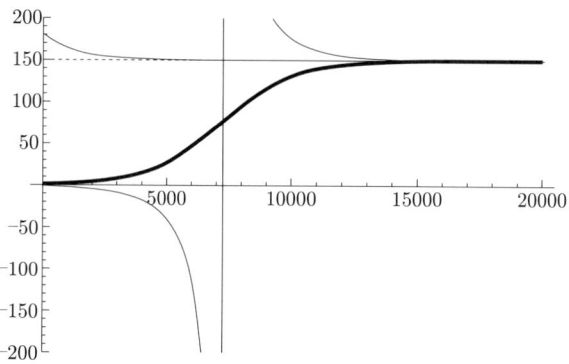

図 1.3 ロジスティック方程式の解（図 1.1 と同じ増殖率で $b = 150$）

問 1.1 微分方程式

$$\frac{dx(t)}{dt} = ax(t) \quad (a \neq 0 \text{ 定数})$$

をみたし，$x(0) = 1$ となるものは，$x(t) = e^{at}$ のみであることを示せ．

問 1.2 ロジスティック方程式 (1.2) において，未知関数の変換 $y = 1/x - 1/b$ をすることにより $y = y(t)$ が

$$\frac{dy}{dt} = -aby$$

をみたすことを示せ．また，$x(t)$ は初期値 $x(0)$ を用いて

$$x(t) = b\frac{x(0)}{x(0) + (b - x(0))e^{-abt}} \tag{1.3}$$

と表されることを示せ．

バクテリアの個体数の変化を考えるのであれば初期時刻 $t = 0$ での個体数 $x(0)$ は $0 < x(0) < b$ をみたすとしてよいが，(1.3) で与えられた解 $x(t)$ は，図 1.3 で表されるように，初期値 $x(0)$ が，$x(0) \geq b$，$x(0) \leq 0$ の場合にも意味がある．また，(1.2) の解は，(1.3) で表されるものだけ（解の一意性）であるかという疑問は，次の節で一般的に，答えを与える．

次に，ばね定数 k のばねにつながれた質量 m の物体の振動を考えよう．ば

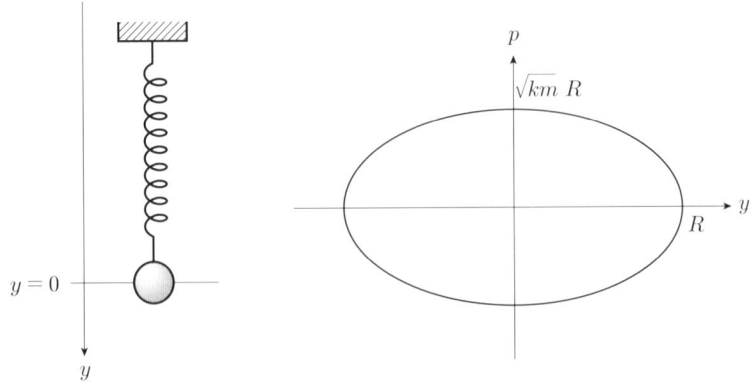

図 1.4 ばねの運動と解軌道

ねの平衡状態からの変位を x と表すと物体にかかる力は $-kx$ であり，ニュートンの法則より運動は調和振動の微分方程式

$$m\frac{d^2x}{dt^2} + kx = 0$$

で表される．ここで $R\cos\sqrt{\frac{k}{m}}t$ と $R\sin\sqrt{\frac{k}{m}}t$ は，上の微分方程式をみたすことは直接計算から明らかであろう．また，$p = m\dfrac{dx}{dt}$ とおくことにより，1階微分方程式系

$$m\frac{dx}{dt} = p, \quad \frac{dp}{dt} = -kx$$

に変形される．これは，2次元平面における微分方程式系である．

$$(x(t), p(t)) = \left(R\cos\sqrt{\frac{k}{m}}t, -R\sqrt{km}\sin\sqrt{\frac{k}{m}}t\right)$$

とおくと，これは微分方程式系の解となり，解をあらわす曲線（解軌道）は楕円である（図1.4を参照）．

簡単な微分方程式の例をあげたが，この節を終わるにあたり，微分方程式の定義を述べよう．1変数（または多変数）の未知関数と，その有限階の（偏）

導関数を含む関係式を微分方程式という．方程式に含まれる導関数が，1変数についての導関数だけのとき，方程式を**常微分方程式** (ordinary differential equation) といい，いくつかの変数についての導関数が含まれるとき，**偏微分方程式** (partial differential equation) という．本書では，主として常微分方程式を取り扱う．

未知関数 x を変数 t の関数とし，$x^{(k)}$ を x の k 次導関数とするとき，微分方程式は，一般に

$$F(t, x, x', \ldots, x^{(m-1)}, x^{(m)}) = 0 \tag{1.4}$$

の形で与えられる．m を方程式の**階数** (order) とよび，とくにこのような 1 個の未知関数を含む 1 個の微分方程式を**単独方程式** (single differential equation) という．ここで F は $m+2$ 変数の関数である．

開区間 I で定義された関数 $x(t)$ が m 回微分可能で $x^{(m)}$ が連続であるとき，$x(t)$ は I で C^m **級**または C^m **関数**であるという．また，このような関数全体を $C^m(I)$ と表す．とくに，区間 I を明示する必要がないときは，C^m で表すことがある．関数 $x(t) \in C^m(I)$ が

$$F(t, x(t), x'(t), \ldots, x^{(m-1)}(t), x^{(m)}(t)) = 0, \quad t \in I \tag{1.5}$$

をみたすとき，$x(t)$ を方程式の**解** (solution) といい，このような関数 $x(t)$ を求めることを「方程式を解く」という．また，平面 $\mathbb{R}^2_{t,x}$ におけるグラフ $\{(t, x(t))\}$ を**解曲線** (solution curve) という．方程式 (1.4) が $x^{(m)}$ について解けている場合，すなわち

$$x^{(m)} = f(t, x, x', \ldots, x^{(m-1)}) \tag{1.6}$$

と表せる場合，(1.6) を**正規形** (normal) の m 階単独方程式という．

1.2　初期値問題と解の一意性

正規形 1 階単独微分方程式

$$\frac{dx}{dt} = f(t, x) \tag{1.7}$$

を考える．ここで，$f(t,x)$ は $\mathbb{R}^2_{t,x}$ の領域 Ω で連続であるとする．さらに，任意の $(t_0, x_0) \in \Omega$ に対して，その近傍 $V_{(t_0, x_0)}$ と定数 $L > 0$ を適当にとると

$$|f(t, x_1) - f(t, x_2)| \leq L|x_1 - x_2|, \quad \forall (t, x_i) \in V_{(t_0, x_0)}, i = 1, 2$$

が成立すると仮定する．この条件を f が変数 x に関して（**局所的に**）リプシッツ条件 (Lipschitz condition) をみたすという．$(t_0, x_0) \in \Omega$ に対して，**初期条件** (initial condition)

$$x(t_0) = x_0 \tag{1.8}$$

をみたし，かつ，方程式 (1.7) を t_0 を含む開区間 I でみたす $x(t) \in C^1(I)$ を求めることを**初期値問題** (initial value problem) またはコーシー (Cauchy) 問題という．上記の仮定の下で，初期値問題は必ず解ける，すなわち適当な開区間 I で解が存在することが示されるが，その証明は次章で与えることにする．この節では，解の一意性のみについて述べよう．

定理 1.1（解の一意性）．$f(t, x)$ が $\mathbb{R}^2$ の領域 Ω で連続で，変数 x に関して局所的にリプシッツ条件をみたすと仮定する．任意の $(t_0, x_0) \in \Omega$ に対して t_0 を含む開区間 I で C^1 級な $x_1(t), x_2(t)$ が共に，初期値問題

$$\frac{dx}{dt} = f(t, x), \quad x(t_0) = x_0 \tag{1.9}$$

の解ならば，$x_1(t) = x_2(t)$（$\forall t \in I$）が成立する．

補題 1.1（グロンウォールの不等式）．$C \geq 0, L > 0$ とし，区間 $[a, b]$ で非負な連続関数 $v(t)$ が積分不等式

$$v(t) \leq C + L \int_a^t v(s)\, ds \quad (\forall t \in [a, b]) \tag{1.10}$$

をみたすならば，$v(t) \leq C e^{L(t-a)}$ が区間 $[a, b]$ で成立する．

[証明] 不等式の右辺を $C + L\int_a^t v(s)\,ds = V(t)$ とおくと，$L > 0$ より $V'(t) = Lv(t) \leq LV(t)$ が従うので，

$$\frac{d}{dt}(V(t)e^{-L(t-a)}) = e^{-L(t-a)}(V'(t) - LV(t)) \leq 0.$$

これ故，$V(t)e^{-L(t-a)}$ は単調減少関数だから $V(t)e^{-L(t-a)} \leq V(a) = C$ が成立し，$V(t) \leq Ce^{L(t-a)}$ となる．仮定の不等式 (1.10) の右辺にこれを代入して結論を得る． □

[定理 1.1 の証明] $x_i(t)$ $(i=1,2)$ が $t \in I$ で (1.9) をみたすことから，

$$x_i(t) - x_0 = \int_{t_0}^t f(s, x_i(s))\,ds, \quad \forall t \in I$$

が成立する．$x_i(t)$ は連続だから $\delta > 0$ を十分小さくとると，$\{(s, x_i(s)); t_0 \leq s \leq t_0 + \delta\}$ は，リプシッツ条件が成立する (t_0, x_0) の近傍に含まれる．従って $t_0 \leq t \leq t_0 + \delta$ ならば

$$|x_1(t) - x_2(t)| \leq \int_{t_0}^t |f(s, x_1(s)) - f(s, x_2(s))|\,ds$$

$$\leq L \int_{t_0}^t |x_1(s) - x_2(s)|\,ds$$

が成立し，前補題より $|x_1(t) - x_2(t)| = 0$ が区間 $[t_0, t_0 + \delta]$ で成立する．初期時刻 t_0 の代わりに，$t_0 + \delta$ を考えれば，ある $\delta' > 0$ が存在して $[t_0 + \delta, t_0 + \delta + \delta']$ で $x_1(t) = x_2(t)$ が示される．$t \geq t_0$ となる $t \in I$ についてはこれを繰り返せばよい．$y_i(t) = x_i(2t_0 - t)$ とおくと $\dfrac{dy_i}{dt} = -f(2t_0 - t, y_i)$，$y_i(t_0) = x_0$ が成立し，前の議論から $t \geq t_0$ で $y_1(t) = y_2(t)$ が示され，$t \leq t_0$ となる $t \in I$ についても $x_1(t) = x_2(t)$ が成立する． □

1.3 求 積 法

微分方程式が与えられたとき，四則演算，微分・積分，関数の合成及び逆関数をつくるなどの有限回の操作で，解を具体的に求めることを求積法，或いは初等解法という．求積法で解ける微分方程式は，ごく少数の形に限られるがそ

の典形的なものを以下に述べる．

変数分離形

$$\frac{dx}{dt} = \varphi(t)\psi(x) \tag{1.11}$$

を**変数分離形**の方程式という．ここで，$\varphi(t)$, $\psi(x)$ はそれぞれ，t のみ，x のみの連続関数である．$\psi(x) \neq 0$ のとき，

$$\frac{1}{\psi(x)}\frac{dx}{dt} = \varphi(t)$$

としてよいので，両辺を t について積分して

$$\int_{t_0}^{t} \frac{1}{\psi(x(t))}\frac{dx(t)}{dt}\,dt = \int_{t_0}^{t} \varphi(t)\,dt.$$

左辺について $x = x(t)$ を積分の変数変換と考えて $x_0 = x(t_0)$ と表せば，命題 A.4 より

$$\int_{x_0}^{x} \frac{1}{\psi(x)}\,dx = \int_{t_0}^{t} \varphi(t)\,dt$$

が従う．$y = g(x) = \displaystyle\int_{x_0}^{x} \frac{1}{\psi(x)}\,dx$ とおくと，$\psi(x) \neq 0$ ならば $g'(x) \neq 0$ だから，逆関数の存在定理（付録，命題 A.2）を用いて，

$$x = g^{-1}(y) = g^{-1}\left(\int_{t_0}^{t} \varphi(t)\,dt\right) \tag{1.12}$$

が解として求まる．右辺 $g^{-1}(y)$ は，$\psi(x_0) \neq 0$ をみたす $x_0 = x(t_0)$ の取り方による任意性があるが $g(x(t)) \neq 0$ である限り，方程式 (1.11) の解である．

一般に，m 階の微分方程式 $F(t, x, x', \ldots, x^{(m)}) = 0$ について，m 個の任意定数（パラメータ）$C_1, \ldots, C_m$ を含む解 $x(t; C_1, \ldots, C_m)$ を，**一般解** (general solution) という．また，$(C_1, \ldots, C_m)$ のいくつか，或いはすべてに，特定の値を代入して得られる解を**特殊解** (particular solution) という．(1.12) で与えられる解は，パラメータ x_0 を含む，(1.11) の一般解である．

一方，$\psi(x_0) = 0$ をみたす x_0 については，定数関数 $x(t) = x_0$ が方程式 (1.12)

1.3 求積法

の解になることは，(1.12) 式に代入すれば明らかである．(1.12) の形で求まる一般解と，定数解 $x(t) = x_0$（ただし，$\psi(x_0) = 0$）との関係をみるため，例題を述べる．

例題 1.1 微分方程式 $x' = 2tx(1-x)$ を解け．

[解] $x \neq 0, 1$ ならば，$\dfrac{x'}{x(1-x)} = 2t$ だから両辺を積分して

$$\int \left(\frac{1}{x} + \frac{1}{1-x}\right) dx = \int 2t\, dt.$$

従って，$\log\left|\dfrac{x}{1-x}\right| = t^2 + c$，($c$ は定数) となり，$x = \dfrac{\pm e^c e^{t^2}}{1 \pm e^c e^{t^2}}$．さらに，$C = \pm e^c$ とおけば，一般解は，$x = \dfrac{Ce^{t^2}}{1 + Ce^{t^2}}$ と表される．定数解 $x(t) = 0, 1$ はそれぞれ，$C = 0, +\infty$ とした特殊解である． □

例題 1.2 微分方程式 $x' = 3x^{\frac{2}{3}}$ を解け．

[解] $x \neq 0$ ならば，$x^{-\frac{2}{3}} x' = 3$ だから両辺を積分し $3x^{\frac{1}{3}} = 3t + 3C$，($C$ は定数)．従って，一般解は $x = (t+C)^3$ である．定数解 $x(t) = 0$ は一般解の任意定数 C をどのようにとっても得られないので，微分方程式の**特異解** (singular solution) とよばれる．$a > 0$ に対して解 $x(t; a)$ を

$$x(t) = 0 \quad (t \leq a), \quad x(t) = (t-a)^3 \quad (t > a)$$

と定義すると，$x(t; a)$，$(a > 0)$ はすべて，初期条件 $x(0) = 0$ をみたす，微分方程式の解である．前節で述べた，リプシッツ条件がみたされていないことを注意しよう． □

問 1.3 次の微分方程式を解け．

(1) $t\sqrt{1+x^2} + x\sqrt{1+t^2}\, x' = 0$ (2) $x' = \dfrac{1}{\log(2t+x+3)+1} - 2$

(ヒント：変数分離形に帰着する．(2) は，未知関数 $u = x + 2t + 3$ を考える．)

1 階線形方程式

$$\frac{dx}{dt} = a(t)x + b(t) \tag{1.13}$$

を 1 階線形方程式という．ここで，$a(t)$, $b(t)$ は連続関数とする．$b(t) = 0$ と

した方程式

$$\frac{dx}{dt} = a(t)x \tag{1.14}$$

を斉次1階線形方程式とよぶ．斉次方程式 (1.14) は変数分離形だから，一般解

$$x(t) = C\exp\left(\int_{t_0}^t a(s)\,ds\right), \quad (C \text{ は定数}) \tag{1.15}$$

が得られる．非斉次方程式 (1.13) の解を (1.15) の定数 C を関数とした

$$x(t) = c(t)\exp\int_{t_0}^t a(s)\,ds \quad (:= c(t)u(t) \text{ とおく})$$

の形で求めてみよう．$x' = c'u + cu'$ だから，(1.13) に代入すると $c'u + cu' = a(t)cu + b(t)$．$u$ は (1.14) の解であることと，$u(t) > 0$ に注意すると

$$c'(t) = \frac{b(t)}{u(t)} = b(t)\exp\left(-\int_{t_0}^t a(s)\,ds\right)$$

を得て，これから $c(t) = \int_{t_0}^t b(r)\exp\left(-\int_{t_0}^r a(s)\,ds\right)dr + C$，（$C$ は定数）を求めて，(1.13) の一般解

$$x(t) = C\exp\left(\int_{t_0}^t a(s)\,ds\right) + \int_{t_0}^t b(r)\exp\left(\int_r^t a(s)ds\right)dr, \quad (C \text{ は定数}) \tag{1.16}$$

が得られた．斉次方程式の解を用いて，非斉次方程式の解を求めるこの方法を，**定数変化法** (variation of constants) とよぶ．定数変化法は高階線形方程式にも有効である．

例題 1.3 微分方程式 $x' - 2tx = 2te^{2t^2}$ を解け．

[解] $\int_0^t 2t\,dt = t^2$ だから e^{-t^2} を方程式の両辺にかけると $\dfrac{d}{dt}(e^{-t^2}x) = 2te^{t^2}$．積分して，$e^{-t^2}x = C + e^{t^2}$．従って

$$x = Ce^{t^2} + e^{2t^2}. \qquad \square$$

完全微分形方程式

ある C^1 級の 2 変数関数 $F(t,x)$ を用いて

$$\frac{dx}{dt} = -\frac{\partial F}{\partial t}(t,x) \Big/ \frac{\partial F}{\partial x}(t,x) \tag{1.17}$$

と表される微分方程式を**完全微分形** (exact differential equation) という．$x(t)$ が (1.17) の解ならば $\frac{d}{dt}F(t,x(t)) = 0$ が従い，$F(t,x(t)) = C$，(C は定数) が成立する．逆に，$F(t,x) = C$ から定まる陰関数 $x = x(t;C)$ は (1.17) をみたす．

定理 1.2 微分方程式

$$P(t,x) + Q(t,x)\frac{dx}{dt} = 0 \tag{1.18}$$

において，P, Q を C^1 級とする．このとき，方程式が完全微分形であるための必要十分条件は

$$\frac{\partial P}{\partial x}(t,x) = \frac{\partial Q}{\partial t}(t,x) \tag{1.19}$$

が成立することである．

[証明] 方程式が完全微分形ならば，$F_t = P$，$F_x = Q$ をみたす $F(t,x)$ が存在する．$P, Q \in C^1$ だから，$P_x = F_{tx} = F_{xt} = Q_t$ が従う．十分性を示そう．(1.19) が成立するとき，(t_0, x_0) を任意にとって

$$F(t,x) = \int_{t_0}^{t} P(s, x_0)\, ds + \int_{x_0}^{x} Q(t, y)\, dy \tag{1.20}$$

とおくと，

$$F_t(t,x) = P(t, x_0) + \int_{x_0}^{x} Q_t(t, y)\, dy$$

$$= P(t, x_0) + \int_{x_0}^{x} P_x(t, y)\, dy = P(t,x),$$

$$F_x(t,x) = Q(t,x)$$

が成立し，方程式 (1.18) は完全微分形である． □

$$P(t,x) + Q(t,x)\frac{dx}{dt} = 0$$

が完全微分形でないとき，適当な関数 $u(t,x)$ を選んで，$(uP)_x = (uQ)_t$ が成立すれば，定理 1.2 から方程式

$$u(t,x)P(t,x) + u(t,x)Q(t,x)\frac{dx}{dt} = 0$$

は完全微分形になる．このような $u(t,x)$ を**積分因子** (integrating factor) という．u の条件を書き直すと

$$Q(t,x)\frac{\partial u}{\partial t} - P(t,x)\frac{\partial u}{\partial x} = \left(\frac{\partial P}{\partial x} - \frac{\partial Q}{\partial t}\right)u \tag{1.21}$$

となり，これは u を未知関数とする 1 階線形偏微分方程式である．(1.21) を具体的に解くことは一般に困難であるが，とくに $(P_x - Q_t)/Q$ が t のみの関数であれば，u を t のみの関数と考えて，方程式 (1.21) は常微分方程式

$$\frac{du}{dt} = \left(\frac{P_x - Q_t}{Q}\right)(t)u$$

となり，$u(t) = \exp\left[\int \left(\frac{P_x - Q_t}{Q}\right)(t)\,dt\right]$ が積分因子にとれる．同様に，$(P_x - Q_t)/P$ が x のみの関数であれば，$u(x) = \exp\left[\int \left(\frac{Q_t - P_x}{P}\right)(x)\,dx\right]$ が積分因子にとれる．

例題 1.4 微分方程式 $(2tx^2 + 1) + t^2 x \dfrac{dx}{dt} = 0$ について積分因子を見つけて，これを解け．

［解］ $P = 2tx^2 + 1$，$Q = t^2 x$ とすると $(P_x - Q_t)/Q = 2/t$ だから積分因子として，t^2 がとれる．$F_t = t^2 P$，$F_x = t^2 Q$ をみたす F は，

$$\frac{\partial F}{\partial t}(t,x) = 2t^3 x^2 + t^2$$

だから，t で積分して

$$F(t,x) = \frac{t^4 x^2}{2} + \frac{t^3}{3} + R(x).$$

ここで $R(x)$ を求めるため x で偏微分して

$$\frac{\partial F}{\partial x}(t,x) = t^4 x + R'(x) = t^2 Q = t^4 x.$$

従って，$R(x) = C$（定数）となるので求める解は

$$\frac{t^4 x^2}{2} + \frac{t^3}{3} = C, \quad C \text{ は任意定数}. \qquad \square$$

問 1.4 次の微分方程式を解け.

$$t^2 x + x + 1 + t(1+t^2)\frac{dx}{dt} = 0.$$

（ヒント：$(P_x - Q_t)/Q$ が t のみの関数であることに注意して，積分因子を求める.）

同次形方程式

微分方程式

$$\frac{dx}{dt} = t^{m-1} f\left(\frac{x}{t^m}\right) \tag{1.22}$$

を**一般化された同次形方程式**という（$m=1$ のときは同次形という）．$x = t^m u$ とおくと $x' = mt^{m-1}u + t^m u'$ だから方程式は $mt^{m-1}u + t^m u' = x^{m-1}f(u)$ となるので変数分離形方程式

$$\frac{du}{dt} = \frac{1}{t}\{f(u) - mu\}$$

に帰着される．

ベルヌーイ (Bernoulli) 型方程式

微分方程式

$$x' = a(t)x + b(t)x^m \tag{1.23}$$

を**ベルヌーイ型**の微分方程式という．$m=0$ または $m=1$ のときは，1階線形方程式になり一般解の表示が (1.16) で与えられた．$m \neq 0, 1$ のとき $u = x^{1-m}$ とおくと，$u' = (1-m)x^{-m}x' = (1-m)\{a(t)x^{1-m} + b(t)\}$ だから，(1.23) は線形方程式

$$u' = (1-m)\{a(t)u + b(t)\}$$

に帰着される．

問 1.5 次の微分方程式を解け．

(1) $x' + 2x = e^t$ (2) $x' + x = tx^3$

(ヒント：(2) は $y = x^{1-3}$ とおいて，1階線形方程式に帰着する．)

リッカチ (**Riccaci**) 型方程式

微分方程式

$$x' = a(t) + b(t)x + c(t)x^2 \tag{1.24}$$

を**リッカチ型**の微分方程式という．$a(t) \equiv 0$ ならばベルヌーイ型，$c(t) \equiv 0$ ならば1階線形の方程式である．一般のリッカチ型方程式について，解の求積法はないが，1つの解 $x_1(t)$ が見つかれば，一般解 $x = x(t)$ は $u(t) = x(t) - x_1(t)$ とおいて，u についての微分方程式を導くことによって求まる．実際，$u' = x' - x_1' = b(t)(x - x_1) + c(t)(x^2 - x_1^2) = b(t)u + c(t)u(u + 2x_1)$ だから，(1.24) はベルヌーイ型方程式

$$u' = (b(t) + 2c(t)x_1(t))u + c(t)u^2$$

に帰着される．

求積法で解ける正規形でない微分方程式について述べる．

クレロー (**Clairaut**) 型

微分方程式

$$x = t\frac{dx}{dt} + f\left(\frac{dx}{dt}\right) \tag{1.25}$$

を**クレロー型**の方程式という．ここで，$f(p) \in C^2$ と仮定する．(1.25) の両辺を t で微分して整理すると

$$x''(t + f'(x')) = 0$$

となり，次の2つの場合が考えられる．

1.3 求積法

　(i) $x''=0$ の場合．$x = C_1 t + C_2$（C_1, C_2 定数）であるが，(1.25) に代入すると，関係式 $C_2 = f(C_1)$ を得るので，結局，(1.25) の一般解は

$$x = Ct + f(C), \quad C \text{ は任意定数} \tag{1.26}$$

である．

　(ii) $x'' \neq 0$ の場合．まず，x が 1 次式ではないことを注意する．$t + f'(x') = 0$ が成立するが，両辺を t で再度微分すると $1 + f''(x')x'' = 0$ が従い，$f''(x') \neq 0$ である．したがって，陰関数定理により

$$t + f'(p) = 0, \quad (p = x')$$

を $p = x'$ について解くことができる．それを $p = x' = \varphi(t)$ として表して，(1.25) に代入し解

$$x = t\varphi(t) + f(\varphi(t)) \tag{1.27}$$

が得られる．この解は，1 次式でないので (1.26) の一般解の任意定数をどのようにとっても表されない．すなわち，(1.27) は方程式 (1.25) の特異解である．解 (1.27) の求め方は，パラメータ p を含む連立方程式

$$\begin{cases} t = -f'(p) \\ x = tp + f(p) \quad (= -f'(p)p + f(p)) \end{cases} \tag{1.28}$$

で p を消去したことに対応している（(1.28) は，解（曲線）のパラメータ p による表示と考えられる）．これより，特異解 (1.27) は一般解 (1.26) が与える直線群（C はパラメータ）の「包絡線」になっていることが分かる．この事実を説明するため，まず包絡線の定義を述べる．

　一般に，C^1 級関数 $\Phi(t, x, \alpha)$ が与えられたとき，$(\Phi_t(t,x,\alpha), \Phi_x(t,x,\alpha)) \neq (0,0)$ の仮定の下では，α を一つ固定すると，$\Phi = 0$ は平面 $\mathbb{R}^2_{t,x}$ における曲線 C_α を表す．パラメータ α を動かしてできる，曲線の集合を曲線族とよび $\{C_\alpha\}$ と表すことにする．

定義 1.1 パラメータ p で表される C^1 曲線 $\gamma: t = t(p), x = x(p)$ が，各点 $(t(\alpha), x(\alpha))$ で曲線 C_α と接しているとき，γ を曲線族 $\{C_\alpha\}$ の **包絡線** (envelope) という. たとえば, 任意の C^1 曲線は, その接線全体のなす直線族の包絡線である.

> **命題 1.1** $\Phi(t,x,\alpha) \in C^1$ で, $(\Phi_t(t,x,\alpha), \Phi_x(t,x,\alpha)) \neq (0,0)$ とする. C^1 曲線 $\gamma: t = t(p), x = x(p)$ が曲線族 $\{C_\alpha\}: \Phi(t,x,\alpha) = 0$ の包絡線であるための必要十分条件は,
> $$\Phi(t(p), x(p), p) = 0, \quad \Phi_\alpha(t(p), x(p), p) = 0 \tag{1.29}$$
> が成立することである.

[証明] 第 1 式は各 α について γ の点 $(t(\alpha), x(\alpha))$ が, 曲線 C_α を通ることから明らか. 第 2 式を示そう. 点 $(t(\alpha), x(\alpha))$ で曲線 C_α の法線ベクトルは $(\Phi_t(t,x,\alpha), \Phi_x(t,x,\alpha))|_{(t,x)=(t(\alpha),x(\alpha))}$, γ の接線ベクトルは $(t'(\alpha), x'(\alpha))$ で, 両ベクトルは直交するから

$$\Phi_t(t(\alpha), x(\alpha), \alpha) t'(\alpha) + \Phi_x(t(\alpha), x(\alpha), \alpha) x'(\alpha) = 0 \tag{1.30}$$

が成立する. 等式 $\Phi(t(p), x(p), p) = 0$ の両辺を p で微分して, $p = \alpha$ を代入して上の式を用いれば, 証明すべき第 2 式 $(p = \alpha)$ を得る. 逆に C^1 曲線 $\gamma: t = t(p), x = x(p)$ が (1.30) をみたせば, γ の点 $(t(\alpha), x(\alpha))$ は, 第 1 式から曲線 C_α 上にあり, また第 2 式から (1.30) が成立するので C_α と γ は点 $(t(\alpha), x(\alpha))$ で接している. □

この命題より, $\Phi(t, x, \alpha) = 0$ と $\Phi_\alpha(t, x, \alpha) = 0$ とから α を消去して関係式 $R(t, x) = 0$ が得られれば, それをみたす点の集合は包絡線の軌跡である. まとめると, クレロー型方程式 (1.25) の一般解

$$\Phi(t, x, C) := Ct + f(C) - x = 0 \quad (C \text{ はパラメータ})$$

が表す曲線 (直線) 族の包絡線を

$$Ct + f(C) - x = 0, \quad t + f'(C) = 0$$

から求めると, それは (1.25) の特異解になっている. より一般に次が成立する.

> **定理 1.3** 微分方程式 $F(t,x,x')=0$ の一般解が
> $$\Phi(t,x,C)=0 \quad (C \text{ はパラメータ}) \tag{1.31}$$
> で与えられるとき、曲線族 (1.31) が包絡線 $\gamma: x=\varphi(t) \in C^1$ を持てば、$F(t,\varphi(t),\varphi'(t))=0$ が成立し、$\varphi(t)$ は特異解になる。ただし、$\Phi \in C^1$, $\Phi_x \neq 0$ とする。

[証明]　(1.31) で定まる一般解を $x=x(t;C)$ と表す。包絡線の定義から、γ 上の任意の点 $(t_0,\varphi(t_0))$ に対してある C_0 が存在して $\Phi(t_0,\varphi(t_0),C_0)=0$ が成立し、さらに $\varphi(t_0)=x(t_0;C_0)$, $\varphi'(t_0)=x'(t_0;C_0)$ が従う。$x(t,C_0)$ は (1.31) の解なので
$$0 = F(t_0,x(t_0;C_0),x'(t_0;C_0)) = F(t_0,\varphi(t_0),\varphi'(t_0))$$
が成立する。t_0 は任意なので求める関係式を得る。　□

例題 1.5　微分方程式 $x=tx'+(x')^2$ を解け。

[解]　この方程式の両辺を微分して整理すると
$$x''(t+2x')=0.$$
従って、一般解は
$$x=Ct+C^2, \quad C \text{ は任意定数}.$$
また、特異解は、曲線 $\begin{cases} t=-2p \\ x=-2p^2+p^2=-p^2 \end{cases}$ から p を消去して $x=-\dfrac{t^2}{4}$ である。　□

クレロー型方程式の解法にみられるように、その両辺を t で微分するという方法は、より一般な方程式
$$x=f(t,p), \quad \left(p=\dfrac{dx}{dt}\right)$$
に適用できる場合が多い。その一つとして次の形を考える。

ラグランジュ (Lagrange) 型

微分方程式
$$x=tf(p)+g(p), \quad \left(p=\dfrac{dx}{dt}\right) \tag{1.32}$$

をラグランジュ型の方程式という．$f(p) = p$ ならばクレロー型だから $f(p) \not\equiv p$ とする．(1.32) の両辺を t で微分すると

$$p = f(p) + (tf'(p) + g'(p))\frac{dp}{dt}. \tag{1.33}$$

$f(p) \neq p$ ならば $\dfrac{dp}{dt} \neq 0$ が従い，t の代わりに p を独立変数と考えると線形微分方程式

$$\frac{dt}{dp} = F(p)t + G(p)$$

を得る．ただし，$F(p) = \dfrac{f'(p)}{p - f(p)}$, $G(p) = \dfrac{g'(p)}{p - f(p)}$ である．この線形方程式の一般解は (1.16) により

$$t = C\exp\left(\int_{p_0}^{p} F(s)\,ds\right) + \int_{p_0}^{p} G(r)\exp\left(\int_{r}^{p} F(s)\,ds\right)dr, \quad C \text{ は定数} \tag{1.34}$$

で与えられる．(1.34) と (1.32) から p を消去して方程式 (1.32) の一般解は求まるが，(1.32)，(1.34) を合わせて，解のパラメータ p による表示と考えてもよい．一方，$f(p) = p$ が根を持つ場合，その一つの根を $p = \lambda$ とすると，これを (1.32) に代入した

$$x = tf(\lambda) + g(\lambda) \tag{1.35}$$

も容易に微分方程式 (1.32) の解になることが分かる（$\because f(f(p)) = f(p)$）．この解は一般に特異解になる．

例題 1.6 微分方程式 $2x = tx' + (x')^2$ を解け．

[解] この方程式の両辺を微分すると $2p = p + t\dfrac{dp}{dt} + 2p\dfrac{dp}{dt}$. t の微分方程式とみると $p\dfrac{dt}{dp} = t + 2p$ となる．$p \neq 0$ のとき，これを解いて

$$t = p(\log p^2 + C), \quad C \text{ は定数}.$$

元の方程式

$$x = \frac{1}{2}(tp + p^2) = \frac{p^2}{2}(\log p^2 + (C+1))$$

と合わせて，一般解のパラメータ表示を得る．一方 $p = 0$ から特異解 $x \equiv 0$ を得る． □

問 1.6 微分方程式

$$2p^2 + 2t^2 p - 3tx = 0, \quad \left(p = \frac{dx}{dt}\right)$$

を解け．
(ヒント：クレロー，ラグランジュ型と同様，方程式を t で微分する．得られた式の x を元の方程式を使って消去し，$\frac{dp}{dt}$ を求めよ．)

1.4 高階方程式と連立 1 階方程式系

2 つの未知関数 $x(t)$, $y(t)$ が存在する場合，2 つの微分方程式からなる次の 2 元連立微分方程式系が一般に考察される．

$$\begin{cases} F(t, x, x', \ldots, x^{(m-1)}, x^{(m)}, y, y', \ldots, y^{(n-1)}, y^{(n)}) = 0 \\ G(t, x, x', \ldots, x^{(m-1)}, x^{(m)}, y, y', \ldots, y^{(n-1)}, y^{(n)}) = 0 \end{cases} \quad (1.36)$$

ここで，F, G は $m + n + 3$ 変数の関数である．系 (1.36) は最高階として，それぞれ，x について m 階，y について n 階の導関数を含んでいる．連立方程式系 (1.36) が最高階の導関数 $x^{(m)}$, $y^{(n)}$ について解けていて，

$$\begin{cases} x^{(m)} = f(t, x, x', \ldots, x^{(m-1)}, y, y', \ldots, y^{(n-1)}) \\ y^{(n)} = g(t, x, x', \ldots, x^{(m-1)}, y, y', \ldots, y^{(n-1)}) \end{cases} \quad (1.37)$$

と表せる場合，(1.37) を正規形の 2 元連立微分方程式系という．$\max(m, n)$ を方程式系の階数とよぶことにする．同様に，未知関数が $x_1, x_2, \ldots, x_k$ と k 個ある場合，k 個の式からなる k 元連立微分方程式系が考察される．

正規形の m 階単独方程式

$$x^{(m)} = f(t, x, x', \ldots, x^{(m-1)}) \quad (1.38)$$

を解くことは，m 個の未知関数に対する正規形 1 階 m 元連立微分方程式系を解くことに帰着できる．実際，m 個の未知関数を $x_1(t) = x(t), x_2(t) = x'(t), \ldots,$ $x_{m-1}(t) = x^{(m-2)}(t), x_m(t) = x^{(m-1)}(t)$ と定義すると，(1.38) から方程式系

$$\begin{cases} x'_j = x_{j+1}, & 1 \leq j \leq m-1 \\ x'_m = f(t, x_1, x_2, \ldots, x_m) \end{cases} \tag{1.39}$$

が成立する．逆に，(1.39) が成立すれば，$x(t) = x_1(t)$ とおくと $x^{(j)}(t) = (x^{(j-1)})' = x'_j = x_{j+1}(t)$ $(j = 1, \ldots, m-1)$ が帰納的に (1.39) の上段の関係式から成立し，これを下段の式に代入して，$x(t)$ が (1.38) をみたすことが分かる．

第 2 節で正規形 1 階単独方程式の初期値問題を述べたが，正規形 m 階単独方程式 (1.38) についても，$t = t_0$ で初期条件

$$x(t_0) = x_1^0, \; x'(t_0) = x_2^0, \ldots, \; x^{(m-1)}(t_0) = x_m^0 \tag{1.40}$$

をみたし，t_0 を含む開区間 I で (1.38) をみたす解 $x(t) \in C^m(I)$ を求める初期値問題（Cauchy 問題）が考察される．前段落で述べたように，(1.38) の解を求めることは，(1.39) の解を求めることと同値なので，初期値問題 (1.38) (1.40) の解の存在と一意性は，一般の 1 階連立方程式系に対する初期値問題

$$\begin{cases} x'_1 = f_1(t, x_1, \ldots, x_{m-1}, x_m) \\ \vdots \quad \vdots \qquad\qquad \vdots \\ x'_m = f_m(t, x_1, \ldots, x_{m-1}, x_m) \end{cases} \tag{1.41}$$

$$(x_1(t_0), \ldots, x_{m-1}(t_0), x_m(t_0)) = (x_1^0, \ldots, x_{m-1}^0, x_m^0) \tag{1.42}$$

に対する解 $x_1(t), \ldots, x_{m-1}(t), x_m(t) \in C^1(I)$ の存在と一意性に帰着される．

$\mathbb{R}^m$ に値をとる（ベクトル値）関数を $\boldsymbol{x}(t) = {}^t[x_1(t), \ldots, x_m(t)]$ と表し $\boldsymbol{f}(t, \boldsymbol{x})$ を

$$\boldsymbol{f}(t, \boldsymbol{x}) = \begin{bmatrix} f_1(t, x_1, \ldots, x_m) \\ \vdots \\ f_m(t, x_1, \ldots, x_m) \end{bmatrix}$$

1.4 高階方程式と連立1階方程式系

とおけば,初期値問題 (1.41) (1.42) は,初期値を $\boldsymbol{x}_0 = {}^t[x_1^0, \ldots, x_{m-1}^0, x_m^0]$ とすれば

$$\frac{d\boldsymbol{x}}{dt} = \boldsymbol{f}(t, \boldsymbol{x}), \quad \boldsymbol{x}(t_0) = \boldsymbol{x}_0 \tag{1.43}$$

と簡略に表すことができる.ベクトル値関数 $\boldsymbol{f}(t, \boldsymbol{x})$ が $\mathbb{R}_{t,\boldsymbol{x}}^{m+1}$ の領域 Ω で連続ならば,任意の $(t_0, \boldsymbol{x}_0) \in \Omega$ に対して,初期値問題の解は存在する(アルツェラ–ペアノの定理).さらに,$\mathbb{R}^m$ のベクトル $\boldsymbol{x}$ の大きさ(ノルム[2])を

$$|\boldsymbol{x}| = \sqrt{x_1^2 + x_2^2 + \cdots + x_m^2}$$

と定義するとき,1.2 節で述べた,変数 $\boldsymbol{x}$ に関するリプシッツ条件

$$\forall (t_0, \boldsymbol{x}_0) \in \Omega, \exists V_{(t_0, \boldsymbol{x}_0)}, \exists L > 0 ;$$
$$|\boldsymbol{f}(t, \boldsymbol{x}_1) - \boldsymbol{f}(t, \boldsymbol{x}_2)| \leq L|\boldsymbol{x}_1 - \boldsymbol{x}_2|, \quad \forall (t, \boldsymbol{x}_i) \in V_{(t_0, \boldsymbol{x}_0)}, i = 1, 2$$

が成立するならば,解の一意性(定理 1.1 参照)が成立する.一意性の証明は,未知関数 $x(t)$ をベクトル値関数 $\boldsymbol{x}(t) \in \mathbb{R}^m$ に置き換え,関数の大きさ $|x(t)|$ をベクトル値関数の大きさ $|\boldsymbol{x}(t)|$ に置き換えれば,定理 1.1 の証明と全く同じである.アルツェラ–ペアノの定理は次章で述べる.

---

[2] 次章 2.1 節を参照.

第2章 解の存在定理

この章では，前章 1.4 節で述べた連立 1 階微分方程式系の初期値問題

$$\frac{d\boldsymbol{x}}{dt} = \boldsymbol{f}(t, \boldsymbol{x}), \quad \boldsymbol{x}(t_0) = \boldsymbol{x}_0,$$

に対する解の存在定理（アルツェラ-ペアノの定理）を証明する．解の存在定理は，与えられた微分方程式が複雑で求積法で解を具体的に見つけることができない場合でも，解の存在を数学理論として保証するものである．また，応用面でも重要な方程式がパラメータを含む場合について，解のパラメータに関する連続性，微分可能性が論じられる．

2.1 縮小写像の原理

$\mathbb{B}$ を $\mathbb{C}$ 上のベクトル空間とする．$\mathbb{B}$ の元 $\boldsymbol{x}$ に対して $\mathbb{R}$ の元 $\|\boldsymbol{x}\|$ を対応させる写像で次の性質をみたすものを，ノルムという．

(i) $\|\boldsymbol{x}\| \geq 0, \forall \boldsymbol{x} \in \mathbb{B}, \|\boldsymbol{x}\| = 0$ ならば $\boldsymbol{x} = \boldsymbol{0}$
(ii) $\|\alpha \boldsymbol{x}\| = |\alpha| \|\boldsymbol{x}\|, \quad \forall \alpha \in \mathbb{C}, \forall \boldsymbol{x} \in \mathbb{B}$
(iii) $\|\boldsymbol{x} + \boldsymbol{y}\| \leq \|\boldsymbol{x}\| + \|\boldsymbol{y}\|, \quad \forall \boldsymbol{x}, \boldsymbol{y} \in \mathbb{B}$

$\mathbb{B}$ の点列 $\{\boldsymbol{x}_n\}_{n=1}^{\infty}$ が次をみたすとき，コーシー (Cauchy) 列という．

$$\forall \varepsilon, \exists n_0 = n_0(\varepsilon) \in \mathbb{N}; \|\boldsymbol{x}_p - \boldsymbol{x}_q\| < \varepsilon, \quad p > q \geq n_0.$$

$\mathbb{B}$ の任意のコーシー列が収束列であるとき，$\mathbb{B}$ は完備であるという．完備なベクトル空間 $\mathbb{B}$ をバナッハ空間という．

2.1 縮小写像の原理

例 2.1 n 次複素ベクトル全体 $\mathbb{C}^n$ において，$\boldsymbol{x} \in \mathbb{C}^n$ に対して

$$\|\boldsymbol{x}\| = \sqrt{|x_1|^2 + |x_2|^2 + \cdots + |x_m|^2}$$

と定義すると，ノルムの性質 (i)–(iii) がみたされる．さらに，コーシーの収束定理より $\mathbb{C}^n$ は完備である．

例 2.2 区間 $[a, b]$ で定義された連続関数全体がつくる集合 $C([a,b])$ において，$f(t) \in C([a,b])$ に対して

$$\|f\| = \max_{t \in [a,b]} |f(t)|$$

と定義すると，ノルムの性質 (i)–(iii) がみたされる．さらに，（連続な関数列の一様収束極限関数は連続であるから）$C([a,b])$ は完備である．

$\mathbb{B}$ の部分集合 $\mathcal{F}$ からそれ自身 $\mathcal{F}$ への写像 Φ が，適当な $0 < K < 1$ に対して

$$\|\Phi(\boldsymbol{x}) - \Phi(\boldsymbol{y})\| \leq K\|\boldsymbol{x} - \boldsymbol{y}\|, \quad \forall \boldsymbol{x}, \boldsymbol{y} \in \mathcal{F} \tag{2.1}$$

をみたすとき，Φ を $\mathcal{F}$ 上の（ノルム $\|\cdot\|$ に関する）**縮小写像**であるという．

定理 2.1（不動点定理）． $\mathcal{F}$ をバナッハ空間 $\mathbb{B}$ の閉集合とする．Φ が $\mathcal{F}$ から $\mathcal{F}$ への縮小写像であるならば，

$$\Phi(\boldsymbol{x}) = \boldsymbol{x} \tag{2.2}$$

をみたす元 $\boldsymbol{x} \in \mathcal{F}$ が $\mathcal{F}$ において唯一つ，存在する（(2.2) をみたす $\boldsymbol{x}$ を写像 Φ の不動点という）．

[証明] $\boldsymbol{x}_0 \in \mathcal{F}$ を一つとって，$\boldsymbol{x}_1 = \Phi(\boldsymbol{x}_0)$ とおくと，$\boldsymbol{x}_1 \in \mathcal{F}$ である．

$$\boldsymbol{x}_2 = \Phi(\boldsymbol{x}_1), \ldots, \boldsymbol{x}_k = \Phi(\boldsymbol{x}_{k-1}), \ldots$$

と帰納的に $\boldsymbol{x}_k \in \mathcal{F}$ を定義すると，$\{\boldsymbol{x}_k\}_{k=1}^{\infty}$ は，コーシー列である．なぜならば，(2.1) より

$$\|\boldsymbol{x}_{k+1} - \boldsymbol{x}_k\| = \|\Phi(\boldsymbol{x}_k) - \Phi(\boldsymbol{x}_{k-1})\| \leq K\|\boldsymbol{x}_k - \boldsymbol{x}_{k-1}\|$$

$$\leq K^2\|\boldsymbol{x}_{k-1}-\boldsymbol{x}_{k-2}\|\leq\cdots\leq K^{k-1}\|\boldsymbol{x}_2-\boldsymbol{x}_1\|.$$

従って，$p>q$ について

$$\|\boldsymbol{x}_p-\boldsymbol{x}_q\|=\|(\boldsymbol{x}_p-\boldsymbol{x}_{p-1})+\cdots+(\boldsymbol{x}_{q+1}-\boldsymbol{x}_q)\|$$
$$\leq\sum_{j=q}^{p-1}\|\boldsymbol{x}_{j+1}-\boldsymbol{x}_j\|\leq\sum_{j=q}^{p-1}K^{j-1}\|\boldsymbol{x}_2-\boldsymbol{x}_1\|$$
$$\leq\frac{K^{q-1}}{1-K}\|\boldsymbol{x}_2-\boldsymbol{x}_1\|.$$

$\mathbb{B}$ は完備だから $\boldsymbol{x}\in\mathbb{B}$ が存在して $\|\boldsymbol{x}_k-\boldsymbol{x}\|\to 0$ $(k\to\infty)$ が成立する．$\mathcal{F}$ は閉集合だから，$\boldsymbol{x}\in\mathcal{F}$ である．

$$\|\Phi(\boldsymbol{x}_k)-\Phi(\boldsymbol{x})\|\leq K\|\boldsymbol{x}_k-\boldsymbol{x}\|\to 0\quad(k\to\infty)$$

が成立するので，$\Phi(\boldsymbol{x}_k)=\boldsymbol{x}_{k+1}$ で $k\to\infty$ とすることにより (2.2) を得る．(2.2) をみたす $\boldsymbol{x}\in\mathcal{F}$ は唯一つである．なぜならば，$\boldsymbol{y}\in\mathcal{F}$ が $\Phi(\boldsymbol{y})=\boldsymbol{y}$ をみたせば，(2.1) より

$$\|\boldsymbol{x}-\boldsymbol{y}\|=\|\Phi(\boldsymbol{x})-\Phi(\boldsymbol{y})\|\leq K\|\boldsymbol{x}-\boldsymbol{y}\|$$

なので，$(1-K)\|\boldsymbol{x}-\boldsymbol{y}\|\leq 0$ となる．従って $\boldsymbol{x}=\boldsymbol{y}$. □

2.2 存在定理I（コーシー–リプシッツの定理）

連立1階微分方程式系に対する初期値問題

$$\frac{d\boldsymbol{x}}{dt}=\boldsymbol{f}(t,\boldsymbol{x}),\quad \boldsymbol{x}(t_0)=\boldsymbol{x}_0 \tag{2.3}$$

を考察する．ここで，$\boldsymbol{f}(t,\boldsymbol{x})$ は $\mathbb{R}^{m+1}_{t,\boldsymbol{x}}$ の領域 Ω で連続な $\mathbb{R}^m$ 値関数で，変数 $\boldsymbol{x}$ に関するリプシッツ条件

$$\forall(t_0,\boldsymbol{x}_0)\in\Omega,\ \exists L>0,\ \exists V_{(t_0,\boldsymbol{x}_0)}\ ((t_0,\boldsymbol{x}_0)\text{ の近傍});$$
$$|\boldsymbol{f}(t,\boldsymbol{x}_1)-\boldsymbol{f}(t,\boldsymbol{x}_2)|\leq L|\boldsymbol{x}_1-\boldsymbol{x}_2|,\quad \forall(t,\boldsymbol{x}_i)\in V_{(t_0,\boldsymbol{x}_0)}, i=1,2 \tag{2.4}$$

をみたすと仮定する．

2.2 存在定理 I（コーシー–リプシッツの定理）

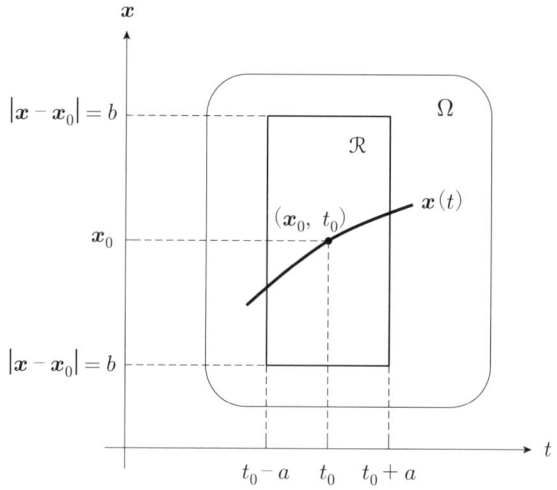

図 2.1 存在定理

定理 2.2（コーシー–リプシッツ (Cauchy–Lipschitz)）. $\mathbb{R}^{m+1}_{t,\boldsymbol{x}}$ の領域 Ω で $\boldsymbol{f}(t,\boldsymbol{x})$ が連続で，かつ $\boldsymbol{x}$ に関してリプシッツ連続ならば，任意の (t_0, x_0) に対して t_0 を含む区間 I が存在して，初期値問題 (2.3) の解 $\boldsymbol{x}(t) \in C^1(I)$ が唯一つ存在する．

[証明] 初期値問題 (2.3) の解 $\boldsymbol{x}(t) \in C^1(I)$ を求めることは，微分積分学の基本定理（付録の命題 A.3 参照）より積分方程式

$$\boldsymbol{x}(t) = \boldsymbol{x}_0 + \int_{t_0}^{t} \boldsymbol{f}(s, \boldsymbol{x}(s))\, ds \tag{2.5}$$

をみたす連続関数 $\boldsymbol{x}(t) \in C(I)$ を求めることと同値である．Ω に含まれる矩形

$$\mathcal{R} = \{(t, \boldsymbol{x}) \in \mathbb{R}^{m+1}; |t - t_0| \le a, |\boldsymbol{x} - \boldsymbol{x}_0| \le b\}$$

をとる．$a, b > 0$ を小さくとって，リプシッツ条件の $V_{(t_0, \boldsymbol{x}_0)}$ に $\mathcal{R}$ は含まれるようにする．$\boldsymbol{f}$ は $\mathcal{R}$ で連続だから，$M = \max_{\mathcal{R}} |\boldsymbol{f}(t, \boldsymbol{x})|$ が存在する．必要ならば，$a > 0$ をあらためて，小さくとることにより $Ma \le b$ が成立すると仮定してよい．$I = [t_0 - a, t_0 + a]$ とおくとき，I 上の $\mathbb{R}^m$ 値連続関数全体がつくる集合 $C(I; \mathbb{R}^m)$ は，

$\boldsymbol{\varphi}(t) \in C(I; \mathbb{R}^m)$ に対してノルムを $\|\boldsymbol{\varphi}\| = \max_{t \in I} |\boldsymbol{\varphi}(t)|$ と定義すると，バナッハ空間である．$C(I; \mathbb{R}^m)$ の集合 $\mathcal{F}$ を

$$\mathcal{F} = \{\boldsymbol{\varphi}(t) \in C(I; \mathbb{R}^m) ; \boldsymbol{\varphi}(t_0) = \boldsymbol{x}_0, \|\boldsymbol{\varphi} - \boldsymbol{x}_0\| \leq b\}$$

と定義すると，$\mathcal{F}$ は閉集合である．(2.5) の右辺を考慮して

$$(\Phi(\boldsymbol{\varphi}))(t) = \boldsymbol{x}_0 + \int_{t_0}^{t} \boldsymbol{f}(s, \boldsymbol{\varphi}(s))\, ds$$

で写像 Φ を定義すると，Φ は，$\mathcal{F}$ から $\mathcal{F}$ への写像である．実際，$\boldsymbol{\varphi} \in \mathcal{F}$ ならば $(\Phi(\boldsymbol{\varphi}))(t_0) = \boldsymbol{x}_0$ は明らかであるが，

$$\|\Phi(\boldsymbol{\varphi}) - \boldsymbol{x}_0\| = \max_{t \in I} \left| \int_{t_0}^{t} \boldsymbol{f}(s, \boldsymbol{\varphi}(s))\, ds \right|$$

$$\leq \max_{t \in I} \left| \int_{t_0}^{t} \max_{(s, \boldsymbol{x}) \in \mathcal{R}} |\boldsymbol{f}(s, \boldsymbol{x})|\, ds \right| \leq Ma \leq b$$

が成立し $\Phi(\boldsymbol{\varphi}) \in \mathcal{F}$ である．上で述べたノルム $\|\cdot\|$ では，Φ が縮小写像にはならないので，新たなノルムを導入する．$\lambda > 0$ とするとき，$\boldsymbol{\varphi}(t) \in C(I; \mathbb{R}^m)$ に対して

$$\|\boldsymbol{\varphi}\|_\lambda = \max_{t \in I} e^{-\lambda |t - t_0|} |\boldsymbol{\varphi}(t)|$$

と定義すると，明らかに

$$\|\boldsymbol{\varphi}\|_\lambda \leq \|\boldsymbol{\varphi}\| \leq e^{\lambda a} \|\boldsymbol{\varphi}\|_\lambda$$

が成立し，ノルム $\|\cdot\|_\lambda$ に関しても，$C(I; \mathbb{R}^m)$ はバナッハ空間になる．リプシッツ条件より

$$\|\Phi(\boldsymbol{\varphi}) - \Phi(\boldsymbol{\psi})\|_\lambda = \max_{t \in I} \left| e^{-\lambda |t - t_0|} \int_{t_0}^{t} \boldsymbol{f}(s, \boldsymbol{\varphi}(s)) - \boldsymbol{f}(s, \boldsymbol{\psi}(s))\, ds \right|$$

$$\leq \max_{t \in I} \left| \int_{t_0}^{t} L \left(\max_{s \in I} e^{-\lambda |s - t_0|} |\boldsymbol{\varphi}(s) - \boldsymbol{\psi}(s)| \right) e^{-\lambda |t - s|}\, ds \right|$$

$$= \frac{L}{\lambda} (1 - e^{-\lambda a}) \|\boldsymbol{\varphi} - \boldsymbol{\psi}\|_\lambda$$

が従うので，$\lambda > L$ に選べば，Φ はノルム $\|\cdot\|_\lambda$ に関して縮小写像になる．したがって，$\boldsymbol{x}(t) \in \mathcal{F}$ で $\boldsymbol{x} = \Phi(\boldsymbol{x})$ をみたすものが唯一つ存在する．$\boldsymbol{x}(t)$ は (2.5) の解である． □

2.2 存在定理 I (コーシー－リプシッツの定理)

注意 2.1 上の定理の証明では，解の存在範囲 $I = [t_0 - a, t_0 + a]$ がリプシッツ条件の定数 L に無関係である．通常のノルム $\|\cdot\|$ を採用しても

$$\|\Phi(\boldsymbol{\varphi}) - \Phi(\boldsymbol{\psi})\| = \max_{t \in I} \left| \int_{t_0}^{t} \boldsymbol{f}(s, \boldsymbol{\varphi}(s)) - \boldsymbol{f}(s, \boldsymbol{\psi}(s)) \, ds \right|$$

$$\leq \max_{s \in I} L |\boldsymbol{\varphi}(s) - \boldsymbol{\psi}(s)| a = La \|\boldsymbol{\varphi} - \boldsymbol{\psi}\|$$

と評価できるので，$aL < 1$ ならば，Φ はノルム $\|\cdot\|$ に関して，縮小写像である．この方法では，リプシッツ条件の定数 L が大きくなると解の存在範囲が狭くなり，以下に述べる，アルツェラ－ペアノの定理の証明には，適さない．

前章の終わりで述べたように，初期値問題 (2.3)（前章 (1.43)) は，$\boldsymbol{f}(t, \boldsymbol{x})$ が $\mathbb{R}_{t,\boldsymbol{x}}^{m+1}$ の領域 Ω で連続な $\mathbb{R}^m$ 値関数でありさえすれば，解を持つ（リプシッツ条件の仮定はなくてもよい）．実際,

---

定理 2.3（アルツェラ－ペアノ (Arzelà–Peano)）. $\mathbb{R}_{t,\boldsymbol{x}}^{m+1}$ の領域 Ω で $\boldsymbol{f}(t, \boldsymbol{x})$ が連続ならば，任意の $(t_0, \boldsymbol{x}_0)$ に対して t_0 を含む区間 I が存在して，初期値問題 (2.3) の解 $\boldsymbol{x}(t) \in C^1(I)$ が存在する．

この定理の証明には少し準備が必要なので，それは 2.4 節で与える．

初期値問題 (2.3) の解の存在範囲について述べる．前定理（アルツェラ－ペアノの定理）から，t_0 を含む区間 $I_a = [t_0 - a, t_0 + a]$ で解 $\boldsymbol{x}(t)$ の存在が示された．$(t_0 + a, \boldsymbol{x}(t_0 + a)) \in \Omega$ なので，この点を $(t_0, \boldsymbol{x}_0)$ の代わりにとって，前定理を適用すれば，ある $a' > 0$ と，$t_0 + a$ を含む区間 $[t_0 + a - a', t_0 + a + a']$ で連続な関数 $\tilde{\boldsymbol{x}}(t)$ が存在して，その区間で

$$\tilde{\boldsymbol{x}}(t) = \boldsymbol{x}(t_0 + a) + \int_{t_0 + a}^{t} \boldsymbol{f}(s, \tilde{\boldsymbol{x}}(s)) \, ds \tag{2.6}$$

が成立する．$t_0 + a < t \leq t_0 + a + a'$ において $\boldsymbol{x}(t) = \tilde{\boldsymbol{x}}(t)$ とおいて定義域を拡張すると，この区間で $\boldsymbol{x}(t)$ は連続関数で，(2.6) と (2.3) から

$$\boldsymbol{x}(t) = \boldsymbol{x}_0 + \int_{t_0}^{t_0 + a} \boldsymbol{f}(s, \boldsymbol{x}(s)) \, ds + \int_{t_0 + a}^{t} \boldsymbol{f}(s, \boldsymbol{x}(s)) \, ds$$

$$= \boldsymbol{x}_0 + \int_{t_0}^{t} \boldsymbol{f}(s, \boldsymbol{x}(s))\, ds$$

が従うので,拡張された定義域で初期値問題 (2.3) の解である.端点 $t_0 + a + a'$ で再度,同じ議論をくり返せば,解の存在範囲を t_0 の右にさらに右に延ばすことができる.この解の延長は $(t, \boldsymbol{x}(t))$ が Ω にとどまる限り続けることができる.解の存在範囲を t_0 の左に延張することも,同様に $(t, \boldsymbol{x}(t))$ が Ω にとどまる限りで可能である.

定理 2.4 I を $\mathbb{R}_t$ の開区間であり,$\boldsymbol{f}(t, \boldsymbol{x})$ が領域 $I \times \mathbb{R}^m$ で連続とする.I の任意の有界閉区間 J に対して $[0, \infty)$ で定義された正値連続関数 $\Phi(r)$ が存在して

$$\begin{cases} |\boldsymbol{f}(t, \boldsymbol{x})| \leq \Phi(|\boldsymbol{x}|), & \forall (t, \boldsymbol{x}) \in J \times \mathbb{R}^m \\ \displaystyle\int_0^\infty \frac{dr}{\Phi(r)} = \infty \end{cases} \tag{2.7}$$

をみたすならば,任意の $(t_0, \boldsymbol{x}_0) \in I \times \mathbb{R}^m$ について初期値問題

$$\frac{d\boldsymbol{x}}{dt} = \boldsymbol{f}(t, \boldsymbol{x}), \quad \boldsymbol{x}(t_0) = \boldsymbol{x}_0$$

の解 $\boldsymbol{x}(t)$ は,全区間 I で存在する.

[証明] $I = (a, b)$ とする ($a = -\infty$, $b = \infty$ の場合も含む).初期値問題の解の最大存在区間を (T_*, T^*) とすると,解の延長で述べたように $T^* < b$ ならば $\lim_{t \to T^*} |\boldsymbol{x}(t)| = \infty$ が成立する.$r = r(t) = |\boldsymbol{x}(t)|$ とおくと,$r^2 = \boldsymbol{x} \cdot \boldsymbol{x}$ より

$$r(t) r'(t) = \frac{1}{2} \frac{dr^2}{dt} = \boldsymbol{x} \cdot \boldsymbol{x}' = \boldsymbol{x} \cdot \boldsymbol{f}(t, \boldsymbol{x}) \leq |\boldsymbol{x}| |\boldsymbol{f}(t, \boldsymbol{x})| \leq r(t) \Phi(r(t)).$$

$\delta > 0$ が十分小ならば,$(T^* - \delta, T^*)$ で $r(t) > 0$ より,そこで $r'(t) \leq \Phi(r(t))$ が成立し,

$$\int_{t_0}^{t} \frac{r'(s)\, ds}{\Phi(r(s))} \leq t - t_0 < T^* - t_0 \quad \text{if } T^* - \delta < t_0 < t < T^*$$

を得る.左辺は置換積分の公式より $\displaystyle\int_{r(t_0)}^{r(t)} \frac{dr}{\Phi(r)}$ に等しく,

2.2 存在定理 I（コーシー–リプシッツの定理）

$$\int_{r(t_0)}^{r(t)} \frac{dr}{\Phi(r)} < T^* - t_0 < \infty$$

が従う．$t \to T^*$ とすると Φ の積分条件の仮定に矛盾する．$a = T_*$ については，$\tilde{\boldsymbol{x}}(t) = \boldsymbol{x}(-t)$ を考えればよい． $\square$

条件 (2.7) が成立しなければ，一般に，解は全区間 I で存在することはない．

例 2.3 初期値問題 $\dfrac{dx}{dt} = x^2$, $x(0) = x_0 > 0$ の唯一つの解は $x = \dfrac{x_0}{1 - x_0 t}$ であり，$(-\infty, 1/x_0)$ がその存在範囲である．

問 2.1 $x_0(t) = 1$ とし，$x_n(t)$ $(n \geq 1)$ を帰納的に

$$x_n(t) = 1 + \int_0^t x_{n-1}(s)\,ds$$

で定義するとき，$x_1(t), x_2(t), \ldots, x_n(t)$ を求めよ．$x(t) = \lim\limits_{t \to \infty} x_n(t)$ を初等関数で表し初期値問題 $\dfrac{dx(t)}{dt} = x(t)$, $x(0) = 1$ の解を求めよ．

問 2.2 連立 1 階微分方程式に対する初期値問題

$$\frac{dx}{dt} = y, \quad \frac{dy}{dt} = -x, \quad x(0) = 1, \quad y(0) = 0 \tag{2.8}$$

の解を以下に述べる逐次近似の方法で求めよ．

(1) $\boldsymbol{x}_0(t) = \begin{bmatrix} x_0(t) \\ y_0(t) \end{bmatrix} = \begin{bmatrix} 1 \\ 0 \end{bmatrix}$ とし，$\boldsymbol{x}_n(t) = \begin{bmatrix} x_n(t) \\ y_n(t) \end{bmatrix}$ $(n \geq 1)$ を

$$x_n(t) = 1 + \int_0^t y_{n-1}(s)\,ds, \quad y_n(t) = -\int_0^t x_{n-1}(s)\,ds$$

で帰納的に定義するとき，$x_2(t), y_2(t)$ を求めよ．

(2) $x_n(t), y_n(t)$ を求めることにより，初期値問題 (2.8) の解を求めよ．
（ヒント：テイラー展開 $\cos t = 1 - \dfrac{t^2}{2!} + \dfrac{t^4}{4!} - \cdots$ に注意する．）

問 2.3 $a > 0$ とするとき，微分方程式の初期値問題

$$\begin{cases} \dfrac{dx}{dt} = x\{\log(1 + x^2)\}^a \\ x(0) = 1 \end{cases}$$

について次の各設問に答えよ．

(1) $a > 1$ ならば,$T = \int_1^\infty \dfrac{dy}{y\{\log(1+y^2)\}^a}$ は有限で,初期値問題の解 $x(t)$ について
$$\lim_{t \to T-0} x(t) = +\infty$$
が成立することを示せ.

(2) $a \leq 1$ ならば初期値問題の解 $x(t)$ は,$(-\infty, \infty)$ で存在することを示せ.

2.3 アスコリの定理と軟化子

アルツェラ–ペアノの定理の証明のため,2つの補題を準備する.

補題 2.1(アスコリ (Ascoli) の定理). 有界閉区間 $[a,b]$ で定義された関数列 $\{f_n(t)\}_{n=1}^\infty$ が条件

$$\exists M > 0;\ \sup_{a \leq t \leq b} |f_n(t)| \leq M,\ \forall n \quad \text{(一様有界性)} \tag{2.9}$$

$$\forall \varepsilon > 0,\ \exists \delta = \delta(\varepsilon) > 0;$$
$$|f_n(t) - f_n(t')| < \varepsilon,\ \forall n,\ |t - t'| < \delta,\ t, t' \in [a,b] \quad \text{(同等連続性)} \tag{2.10}$$

をみたすならば,$[a,b]$ で一様収束する部分関数列 $\{f_{n(k)}(t)\}_{k=1}^\infty$ が存在する.

[証明] 有理数全体 $\mathbb{Q}$ は可算集合なので,番号をつけて
$$[a,b] \cap \mathbb{Q} = \{t_1, t_2, \ldots, t_m, \ldots\}$$
と表すことができる.関数列 $\{f_n(t)\}_{n=1}^\infty$ において $t = t_1$ と固定すると数列 $\{f_n(t_1)\}_{n=1}^\infty$ が得られるが仮定 (2.9) から,これは有界数列である.有界数列は収束する部分数列を持つ(ボルツァノ–ワイエルシュトラス (Bolzano–Weierstrass) の定理)ので,収束する部分数列

$$f_{1(1)}(t_1), f_{1(2)}(t_1), f_{1(3)}(t_1), \ldots, f_{1(k)}(t_1), \ldots$$

が存在する(ここで,数列 $\{a_n\}_{n=1}^\infty$ の部分数列を $\{a_{n(k)}\}_{k=1}^\infty$ と書くかわりに,t_1 と

2.3 アスコリの定理と軟化子

の対応をつけるため，$\{a_{1(k)}\}_{k=1}^{\infty}$ と表した)．これから，部分関数列 $\{f_{1(k)}(t)\}_{k=1}^{\infty}$ が定まるが，$t = t_2$ とおいた数列 $\{f_{1(k)}(t_2)\}_{k=1}^{\infty}$ も，仮定 (2.9) から，有界数列なので，収束する部分数列

$$f_{2(1)}(t_2), f_{2(2)}(t_2), f_{2(3)}(t_2), \ldots, f_{2(k)}(t_2), \ldots$$

が存在する．部分関数列 $\{f_{2(k)}(t)\}_{k=1}^{\infty}$ は，$t = t_1, t_2$ の 2 点で収束している．さらに，数列 $\{f_{2(k)}(t_3)\}_{k=1}^{\infty}$ の収束部分数列を選ぶことにより，部分関数列 $\{f_{3(k)}(t)\}_{k=1}^{\infty}$ が定まる．これを，m 回繰り返すことによって得られる部分関数列 $\{f_{m(k)}(t)\}_{k=1}^{\infty}$ は，$t = t_1, \ldots, t_m$ で収束する．求める部分関数列は $\{f_{k(k)}(t)\}_{k=1}^{\infty}$ である．実際，各点 t_m について数列 $\{f_{k(k)}(t_m)\}_{k=m}^{\infty}$ は，$\{f_{m(k)}(t_m)\}_{k=1}^{\infty}$ の部分数列なので，収束する．したがって，任意の $\varepsilon > 0$ に対して，ある $N(m) \in \mathbb{N}$ が存在して，

$$|f_{p(p)}(t_m) - f_{q(q)}(t_m)| < \varepsilon, \quad p > q \geq N(m) \tag{2.11}$$

が成立する．上と同じ $\varepsilon > 0$ に対して $\delta = \delta(\varepsilon) > 0$ を仮定 (2.10) で与えられたものとする．$l > (b-a)/\delta$ をみたす十分大きな自然数 l をとって，区間 $[a,b]$ を l 等分割し，各小区間から有理点，$t_{m_1}, t_{m_2}, \ldots, t_{m_l}$ を選び，$N = \max(N(m_1), \ldots, N(m_l))$ とおくと，任意の $t \in [a,b]$ に対して $t \in (t_{m_j} - \delta, t_{m_j} + \delta)$ となる t_{m_j} が存在するので (2.10)，(2.11) から

$$|f_{p(p)}(t) - f_{q(q)}(t)| \leq |f_{p(p)}(t) - f_{p(p)}(t_{m_j})|$$
$$+ |f_{p(p)}(t_{m_j}) - f_{q(q)}(t_{m_j})| + |f_{q(q)}(t_{m_j}) - f_{q(q)}(t)|$$
$$< \varepsilon + \varepsilon + \varepsilon = 3\varepsilon, \quad p > q \geq N$$

が成立し，$\|f_{p(p)} - f_{q(q)}\| = \max_{t \in [a,b]} |f_{p(p)}(t) - f_{q(q)}(t)| \to 0 \ (p, q \to \infty)$ が示された．

□

$\rho(\boldsymbol{x})$ を次の条件をみたす $C^{\infty}(\mathbb{R}^m)$ の関数とする．

$$\rho(\boldsymbol{x}) \geq 0, \quad \rho(\boldsymbol{x}) = 0 \ (|\boldsymbol{x}| > 1), \quad \int \rho(\boldsymbol{x}) \, d\boldsymbol{x} = 1. \tag{2.12}$$

$n \in \mathbb{N}$ に対して $\rho_n(\boldsymbol{x}) = n^m \rho(n\boldsymbol{x})$ とするとき，次が成立する．

補題 2.2 $\mathbb{R}^m$ で有界かつ一様連続な $f(\boldsymbol{x})$ に対して

$$f_n(\boldsymbol{x}) = \int \rho_n(\boldsymbol{y}) f(\boldsymbol{x} - \boldsymbol{y}) \, d\boldsymbol{y} \tag{2.13}$$

とおくならば，$f_n(\boldsymbol{x}) \in C^\infty(\mathbb{R}^m)$ でかつ，

$$\sup_{\boldsymbol{x} \in \mathbb{R}^m} |f_n(\boldsymbol{x})| \leq \sup_{\boldsymbol{x} \in \mathbb{R}^m} |f(\boldsymbol{x})|, \quad \forall n, \tag{2.14}$$

$$\|f_n - f\| = \sup_{\boldsymbol{x} \in \mathbb{R}^m} |f_n(\boldsymbol{x}) - f(\boldsymbol{x})| \to 0 \quad (n \to \infty). \tag{2.15}$$

[証明] 変数変換 $\boldsymbol{x} - \boldsymbol{y} = \boldsymbol{z}$ により $f_n(\boldsymbol{x}) = \int \rho_n(\boldsymbol{x} - \boldsymbol{z}) f(\boldsymbol{z}) \, d\boldsymbol{z}$ となるので，積分記号下の微分を繰り返すことにより，$f_n(\boldsymbol{x}) \in C^\infty(\mathbb{R}^m)$ は明らか．$M = \sup_{\boldsymbol{x} \in \mathbb{R}^m} |f(\boldsymbol{x})|$ とすると

$$|f_n(\boldsymbol{x})| \leq \int \rho_n(\boldsymbol{y}) M \, d\boldsymbol{y} = M \int n^m \rho(n\boldsymbol{y}) \, d\boldsymbol{y} = M$$

となり，(2.14) が成立する．$f(\boldsymbol{x})$ は $\mathbb{R}^m$ で一様連続なので

$$\delta_n(f) = \sup\{|f(\boldsymbol{x}) - f(\boldsymbol{y})|; |\boldsymbol{x} - \boldsymbol{y}| < 1/n, \boldsymbol{x}, \boldsymbol{y} \in \mathbb{R}^m\}$$

とおくと $\delta_n(f) \to 0 \ (n \to \infty)$．$\int \rho_n(\boldsymbol{y}) \, d\boldsymbol{y} = 1$ と $\rho_n(\boldsymbol{y}) = 0 \ (|\boldsymbol{y}| > 1/n)$ に注意すると

$$|f_n(\boldsymbol{x}) - f(\boldsymbol{x})| = \left| \int \rho_n(\boldsymbol{y})(f(\boldsymbol{x} - \boldsymbol{y}) - f(\boldsymbol{x})) \, d\boldsymbol{y} \right|$$

$$\leq \int_{|\boldsymbol{y}| \leq 1/n} \rho_n(\boldsymbol{y}) \delta_n(f) \, d\boldsymbol{y} = \delta_n(f)$$

が成立し，(2.15) が従う． □

(2.13) の右辺を $(\rho_n * f)(\boldsymbol{x})$ と表す．C^∞ 級な $(\rho_n * f)(\boldsymbol{x})$ は，f を近似するので，作用素 $\rho_n *$ を**軟化子** (mollifier) という．

2.4　存在定理 II（アルツェラ-ペアノの定理）

$\boldsymbol{f}(t, \boldsymbol{x})$ が $\mathbb{R}^{m+1}_{t,\boldsymbol{x}}$ の領域 Ω で連続な $\mathbb{R}^m$ 値関数で，$(t_0, \boldsymbol{x}_0) \in \Omega$ であるとき，連立 1 階微分方程式系に対する初期値問題

$$\frac{d\boldsymbol{x}}{dt} = \boldsymbol{f}(t, \boldsymbol{x}), \quad \boldsymbol{x}(t_0) = \boldsymbol{x}_0 \tag{2.16}$$

2.4 存在定理 II（アルツェラ – ペアノの定理）

の解の存在を示す．この節では，$\boldsymbol{f}(t,\boldsymbol{x})$ に対して，$\boldsymbol{x}$ に関するリプシッツ条件を仮定しない．

[定理 2.3（アルツェラ – ペアノ）の証明] 初期値問題 (2.16) の解 $\boldsymbol{x}(t) \in C^1(I)$ を求めることは，微分積分学の基本定理より積分方程式

$$\boldsymbol{x}(t) = \boldsymbol{x}_0 + \int_{t_0}^{t} \boldsymbol{f}(s, \boldsymbol{x}(s))\, ds \tag{2.17}$$

をみたす連続関数 $\boldsymbol{x}(t) \in C(I)$ を求めることと同値である．Ω に含まれる矩形

$$\mathcal{R} = \{(t, \boldsymbol{x}) \in \mathbb{R}^{m+1};\, |t - t_0| \leq a,\, |\boldsymbol{x} - \boldsymbol{x}_0| \leq b\}$$

をとる．$t \in [t_0 - a, t_0 + a] := I_a$ のとき，

$$\tilde{\boldsymbol{f}}(t, \boldsymbol{x}) = \begin{cases} \boldsymbol{f}(t, \boldsymbol{x}), & |\boldsymbol{x} - \boldsymbol{x}_0| \leq b \\ \boldsymbol{f}\left(t, \dfrac{b(\boldsymbol{x} - \boldsymbol{x}_0)}{|\boldsymbol{x} - \boldsymbol{x}_0|}\right), & |\boldsymbol{x} - \boldsymbol{x}_0| > b \end{cases}$$

で定義される $\tilde{\boldsymbol{f}}(t,\boldsymbol{x})$ は，$I_a \times \mathbb{R}^m$ で一様連続な有界関数である．$\mathcal{R}$ 上 $\boldsymbol{f} = \tilde{\boldsymbol{f}}$ だから，解曲線 $(t,\boldsymbol{x}(t))$ が $\mathcal{R}$ の中にある限り，積分方程式 (2.17) の代わりに，

$$\boldsymbol{x}(t) = \boldsymbol{x}_0 + \int_{t_0}^{t} \tilde{\boldsymbol{f}}(s, \boldsymbol{x}(s))\, ds \tag{2.18}$$

を考えてよい．以下，簡単のため，$\tilde{\boldsymbol{f}}$ を $\boldsymbol{f}$ と書くことにする．前節の $\rho(\boldsymbol{x}) \in C^\infty$ に対して

$$\boldsymbol{f}_n(t, \boldsymbol{x}) = \int \rho_n(\boldsymbol{y}) \boldsymbol{f}(t, \boldsymbol{x} - \boldsymbol{y})\, d\boldsymbol{y}$$

とおくと，補題 2.2 とその証明より

$$\max_{\mathcal{R}} |\boldsymbol{f}_n(t, \boldsymbol{x})| \leq \max_{I_a \times \mathbb{R}^m} |\boldsymbol{f}_n(t, \boldsymbol{x})| \leq \max_{I_a \times \mathbb{R}^m} |\boldsymbol{f}(t, \boldsymbol{x})|$$

$$= \max_{\mathcal{R}} |\boldsymbol{f}(t, \boldsymbol{x})| \quad (:= M \text{ とする}),$$

$$\sup_{\mathcal{R}} |\boldsymbol{f}_n(t, \boldsymbol{x}) - \boldsymbol{f}(t, \boldsymbol{x})| \leq \delta_n(\boldsymbol{f}),$$

が成立する．ただし，$\delta_n(\boldsymbol{f}) = \sup\{|f(t,\boldsymbol{x}) - f(t,\boldsymbol{y})|;\, |\boldsymbol{x} - \boldsymbol{y}| < 1/n,\, (t, \boldsymbol{x}), (t, \boldsymbol{y}) \in \mathcal{R}\}$ である．$\boldsymbol{f}_n(t,\boldsymbol{x})$ は $\boldsymbol{x}$ について C^1 級なので，$\boldsymbol{x}$ に関してリプシッツ条件をみたす（次節参照）．第 2.2 節のコーシー – リプシッツの定理とその証明から，上でおいた定数 $M > 0$ について $Ma \leq b$ をみたすように，必要ならば $a > 0$ を小さくとれば，

$I_a = [t_0 - a, t_0 + a]$ で定義された連続関数 $\boldsymbol{x}_n(t)$ が存在して，積分方程式

$$\boldsymbol{x}_n(t) = \boldsymbol{x}_0 + \int_{t_0}^t \boldsymbol{f}_n(s, \boldsymbol{x}_n(s))\,ds \tag{2.19}$$

をみたす．$t \in I_a$ ならば $|\boldsymbol{x}_n(t) - \boldsymbol{x}_0| \leq b$ だから関数列 $\{\boldsymbol{x}_n(t)\}_{n=1}^\infty$ は一様有界性の条件をみたす．さらに，(2.19) より，$t, t' \in I_a$, $(t < t')$ ならば

$$|\boldsymbol{x}_n(t) - \boldsymbol{x}_n(t')| = \left|\int_t^{t'} \boldsymbol{f}_n(s, \boldsymbol{x}_n(s))\,ds\right| \leq M(t' - t)$$

が成立し，同等連続性の条件もみたされる．従ってアスコリの定理から，$\{\boldsymbol{x}_n(t)\}_{n=1}^\infty$ は I_a で一様収束する部分関数列を持つ．簡単のため，その部分関数列も，$\{\boldsymbol{x}_n(t)\}_{n=1}^\infty$ と表すことにする．極限関数 $\boldsymbol{x}(t) = \lim_{n \to \infty} \boldsymbol{x}_n(t)$ が求める解である．実際，

$$\left|\int_{t_0}^t \boldsymbol{f}_n(s, \boldsymbol{x}_n(s))\,ds - \int_{t_0}^t \boldsymbol{f}(s, \boldsymbol{x}(s))\,ds\right|$$
$$\leq \left|\int_{t_0}^t |\boldsymbol{f}_n(s, \boldsymbol{x}_n(s)) - \boldsymbol{f}(s, \boldsymbol{x}_n(s))|\,ds\right|$$
$$+ \left|\int_{t_0}^t |\boldsymbol{f}(s, \boldsymbol{x}_n(s)) - \boldsymbol{f}(s, \boldsymbol{x}(s))|\,ds\right|$$

に注意すると，前節，補題2.2 の (2.15) と $\boldsymbol{f}(t, x)$ が $\mathfrak{R}$ で一様連続であることを用いれば，(2.19) において $n \to \infty$ とすることにより，(2.18) が得られる．□

2.5 初期値とパラメータに関する解の連続性と微分可能性

$\boldsymbol{f}(t, \boldsymbol{x})$ は $\mathbb{R}_{t,\boldsymbol{x}}^{m+1}$ の矩形領域

$$\Omega = \{(t, \boldsymbol{x}) \in \mathbb{R}^{m+1}; |t - t_0| < a, |\boldsymbol{x} - \boldsymbol{x}_0| < b\}$$

で連続な $\mathbb{R}^m$ 値関数で，Ω で変数 $\boldsymbol{x}$ に関する（大域的）リプシッツ条件

$$\exists L > 0;\ |\boldsymbol{f}(t, \boldsymbol{x}_1) - \boldsymbol{f}(t, \boldsymbol{x}_2)| \leq L|\boldsymbol{x}_1 - \boldsymbol{x}_2|,$$
$$\forall (t, \boldsymbol{x}_i) \in \Omega,\ i = 1, 2 \tag{2.20}$$

2.5 初期値とパラメータに関する解の連続性と微分可能性

をみたすと仮定する．偏導関数 $\dfrac{\partial f}{\partial x_j}(t, \boldsymbol{x})$, $(j=1,\ldots,m)$ が Ω の近傍で存在してそこで連続ならば (2.20) は成立する．実際，

$$|\boldsymbol{f}(t,\boldsymbol{x}_1) - \boldsymbol{f}(t,\boldsymbol{x}_2)| = \left|\int_0^1 \frac{d\boldsymbol{f}(t,\boldsymbol{x}_2 + s(\boldsymbol{x}_1 - \boldsymbol{x}_2))}{ds}\, ds\right|$$

$$= \left|\int_0^1 \sum_{j=1}^m \frac{\partial \boldsymbol{f}}{\partial x_j}(t, \boldsymbol{x}_2 + s(\boldsymbol{x}_1 - \boldsymbol{x}_2))(x_{1j} - x_{2j})\, ds\right|$$

$$\leq \int_0^1 \left(\sum_{j=1}^m \left|\frac{\partial \boldsymbol{f}}{\partial x_j}(t, \boldsymbol{x}_2 + s(\boldsymbol{x}_1 - \boldsymbol{x}_2))\right|^2\right)^{1/2} \left(\sum_{j=1}^m (x_{1j} - x_{2j})^2\right)^{1/2} ds$$

$$\leq \left(\max_{(t,\boldsymbol{x})\in\overline{\Omega}}\left(\sum_{j=1}^m \left|\frac{\partial \boldsymbol{f}}{\partial x_j}(t, \boldsymbol{x})\right|^2\right)^{1/2}\right)|\boldsymbol{x}_1 - \boldsymbol{x}_2|$$

が成立するからである．$\boldsymbol{\beta}$ が $|\boldsymbol{\beta} - \boldsymbol{x}_0| < b$ をみたすとき，初期値問題

$$\frac{d\boldsymbol{x}}{dt} = \boldsymbol{f}(t,\boldsymbol{x}), \quad \boldsymbol{x}(t_0) = \boldsymbol{\beta} \tag{2.21}$$

の解を $\boldsymbol{x}(t,\boldsymbol{\beta})$ と表すことにすれば，これは $\boldsymbol{\beta}$ の関数として連続である．より詳しく次が成立する．

定理 2.5（解の初期値に関する連続性）． 連続関数 $\boldsymbol{f}(t,\boldsymbol{x})$ が矩形領域 Ω でリプシッツ条件 (2.20) をみたし，$(t_0,\boldsymbol{\beta}) \in \Omega$ に対して，$\boldsymbol{x}(t,\boldsymbol{\beta})$ が初期値問題 (2.21) の解ならば，

$$|\boldsymbol{x}(t,\boldsymbol{\beta}) - \boldsymbol{x}(t,\boldsymbol{x}_0)| \leq |\boldsymbol{\beta} - \boldsymbol{x}_0| e^{L|t-t_0|}$$

が，解曲線 $(t, \boldsymbol{x}(t,\boldsymbol{\beta}))$, $(t, \boldsymbol{x}(t,\boldsymbol{x}_0))$ が Ω にとどまる限り成立する．

[証明] (2.21) は，

$$\boldsymbol{x}(t,\boldsymbol{\beta}) = \boldsymbol{\beta} + \int_{t_0}^t \boldsymbol{f}(s, \boldsymbol{x}(s,\boldsymbol{\beta}))\, ds$$

と同値なので，$t \geq t_0$ のとき，

$$|\boldsymbol{x}(t,\boldsymbol{\beta}) - \boldsymbol{x}(t,\boldsymbol{x}_0)| \leq |\boldsymbol{\beta} - \boldsymbol{x}_0| + \int_{t_0}^t |\boldsymbol{f}(s,\boldsymbol{x}(s,\boldsymbol{\beta})) - \boldsymbol{f}(s,\boldsymbol{x}(s,\boldsymbol{x}_0))|\, ds$$

$$\leq |\boldsymbol{\beta} - \boldsymbol{x}_0| + \int_{t_0}^t L|\boldsymbol{x}(s,\boldsymbol{\beta}) - \boldsymbol{x}(s,\boldsymbol{x}_0)|\, ds$$

がリプシッツ条件 (2.20) から成立する．グロンウォールの不等式（第 1 章，補題 1.1）を適用して求める不等式を得る．$t \leq t_0$ の場合も同様である． $\square$

微分方程式がパラメータ $\boldsymbol{\lambda} = (\lambda_1, \ldots, \lambda_k) \in \mathbb{R}^k$ によるときも，同様に解の連続性が成立する．

定理 2.6（解のパラメータに関する連続性）． $\boldsymbol{f}(t,\boldsymbol{x},\boldsymbol{\lambda})$ が矩形領域

$$\tilde{\Omega} = \{(t,\boldsymbol{x},\boldsymbol{\lambda}) \in \mathbb{R}^{m+k+1}\, ;\, |t - t_0| < a, |\boldsymbol{x} - \boldsymbol{x}_0| < b, |\boldsymbol{\lambda} - \boldsymbol{\lambda}_0| < c\}$$

で連続な $\mathbb{R}^m$ 値関数で，変数 $\boldsymbol{x}$ に関するリプシッツ条件

$$\exists L > 0;\ |\boldsymbol{f}(t,\boldsymbol{x}_1,\boldsymbol{\lambda}) - \boldsymbol{f}(t,\boldsymbol{x}_2,\boldsymbol{\lambda})| \leq L|\boldsymbol{x}_1 - \boldsymbol{x}_2|,$$
$$\forall (t,\boldsymbol{x}_i,\boldsymbol{\lambda}) \in \tilde{\Omega},\ i=1,2 \tag{2.22}$$

を（$\boldsymbol{\lambda}$ に関して一様に）みたすと仮定する．$(t_0,\boldsymbol{x}_0,\boldsymbol{\lambda}) \in \tilde{\Omega}$ に対して，

$$\frac{d\boldsymbol{x}}{dt} = \boldsymbol{f}(t,\boldsymbol{x},\boldsymbol{\lambda}),\quad \boldsymbol{x}(t_0) = \boldsymbol{x}_0 \tag{2.23}$$

の解曲線を $(t,\boldsymbol{x}(t,\boldsymbol{\lambda}))$ と表すならば，解曲線が $\Omega = \{|t-t_0| < a, |\boldsymbol{x} - \boldsymbol{x}_0| < b\}$ にとどまる限り，$\boldsymbol{x}(t,\boldsymbol{\lambda})$ は $\boldsymbol{\lambda}$ に関して連続である．

[証明] $\boldsymbol{f}$ は $\tilde{\Omega}$ で一様連続だから

$$\forall \varepsilon > 0,\ \exists \delta = \delta(\varepsilon) > 0;\ |\boldsymbol{f}(t,\boldsymbol{x},\boldsymbol{\lambda}) - \boldsymbol{f}(t,\boldsymbol{x},\boldsymbol{\mu})| < \varepsilon,$$
$$|\boldsymbol{\lambda} - \boldsymbol{\mu}| < \delta,\ (t,\boldsymbol{x},\boldsymbol{\lambda}),(t,\boldsymbol{x},\boldsymbol{\mu}) \in \tilde{\Omega}$$

が成立する．$t \geq t_0$ のとき，従って，上の $\varepsilon > 0$ に対して，$|\boldsymbol{\lambda} - \boldsymbol{\mu}| < \delta$ ならば

$$|\boldsymbol{x}(t,\boldsymbol{\lambda}) - \boldsymbol{x}(t,\boldsymbol{\mu})| \leq \int_{t_0}^t |\boldsymbol{f}(s,\boldsymbol{x}(s,\boldsymbol{\lambda}),\boldsymbol{\lambda}) - \boldsymbol{f}(s,\boldsymbol{x}(s,\boldsymbol{\mu}),\boldsymbol{\mu})|\, ds$$

$$\leq \int_{t_0}^{t} |\boldsymbol{f}(s,\boldsymbol{x}(s,\boldsymbol{\lambda}),\boldsymbol{\lambda}) - \boldsymbol{f}(s,\boldsymbol{x}(s,\boldsymbol{\lambda}),\boldsymbol{\mu})|\,ds$$

$$+ \int_{t_0}^{t} |\boldsymbol{f}(s,\boldsymbol{x}(s,\boldsymbol{\lambda}),\boldsymbol{\mu}) - \boldsymbol{f}(s,\boldsymbol{x}(s,\boldsymbol{\mu}),\boldsymbol{\mu})|\,ds$$

$$\leq \varepsilon a + \int_{t_0}^{t} L|\boldsymbol{x}(s,\boldsymbol{\lambda}) - \boldsymbol{x}(s,\boldsymbol{\mu})|\,ds.$$

グロンウォールの不等式から $|\boldsymbol{x}(t,\boldsymbol{\lambda}) - \boldsymbol{x}(t,\boldsymbol{\mu})| \leq \varepsilon a e^{L|t-t_0|}$ が $|\boldsymbol{\lambda}-\boldsymbol{\mu}|<\delta$ ならば成立する. □

注意 2.2 初期値問題 (2.21) の解 $\boldsymbol{x}(t,\boldsymbol{\beta})$ に対して $\boldsymbol{y}(t,\boldsymbol{\beta}) = \boldsymbol{x}(t,\boldsymbol{\beta}) - \boldsymbol{\beta}$ とおくと, $\boldsymbol{y} = \boldsymbol{y}(t,\boldsymbol{\beta})$ は初期値問題

$$\frac{d\boldsymbol{y}}{dt} = \boldsymbol{f}(t, \boldsymbol{y}+\boldsymbol{\beta}), \quad \boldsymbol{y}(t_0) = \boldsymbol{0}$$

をみたす. $\boldsymbol{g}(t,\boldsymbol{y},\boldsymbol{\beta}) = \boldsymbol{f}(t,\boldsymbol{y}+\boldsymbol{\beta})$ とおいて考えれば, 解の初期値に関する連続性 (定理 2.5) は, 解のパラメータに関する連続性 (定理 2.6) から従う.

解の初期値, パラメータに関する微分可能性を考察するため, $\boldsymbol{f}(t,\boldsymbol{x},\boldsymbol{\lambda})$ は $(\boldsymbol{x},\boldsymbol{\lambda}) \in \mathbb{R}^{m+k}$ に関して n 回連続的微分可能で, t については $C^n(\mathbb{R}^{m+k}_{\boldsymbol{x},\boldsymbol{\lambda}};\mathbb{R}^m)$ に値をとる関数として連続であると仮定する. すなわち,

$$\|\boldsymbol{f}(t)\|_n = \sum_{\alpha_1+\cdots+\alpha_m+\gamma_1+\cdots+\gamma_k \leq n}$$
$$\sup_{(\boldsymbol{x},\boldsymbol{\lambda})\in\mathbb{R}^{m+k}} \left|\left(\frac{\partial}{\partial x_1}\right)^{\alpha_1}\cdots\left(\frac{\partial}{\partial x_m}\right)^{\alpha_m}\left(\frac{\partial}{\partial \lambda_1}\right)^{\gamma_1}\cdots\left(\frac{\partial}{\partial \lambda_k}\right)^{\gamma_k}\boldsymbol{f}(t,\boldsymbol{x},\boldsymbol{\lambda})\right|$$

とおくとき, 各 $t_0 \in \mathbb{R}$ について $\lim_{t \to t_0}\|\boldsymbol{f}(t) - \boldsymbol{f}(t_0)\|_n = 0$ が成立すると仮定する (以下, $\boldsymbol{f}(t,\boldsymbol{x},\boldsymbol{\lambda}) \in C(\mathbb{R}_t; C^n(\mathbb{R}^{m+k}_{\boldsymbol{x},\boldsymbol{\lambda}};\mathbb{R}^m))$ と表すことにする). 上の注意を考慮して, 解のパラメータに関する微分可能性のみ述べることにする.

定理 2.7 (解のパラメータに関する微分可能性). $\boldsymbol{f}(t,\boldsymbol{x},\boldsymbol{\lambda}) \in C(\mathbb{R}_t; C^1(\mathbb{R}^{m+k}_{\boldsymbol{x},\boldsymbol{\lambda}};\mathbb{R}^m))$ ならば, 初期値問題 (2.23) の解 $\boldsymbol{x}(t,\boldsymbol{\lambda})$ はパラメータ $\boldsymbol{\lambda}$ について C^1 級である.

[証明] 簡単のため，$m = k = 1$ のときに示す．$f(t, x, \lambda) \in C(\mathbb{R}_t; C^1(\mathbb{R}^2_{x,\lambda}; \mathbb{R}))$ と仮定する．$\mu \neq \lambda$ として

$$\varphi(t, \mu, \lambda) = \frac{x(t, \mu) - x(t, \lambda)}{\mu - \lambda}$$

とおくと，(2.23) より

$$\frac{\partial \varphi}{\partial t} = \frac{1}{\mu - \lambda} \left(\frac{\partial x}{\partial t}(t, \mu) - \frac{\partial x}{\partial t}(t, \lambda) \right)$$

$$= \frac{1}{\mu - \lambda} \{ f(t, x(t, \mu), \mu) - f(t, x(t, \lambda), \lambda) \}.$$

$x_\mu = x(t, \mu)$, $x_\lambda = x(t, \lambda)$ とおくと，この節の (2.20) と (2.21) の間で述べた式変形と同様にして

$$f(t, x_\mu, \mu) - f(t, x_\lambda, \lambda) = g(t, \mu, \lambda)(x_\mu - x_\lambda) + h(t, \mu, \lambda)(\mu - \lambda),$$

$$\text{ただし,} \begin{cases} g(t, \mu, \lambda) = \displaystyle\int_0^1 \frac{\partial f}{\partial x}(t, x_\lambda + s(x_\mu - x_\lambda), \lambda + s(\mu - \lambda)) \, ds \\ h(t, \mu, \lambda) = \displaystyle\int_0^1 \frac{\partial f}{\partial \lambda}(t, x_\lambda + s(x_\mu - x_\lambda), \lambda + s(\mu - \lambda)) \, ds \end{cases}$$

が成立するので，

$$\frac{\partial \varphi}{\partial t} = g(t, \mu, \lambda)\varphi + h(t, \mu, \lambda)$$

が従う．$\varphi(t_0) = (x_0 - x_0)/(\mu - \lambda) = 0$ に注意すると，$\mu \neq \lambda$ のとき定義された $\varphi(t)$ は初期値問題

$$\frac{d\psi}{dt} = g(t, \mu, \lambda)\psi + h(t, \mu, \lambda), \quad \psi(t_0) = 0 \tag{2.24}$$

の解である．(2.24) は $\mu = \lambda$ のときも意味がある．$F(t, \psi, \mu, \lambda) = g(t, \mu, \lambda)\psi + h(t, \mu, \lambda)$ は連続で，ψ に関してリプシッツ条件をみたすので，定理 2.6 から (2.24) の解 $\psi(t, \mu, \lambda)$ はパラメータ (μ, λ) について連続である．解の一意性より，$\mu \neq \lambda$ のとき，

$$\frac{x(t, \mu) - x(t, \lambda)}{\mu - \lambda} = \varphi(t, \mu, \lambda) = \psi(t, \mu, \lambda)$$

が成立する．右辺は，$\mu = \lambda$ のときも意味があり，(μ, λ) について連続なので

$$\frac{\partial x}{\partial \lambda}(t, \lambda) = \lim_{\mu \to \lambda} \psi(t, \mu, \lambda) = \psi(t, \lambda, \lambda)$$

が従い，$x(t,\lambda)$ は，λ について C^1 級である． □

注意 2.3 $\dfrac{\partial x}{\partial \lambda}(t,\lambda) = \psi(t,\lambda,\lambda)$ だから，$\dfrac{\partial x}{\partial \lambda}(t,\lambda)$ は初期値問題

$$\frac{dz}{dt} = \frac{\partial f}{\partial x}(t,x(t,\lambda),\lambda)z + \frac{\partial f}{\partial \lambda}(t,x(t,\lambda),\lambda), \quad z(t_0) = 0 \tag{2.25}$$

の解である．実際，$g(t,\lambda,\lambda) = \dfrac{\partial f}{\partial x}(t,x(t,\lambda),\lambda)$，$h(t,\lambda,\lambda) = \dfrac{\partial f}{\partial \lambda}(t,x(t,\lambda),\lambda)$ だから，(2.24) より明らか．(2.25) を**変分方程式** (variational equation) という．(2.25) の第 1 式で $z = \dfrac{\partial x}{\partial \lambda}(t,\lambda)$ とおくと，その右辺は (t,λ) について連続である．従って左辺 $\dfrac{\partial}{\partial t}\left(\dfrac{\partial x}{\partial \lambda}(t,\lambda)\right)$ も連続である．一方，$x(t,\lambda)$ は (2.23) の解なので，

$$\frac{\partial x}{\partial t}(t,\lambda) = f(t,x(t,\lambda),\lambda), \quad x(t_0,\lambda) = x_0 \tag{2.26}$$

が成立する．第 1 式の右辺は定理 2.7 より λ に関して連続的微分可能だから，$\dfrac{\partial}{\partial \lambda}\left(\dfrac{\partial x}{\partial t}(t,\lambda)\right)$ も連続である．これ故，$\dfrac{\partial}{\partial t}\left(\dfrac{\partial x}{\partial \lambda}(t,\lambda)\right) = \dfrac{\partial}{\partial \lambda}\left(\dfrac{\partial x}{\partial t}(t,\lambda)\right)$ が従う（∵ 両辺が連続だから）．従って (2.26) を λ で偏微分して得られるものが，変分方程式 (2.25) である．

定理 2.7 の系 1 $f(t,\boldsymbol{x},\boldsymbol{\lambda}) \in C(\mathbb{R}_t; C^n(\mathbb{R}_{\boldsymbol{x},\boldsymbol{\lambda}}^{m+k}; \mathbb{R}^m))$ ならば，初期値問題 (2.23) の解 $\boldsymbol{x}(t,\boldsymbol{\lambda})$ はパラメータ $\boldsymbol{\lambda}$ について C^n 級である．

[証明] 簡単のため $m = k = 1$ のときのみ考察する．n についての帰納法で示す．$n = 1$ は定理 2.7 から明らか．$n-1$ まで正しいと仮定する．従って $x(t,\lambda)$ は λ について C^{n-1} 級である．$\dfrac{\partial x}{\partial \lambda}(t,\lambda)$ は変分方程式 (2.25) の解であり，$\dfrac{\partial f}{\partial x}(t,x(t,\lambda),\lambda)z + \dfrac{\partial f}{\partial \lambda}(t,x(t,\lambda),\lambda) = F(t,z,\lambda)$ とおくと，$F(t,z,\lambda) \in C(\mathbb{R}_t; C^{n-1}(\mathbb{R}_{z,\lambda}^2; \mathbb{R}))$ である．方程式 (2.25) に帰納法の仮定を適用すると $\dfrac{\partial x}{\partial \lambda}(t,\lambda)$ は λ について C^{n-1} 級であることが従い，結局 $x(t,\lambda)$ は λ について C^n 級である． □

今まで，従属変数 $\boldsymbol{x}$ とパラメータ $\boldsymbol{\lambda}$ は実数の場合を考えてきたが，複素数でも，絶対値を複素数の絶対値として変数とパラメータの次元を 2 倍すれば，すべての結果はまったく同様に成立する．さらに，複素変数の微分可能性は正則

性（6.1 節参照）を意味するので次が成立する．

> **定理 2.7 の系 2（解のパラメータに関する正則性）．** $f(t, x, \lambda)$ が矩形領域
> $$\tilde{\Omega} = \{(t, x, \lambda) \in \mathbb{R} \times \mathbb{C}^{m+k}; |t - t_0| < a, |x - x_0| < b, |\lambda - \lambda_0| < c\}$$
> で連続な $\mathbb{C}^m$ 値関数で，変数 t について連続，変数 x と λ に関して正則ならば初期値問題 (2.23) の解 $x(t, \lambda)$ はパラメータ λ について正則である．

$\partial_x f$, $\partial_\lambda f$ の t に関する連続性が，コーシーの積分公式（命題 6.3）からしたがうことに注意すれば定理の証明から明らかである．

第3章

線形微分方程式

この章では，連立線形微分方程式系と単独高階線形方程式について解の構造を調べる．とくに，定数係数の方程式系は線形代数を用いて初等関数で解が求まる点で基本的なものであり，また，変数係数の線形方程式系，非線形方程式系を局所的に扱う際には多くの情報を提供してくれる．

3.1 正規形線形微分方程式系

正規形微分方程式系 $\dfrac{d\boldsymbol{x}}{dt} = \boldsymbol{f}(t, \boldsymbol{x})$ において，左辺 $\boldsymbol{f}(t, \boldsymbol{x})$ が

$$\begin{bmatrix} a_{11}(t) & a_{12}(t) & \cdots & a_{1m}(t) \\ a_{21}(t) & a_{22}(t) & \cdots & a_{2m}(t) \\ \vdots & \vdots & \vdots & \vdots \\ a_{m1}(t) & a_{m2}(t) & \cdots & a_{mm}(t) \end{bmatrix} \begin{bmatrix} x_1 \\ x_2 \\ \vdots \\ x_m \end{bmatrix} + \begin{bmatrix} b_1(t) \\ b_2(t) \\ \vdots \\ b_m(t) \end{bmatrix}$$
$$= A(t)\boldsymbol{x} + \boldsymbol{b}(t)$$

と表されるとき，**線形微分方程式系** (system of linear differential equations) であるという．ここで，$a_{jk}(t)$, $b_j(t)$, $(j, k = 1, \ldots, m)$ は，開区間 $I \subset \mathbb{R}_t$ で連続な実数値関数とする．さらに $\boldsymbol{b}(t) = {}^t[b_1, b_2, \ldots, b_m] = \boldsymbol{0}$ のとき，**斉次** (homogeneous) であるといい，$\boldsymbol{b}(t) \neq \boldsymbol{0}$ のとき，**非斉次** (inhomogeneous) であるという．

m 次行列 A を $\mathbb{C}^{m^2}$ のベクトルと考えて，その長さ（ノルム）を

41

$$|A| = \left(\sum_{i=1}^{m}\sum_{j=1}^{m}|a_{ij}|^2\right)^{1/2} = \left(\sum_{i,j=1}^{m}|a_{ij}|^2\right)^{1/2}$$

で定義する．m 次行列 A, B について $|AB| \leq |A||B|$ が成立することが容易に確かめられる．開区間 I に含まれる任意の有界閉区間 J に対して，係数行列 $A(t)$ のノルム $\|A\|_J$ を

$$\|A\|_J = \max_{t \in J}|A(t)|$$

と定義する．

定理 3.1 任意の $t_0 \in I$ について，線形微分方程式系の初期値問題

$$\frac{d\boldsymbol{x}}{dt} = A(t)\boldsymbol{x} + \boldsymbol{b}(t), \quad \boldsymbol{x}(t_0) = \boldsymbol{x}_0$$

の解は，全区間 I で存在し，唯一つである．

[証明] 任意の t_0 について，t_0 を含む有界閉区間を J として，$\boldsymbol{b}(t)$ のノルムを $\|\boldsymbol{b}\|_J = \max_{t \in J}|\boldsymbol{b}(t)|$ とおくと，

$$|A(t)\boldsymbol{x} + \boldsymbol{b}(t)| \leq |A(t)\boldsymbol{x}| + |\boldsymbol{b}(t)| \leq \|A\|_J|\boldsymbol{x}| + \|b\|_J$$

が成立する．したがって，前章定理 2.4 の $\Phi(r)$ を

$$\Phi(r) = \|A\|_J r + \|b\|_J$$

とすると，定理の仮定 (2.7) がみたされる．ゆえに，解が J において存在する．有界閉区間 J は任意だったので，すべての $t \in I$ について，解が存在することになる．解の一意性は第 1 章定理 1.1 による． □

定理 3.2（斉次方程式の解の構造）． 斉次線形微分方程式系

$$\frac{d\boldsymbol{x}}{dt} = A(t)\boldsymbol{x} \tag{3.1}$$

の解全体がつくる集合は，$\mathbb{R}$ 上の m 次元ベクトル空間である．（注：I で C^1 級な $\mathbb{R}^m$ 値関数全体 $C^1(I;\mathbb{R}^m)$ は $\mathbb{R}$ 上の（無限次元）ベクトル空間である．）

3.1 正規形線形微分方程式系

[証明] $\boldsymbol{x}(t)$, $\boldsymbol{y}(t)$ が (3.1) の解ならば,任意の $\lambda, \mu \in \mathbb{R}$ について,$\lambda \boldsymbol{x}(t) + \mu \boldsymbol{y}(t)$ も (3.1) の解である.従って,(3.1) の解全体は $C^1(I; \mathbb{R}^m)$ の部分ベクトル空間である(これを解空間とよぶことにする).

$$\boldsymbol{e}_1 = {}^t[1, 0, \ldots, 0],$$
$$\boldsymbol{e}_2 = {}^t[0, 1, 0, \ldots, 0],$$
$$\ldots,$$
$$\boldsymbol{e}_m = {}^t[0, \ldots, 0, 1]$$

を $\mathbb{R}^m$ の標準基底とする.(3.1) の解で,初期条件 $\boldsymbol{x}(t_0) = \boldsymbol{e}_j$ をみたすものを,$\boldsymbol{x}_j(t)$ ($j = 1, \ldots, m$) とすると,$\boldsymbol{x}_1(t), \ldots, \boldsymbol{x}_m(t)$ は 1 次独立である.実際,

$$\lambda_1 \boldsymbol{x}_1(t) + \cdots + \lambda_m \boldsymbol{x}_m(t) = \boldsymbol{0}$$

が $\lambda_j \in \mathbb{R}$ について成立すれば,$t = t_0$ とおくと $\sum_{j=1}^m \lambda_j \boldsymbol{e}_j = \boldsymbol{0}$ だから,$\lambda_j = 0$ ($\forall j$) が成立する.(3.1) の任意の解 $\boldsymbol{x}(t)$ について,$t_0 \in I$ をとって,

$$\boldsymbol{x}(t_0) = \boldsymbol{x}_0 = {}^t[x_1^0, \ldots, x_m^0] = x_1^0 \boldsymbol{e}_1 + \cdots + x_m^0 \boldsymbol{e}_m \tag{3.2}$$

と表すと,$\boldsymbol{x}(t)$ と $x_1^0 \boldsymbol{x}_1(t) + \cdots + x_m^0 \boldsymbol{x}_m(t)$ は同じ初期条件をみたす解だから,初期値問題の一意性より,

$$\boldsymbol{x}(t) = x_1^0 \boldsymbol{x}_1(t) + \cdots + x_m^0 \boldsymbol{x}_m(t), \quad \forall t \in I,$$

が成立する.これ故,$\boldsymbol{x}_1(t), \ldots, \boldsymbol{x}_m(t)$ は (3.1) の解空間の基底である. $\square$

注意 3.1 今まで,正規形微分方程式 $\boldsymbol{x}' = \boldsymbol{f}(t, \boldsymbol{x})$ の解 $\boldsymbol{x}(t)$ を $\mathbb{R}^m$ 値関数としてきたが,方程式の右辺 $\boldsymbol{f}(t, \boldsymbol{x})$ が $\boldsymbol{x} \in \mathbb{C}^m$ の関数であれば,解を $\mathbb{C}^m$ 値関数の中で,考えることができる.解の存在,一意性の定理は,$|\boldsymbol{x}| = \sqrt{\sum_{j=1}^m |x_j|^2}$ に置き換えれば,全く同様に示すことができる.線形微分方程式の場合は,右辺は全 $\mathbb{C}^m$ 上で定義されているので,斉次微分方程式 (3.1) の解全体は $\mathbb{C}$ 上の m 次元ベクトル空間と考えることもできる.

注意 3.2 前定理の証明では,(3.1) の解空間の基底 $\boldsymbol{x}_1(t), \ldots, \boldsymbol{x}_m(t)$ を時刻 $t = t_0$ での値が $\mathbb{R}^m$ の標準基底 $\boldsymbol{e}_1, \ldots, \boldsymbol{e}_m$ に一致するようにとったが,$\boldsymbol{x}_1(t_0), \ldots, \boldsymbol{x}_m(t_0)$ が,$\mathbb{R}^m$ で 1 次独立でありさえすればよい.実際,(3.2) の代わりに,$\boldsymbol{x}_0 = \sum_{j=1}^m c_j \boldsymbol{x}_j(t_0)$

が適当な $c_j \in R$ について成立するからである．(3.1) の m 個の解 $\boldsymbol{x}_1(t), \ldots, \boldsymbol{x}_m(t)$ について $\boldsymbol{x}_1(t_0), \ldots, \boldsymbol{x}_m(t_0)$ が，$\mathbb{R}^m$ のベクトルとして 1 次独立ならば，任意の $t_1 \in I$ で，$\boldsymbol{x}_1(t_1), \ldots, \boldsymbol{x}_m(t_1)$ は $\mathbb{R}^m$ のベクトルとして 1 次独立である．なぜならば，(3.1) の解で，初期条件 $\boldsymbol{x}(t_1) = \boldsymbol{y}_0$ をみたす解 $\boldsymbol{y}(t)$ が $\boldsymbol{x}_1(t), \ldots, \boldsymbol{x}_m(t)$ の 1 次結合で表されるので，$\boldsymbol{y}_0$ は $\boldsymbol{x}_1(t_1), \ldots, \boldsymbol{x}_m(t_1)$ の 1 次結合で表されるからである．$\boldsymbol{y}_0$ は $\mathbb{R}^m$ の任意のベクトルにとれるから，これは，$\boldsymbol{x}_1(t_1), \ldots, \boldsymbol{x}_m(t_1)$ が 1 次独立であることを示している．この事実は，より直接的に次命題によって示すことができる．

命題 3.1 $\boldsymbol{x}_1(t), \boldsymbol{x}_2(t), \ldots, \boldsymbol{x}_m(t) \in C^1(I; \mathbb{R}^m)$ が斉次線形微分方程式系 (3.1) の解とする．

$$\begin{aligned}\mathcal{W}(t) &= \det[\boldsymbol{x}_1(t), \boldsymbol{x}_2(t), \ldots, \boldsymbol{x}_m(t)] \\ &= \begin{vmatrix} x_1^1(t) & x_1^2(t) & \cdots & x_1^m(t) \\ x_2^1(t) & x_2^2(t) & \cdots & x_2^m(t) \\ \vdots & \vdots & \vdots & \vdots \\ x_m^1(t) & x_m^2(t) & \cdots & x_m^m(t) \end{vmatrix}\end{aligned}$$

とおくと，$\mathcal{W}(t)$ は 1 階線形方程式

$$\frac{d\mathcal{W}}{dt} = (\operatorname{Tr} A(t))\mathcal{W}, \quad \text{ただし } \operatorname{Tr} A(t) = \sum_{j=1}^{m} a_{jj}(t) \tag{3.3}$$

をみたし，$t, t_0 \in I$ について

$$\mathcal{W}(t) = \mathcal{W}(t_0) \exp\left\{\int_{t_0}^{t} \operatorname{Tr} A(s)\, ds\right\} \tag{3.4}$$

が成立する（$\mathcal{W}(t)$ をロンスキー行列式またはロンスキアン (Wronskian) という）．従って，ある t_0 で $\mathcal{W}(t_0) \neq 0$ ならば $\mathcal{W}(t) \neq 0$, $\forall t \in I$ が成立する．

[証明] $\boldsymbol{x}_j(t) = {}^t[x_1^j(t), x_2^j(t), \ldots, x_m^j(t)]$ が (3.1) の解なので

$$\frac{dx_k^j}{dt}(t) = \sum_{i=1}^{m} a_{ki}(t) x_i^j(t), \quad j, k = 1, \ldots, m \tag{3.5}$$

3.1 正規形線形微分方程式系

が成立する．よって

$$\frac{d\mathcal{W}}{dt} = \begin{vmatrix} \dfrac{dx_1^1}{dt}(t) & \dfrac{dx_1^2}{dt}(t) & \cdots & \dfrac{dx_1^m}{dt}(t) \\ x_2^1(t) & x_2^2(t) & \cdots & x_2^m(t) \\ \vdots & \vdots & \vdots & \vdots \\ x_m^1(t) & x_m^2(t) & \cdots & x_m^m(t) \end{vmatrix}$$

$$+ \begin{vmatrix} x_1^1(t) & x_1^2(t) & \cdots & x_1^m(t) \\ \dfrac{dx_2^1}{dt}(t) & \dfrac{dx_2^2}{dt}(t) & \cdots & \dfrac{dx_2^m}{dt}(t) \\ \vdots & \vdots & \vdots & \vdots \\ x_m^1(t) & x_m^2(t) & \cdots & x_m^m(t) \end{vmatrix} + \cdots$$

$$+ \begin{vmatrix} x_1^1(t) & x_1^2(t) & \cdots & x_1^m(t) \\ x_2^1(t) & x_2^2(t) & \cdots & x_2^m(t) \\ \vdots & \vdots & \vdots & \vdots \\ \dfrac{dx_m^1}{dt}(t) & \dfrac{dx_m^2}{dt}(t) & \cdots & \dfrac{dx_m^m}{dt}(t) \end{vmatrix} \quad (3.6)$$

に (3.5) を用いると

$$\begin{vmatrix} \dfrac{dx_1^1}{dt}(t) & \dfrac{dx_1^2}{dt}(t) & \cdots & \dfrac{dx_1^m}{dt}(t) \\ x_2^1(t) & x_2^2(t) & \cdots & x_2^m(t) \\ \vdots & \vdots & \vdots & \vdots \\ x_m^1(t) & x_m^2(t) & \cdots & x_m^m(t) \end{vmatrix}$$

$$= \begin{vmatrix} \sum_{i=1}^m a_{1i}(t)x_i^1(t) & \sum_{i=1}^m a_{1i}(t)x_i^2(t) & \cdots & \sum_{i=1}^m a_{1i}(t)x_i^m(t) \\ x_2^1(t) & x_2^2(t) & \cdots & x_2^m(t) \\ \vdots & \vdots & \vdots & \vdots \\ x_m^1(t) & x_m^2(t) & \cdots & x_m^m(t) \end{vmatrix}$$

$$= \begin{vmatrix} a_{11}(t)x_1^1(t) & a_{11}(t)x_1^2(t) & \cdots & a_{11}(t)x_1^m(t) \\ x_2^1(t) & x_2^2(t) & \cdots & x_2^m(t) \\ \vdots & \vdots & \vdots & \vdots \\ x_m^1(t) & x_m^2(t) & \cdots & x_m^m(t) \end{vmatrix}$$

$$= a_{11}(t)\mathcal{W}$$

となるので，(6) の右辺の第 2 項以下も同様な計算をすれば，

$$\mathcal{W}'(t) = a_{11}(t)\mathcal{W}(t) + a_{22}(t)\mathcal{W}(t) + \cdots + a_{mm}(t)\mathcal{W}(t) = \text{Tr}\, A(t)\mathcal{W}(t)$$

を得る．(3.4) は解の公式 (1.15)（第 1 章 1.3 節）から明らかである． □

定義 3.1 開区間 I で定義された C^1 級の行列値関数

$$X(t) = \begin{bmatrix} x_1^1(t) & x_1^2(t) & \cdots & x_1^m(t) \\ x_2^1(t) & x_2^2(t) & \cdots & x_2^m(t) \\ \vdots & \vdots & \vdots & \vdots \\ x_m^1(t) & x_m^2(t) & \cdots & x_m^m(t) \end{bmatrix}$$
$$= [\boldsymbol{x}_1(t) \ \boldsymbol{x}_2(t) \ \cdots \ \boldsymbol{x}_m(t)]$$

が次の条件をみたすとき，斉次方程式 (3.1) の**基本行列** (fundamental matrix) という．

$$\frac{dX}{dt} = A(t)X, \quad \det X(t) \,(= \mathcal{W}(t)) \neq 0. \tag{3.7}$$

基本行列の存在は，$\boldsymbol{x}_j(t)$ が (3.1) の解ならば

$$\frac{dX}{dt} = \left[\frac{d\boldsymbol{x}_1}{dt} \ \frac{d\boldsymbol{x}_2}{dt} \ \cdots \ \frac{d\boldsymbol{x}_m}{dt}\right]$$
$$= [A(t)\boldsymbol{x}_1(t) \ A(t)\boldsymbol{x}_2(t) \ \cdots \ A(t)\boldsymbol{x}_m(t)]$$
$$= A(t)X(t)$$

だから，定理 3.1 と 3.2 より明らかである．$X(t) = [\boldsymbol{x}_1(t) \ \cdots \ \boldsymbol{x}_m(t)]$, $Y(t) = [\boldsymbol{\eta}_1(t) \ \cdots \ \boldsymbol{\eta}_m(t)]$ が共に (3.1) の基本行列ならば，定理 3.2 の証明から明らかなように

$$\exists p_{jk} \in \mathbb{R};\ \boldsymbol{\eta}_j(t) = p_{1j}\boldsymbol{x}_1(t) + \cdots + p_{mj}\boldsymbol{x}_m(t)$$

が成立する．従って，定数行列 $P = (p_{jk})$ について

3.1 正規形線形微分方程式系

$$Y(t) = [\boldsymbol{\eta}_1(t) \ \cdots \ \boldsymbol{\eta}_m(t)]$$
$$= [\boldsymbol{x}_1(t) \ \cdots \ \boldsymbol{x}_m(t)] \begin{bmatrix} p_{11} & \cdots & p_{1m} \\ \vdots & \vdots & \vdots \\ p_{m1} & \cdots & p_{mm} \end{bmatrix}$$
$$= X(t)P$$

が成立する．$\det Y(t) = \det X(t) \det P$ で，$\det X(t), \det Y(t) \neq 0$ だから $\det P \neq 0$ となり，P は正則行列である．逆に，$X(t)$ が基本行列ならば，任意の正則行列 P に対して，$X(t)P$ が基本行列になることは，(3.7) を計算することで容易に示される．

$X(t)$ が (3.1) の基本行列のとき，$R(t,s) = X(t)X(s)^{-1}$ を (3.1) に対する**解核行列** (resolvent) という．解核行列の定義が基本行列 $X(t)$ の取り方によらないことは，$(X(t)P)(X(s)P)^{-1} = X(t)PP^{-1}X(s) = X(t)X(s)^{-1}$ が任意の正則行列 P について成立することから明らかである．$\boldsymbol{x}(t)$ が斉次方程式 (3.1) の解ならば，$\boldsymbol{x}(t) = R(t,s)\boldsymbol{x}(s)$ が成立する（$\because$ 初期値問題の解の一意性）．

$\boldsymbol{x}_0 \in \mathbb{R}^m$ に対して $\boldsymbol{x}(t) = R(t,t_0)\boldsymbol{x}_0$ は斉次方程式に対する初期値問題

$$\frac{d\boldsymbol{x}}{dt} = A(t)\boldsymbol{x}, \quad \boldsymbol{x}(t_0) = \boldsymbol{x}_0$$

の解であるが，非斉次方程式に対する初期値問題

$$\frac{d\boldsymbol{x}}{dt} = A(t)\boldsymbol{x} + \boldsymbol{b}(t), \quad \boldsymbol{x}(t_0) = \boldsymbol{x}_0 \tag{3.8}$$

は，定数変化法（第 1 章 1.3 参照）により求めることができる．

定理 3.3 非斉次方程式の初期値問題 (3.8) の解は，斉次方程式 (3.1) の解核行列 $R(t,s)$ を用いて

$$\boldsymbol{x}(t) = R(t,t_0)\boldsymbol{x}_0 + \int_{t_0}^{t} R(t,s)\boldsymbol{b}(s)\,ds \tag{3.9}$$

と表される．

[証明] (3.8) の解を
$$\boldsymbol{x}(t) = R(t,t_0)\boldsymbol{c}(t) \tag{3.10}$$
の形で求めよう．$R(t_0,t_0) = I$（単位行列）なので (3.8) の初期条件より，$\boldsymbol{c}(t_0) = \boldsymbol{x}_0$ である．(3.8) の第 1 式に (3.10) の右辺を代入すると
$$\frac{dR}{dt}(t,t_0)\boldsymbol{c}(t) + R(t,t_0)\frac{d\boldsymbol{c}}{dt}(t) = A(t)R(t,t_0)\boldsymbol{c}(t) + \boldsymbol{b}(t).$$
R の定義と (3.7) より，$R' = A(t)R$ だから，$R(t,t_0)\dfrac{d\boldsymbol{c}}{dt}(t) = \boldsymbol{b}(t)$ が成立する．$R(t,t_0)^{-1} = X(t_0)X(t)^{-1} = R(t_0,t)$ より
$$\frac{d\boldsymbol{c}}{dt}(t) = R(t_0,t)\boldsymbol{b}(t)$$
が従うので，両辺を t で積分して $\boldsymbol{c}(t) - \boldsymbol{x}_0 = \displaystyle\int_{t_0}^t R(t_0,s)\boldsymbol{b}(s)\,ds$ が成立する．この $\boldsymbol{c}(t)$ を (3.10) に代入し，$R(t,t_0)R(t_0,s) = R(t,s)$ に注意すると (3.9) が得られる． □

このように斉次方程式の基本行列が求まれば，非斉次方程式の解を求めることができるが，斉次方程式の基本行列を具体的に（初等関数を用いて），表すことは，$A(t)$ が定数行列の場合を除いて一般に可能ではない．

正規形 m 階単独方程式 $\dfrac{d^m x}{dt^m} = f(t,x,x',\ldots,x^{(m-1)})$ で左辺 f が
$$f = a_1(t)x + a_2(t)x' + \cdots + a_{m-1}(t)x^{(m-2)} + a_m(t)x^{(m-1)} + b(t)$$
と表されるとき**線形方程式**であるという．$b(t) \equiv 0$ の場合，**斉次**であるといい，$b(t) \not\equiv 0$ のとき，**非斉次**であるという．$a_j(t) \in C(I)$ のとき，斉次方程式の解全体が $C^m(I)$ の m 次元部分ベクトル空間をなすことは，定理 3.1 から明らかである（∵ 正規形高階単独方程式の初期値問題は，正規形微分方程式系のそれと同値だから）．

斉次方程式については，m 個の 1 次独立な解を見つけることにより，一般解はその 1 次結合で表すことができる．m 階斉次方程式の（非自明な）解 $x(t)$ が求まれば，残る $m-1$ 個の 1 次独立解は $c(t)x(t)$ の形で求めることができる．実際，元の斉次方程式に代入することにより，$y(t) = c'(t)$ に関する $m-1$ 階方程式が得られる（定数変化法）．

問 3.1 2 階線形微分方程式

$$\frac{d^2x}{dt^2} - \left(3 + t^2 + \frac{2t}{1+t^2}\right)\frac{dx}{dt} + \left(2 + t^2 + \frac{2t}{1+t^2}\right)x = (1+t^2)(2+t^2)$$

の一般解を次の設問に従い求めよ.
(1) e^t が右辺の $(1+t^2)(2+t^2)$ を 0 に置き換えた斉次方程式の解であることに注意して，斉次方程式の e^t と 1 次独立なもう一つの解を $c(t)e^t$ の形で求めよ.
(2) 上記の方程式の一般解を求めよ.

問 3.2 $u(t)$, $v(t)$ がともに，開区間 I で微分方程式 $x'' + a(t)x' + b(t)x = 0$ をみたすとする．このとき，$\mathcal{W}(t) = \begin{vmatrix} u(t) & v(t) \\ u'(t) & v'(t) \end{vmatrix}$ とおくと，任意の $t_0, t \in I$ について

$$\mathcal{W}(t) = \mathcal{W}(t_0) e^{-\int_{t_0}^t a(s)\,ds}$$

が成立することを示せ.

3.2 定数係数線形微分方程式系

前節で述べた斉次線形微分方程式系の基本行列 $X(t)$ を行列 $A(t)$ が定数の場合に具体的に与えよう（前節 (3.1) と (3.7) 参照）．この節では以下，$A = (a_{ij})$, $a_{ij} \in \mathbb{C}$ は m 次定数行列を表すものとする．基本行列の定義と定理 3.2 から，初期値問題

$$\frac{dX}{dt} = AX, \quad X(0) = I \quad (I\text{ は }m\text{ 次単位行列}) \tag{3.11}$$

をみたす $X(t)$ を求めればよい．指数関数 e^{at} $(a \in \mathbb{R})$ が $\dfrac{dx}{dt} = ax$, $x(0) = 1$ の解であることと，テイラー展開 $e^{at} = \displaystyle\sum_{k=0}^{\infty} \frac{a^k}{k!} t^k$ に注意して

$$\exp tA = I + \frac{t}{1!}A + \frac{t^2}{2!}A^2 + \cdots + \frac{t^k}{k!}A^k + \cdots \tag{3.12}$$

とおくと，右辺の級数は行列（$\mathbb{C}^{m^2}$ の元）として任意の $t \in \mathbb{R}$ に対して収束し，

t の (m 次行列値) 関数 $\exp tA$ は (3.11) をみたす. 実際,

$$|\exp tA| \leq |I| + |t|\,|A| + |t|^2\frac{|A|^2}{2!} + \cdots + |t|^k\frac{|A|^k}{k!} + \cdots = \sqrt{m} - 1 + e^{|t|\,|A|}$$

と評価され, (3.12) の右辺は, $\mathbb{R}_t$ の任意の有界閉区間上で一様収束する. (3.12) の右辺を項別微分した級数も, 同様に有界閉区間上で一様収束するので (項別微分の定理より),

$$(\exp tA)' = O + \frac{1}{1!}A + 2\frac{t}{2!}A^2 + \cdots + k\frac{t^{k-1}}{k!}A^k + \cdots$$
$$= A\left(\frac{1}{1!} + \frac{t}{1!}A + \cdots + \frac{t^{k-1}}{(k-1)!}A^{k-1} + \cdots\right) = A\exp tA$$

が成立する. $\exp 0A = I$ は定義から明らか. 前節で定義した解核行列 $R(t,s)$ は, 基本行列 $X(t)$ の選び方によらず $R(t,s) = X(t)X(s)^{-1}$ だから, 次の定理が成立する.

定理 3.4 $A = (a_{ij})$, $a_{ij} \in \mathbb{C}$ が m 次正方行列であるとき, 初期値問題

$$\frac{d\boldsymbol{x}}{dt} = A\boldsymbol{x} + \boldsymbol{b}(t), \quad \boldsymbol{x}(t_0) = \boldsymbol{x}_0 \tag{3.13}$$

の解は

$$(\exp(t-t_0)A)\boldsymbol{x}_0 + \int_{t_0}^{t}(\exp(t-s)A)\boldsymbol{b}(s)\,ds \tag{3.14}$$

で与えられる.

[証明] 一般に, 行列 A, B が可換, すなわち, $AB = BA$ をみたすとき,

$$(\exp A)(\exp B) = \exp(A+B) \tag{3.15}$$

が成立する. ただし, $\exp A = \exp 1A$ である. 実際, $Z(t) = \exp t(A+B)$ とおくと,

$$\frac{dZ}{dt} = (A+B)Z \quad Z(0) = I \tag{3.16}$$

をみたす. 一方, $Y(t) = (\exp tA)(\exp tB)$ とすると, $Y(0) = I$ をみたす. A, B の

3.2 定数係数線形微分方程式系

可換性から

$$(\exp tA)B = \sum_{k=0}^{\infty} t^k \frac{A^k}{k!} B = \sum_{k=0}^{\infty} B\left(t^k \frac{A^k}{k!}\right) = B(\exp tA)$$

が従うことに注意すると

$$\begin{aligned}
\frac{dY}{dt} &= (\exp tA)'(\exp tB) + (\exp tA)(\exp tB)' \\
&= (A\exp tA)(\exp tB) + (\exp tA)(B\exp tB) \\
&= A(\exp tA)(\exp tB) + B(\exp tA)(\exp tB) \\
&= (A+B)(\exp tA)(\exp tB) = (A+B)Y
\end{aligned}$$

が成立する．$Y(t)$ も初期値問題 (3.16) の解なので，解の一意性より $Y(t) = Z(t)$ が従う．$t=1$ として求める等式を得る．(3.15) より $(\exp sA)(\exp -sA) = \exp 0A = I$ なので $(\exp sA)^{-1} = \exp -sA$ である．tA と $-sA$ は可換だから解核行列は

$$R(t,s) = (\exp tA)(\exp -sA) = \exp(tA - sA) = \exp(t-s)A$$

と表される．定理 3.3 から解の表示を得る． □

注意 3.3 解の表示 (3.14) は単独 1 階線形方程式の場合の解表示（第 1 章 1.3 節 (1.16) 式）の一般化になっている．行列 A が定数でなくて t の関数のときは，$\exp\left(\int_0^t A(s)\,ds\right)$ は定義できるが，行列 $A(t)$ と $\int_0^t A(s)\,ds$ が可換でないので基本行列にはならない．

基本行列 $\exp tA$ を具体的に計算するため，行列の標準形に関する定理を述べる．

定理 3.5（ジョルダン (Jordan) 標準形）． 任意の m 次正方行列 A は，適当な正則行列 P をとると

$$P^{-1}AP = \begin{bmatrix} J_1 & & & & 0 \\ & J_2 & & & \\ & & \ddots & & \\ 0 & & & J_{l-1} & \\ & & & & J_l \end{bmatrix}$$

と表される．ここで，各 J_j はジョルダン細胞とよばれる次の形をした m_j 次の正方行列である．ただし，$m_1 + \cdots + m_l = m$.

$$J_j = \begin{bmatrix} \lambda_j & 1 & & \text{\huge 0} \\ & \lambda_j & \ddots & \\ & & \ddots & \ddots \\ \text{\huge 0} & & & \lambda_j & 1 \\ & & & & \lambda_j \end{bmatrix} = \lambda_j I_{m_j} + N_{m_j},$$

$$N_{m_j} = \begin{bmatrix} 0 & 1 & & \text{\huge 0} \\ & 0 & \ddots & \\ & & \ddots & \ddots \\ \text{\huge 0} & & & 0 & 1 \\ & & & & 0 \end{bmatrix}.$$

注意 3.4 λ_j は A の固有値であり，A が対角化できるのは，$m_j = 1$, すなわち，すべてのジョルダン細胞がスカラーになるときである．$m_j \geq 2$ のとき，$N = N_{m_j}$ はべき零，すなわち，$N^{m_j} = O$ をみたし，$2 \leq k \leq m_j - 1$ について

$$N^k = \begin{bmatrix} \overbrace{0 \cdots 0}^{k\text{ 個}} & 1 & & & \text{\huge 0} \\ & \ddots & \ddots & & \\ & & \ddots & \ddots & \\ & & & \ddots & 1 \\ & & & & 0 \\ \text{\huge 0} & & & & \ddots & \vdots \\ & & & & & 0 \end{bmatrix} \tag{3.17}$$

である．

基本行列 $\exp tA$ について

$$P^{-1}(\exp tA)P = P^{-1} \sum_{k=1} t^k \frac{A^k}{k!} P = \sum_{k=1} t^k \frac{(P^{-1}AP)^k}{k!} = \exp t(P^{-1}AP)$$

が成立する．簡単のため，$\exp tA$ を e^{tA} と表すことにすると，定理 3.5 より

3.2 定数係数線形微分方程式系

$$e^{tA} = P \begin{bmatrix} e^{tJ_1} & & & & 0 \\ & e^{tJ_2} & & & \\ & & \ddots & & \\ & & & e^{tJ_{l-1}} & \\ 0 & & & & e^{tJ_l} \end{bmatrix} P^{-1}$$

が従う．$J_j = \lambda_j I_{m_j} + N_{m_j}$ で，$\lambda_j I$ と N_{m_j} は可換だから $e^{tJ_j} = e^{t\lambda_j I} e^{tN_{m_j}} = e^{t\lambda_j} e^{tN_{m_j}}$ が成立するので，基本行列について

$$e^{tA} = \sum_{j=1}^{l} e^{t\lambda_j} Q_j \quad \text{ただし } Q_j = P \begin{bmatrix} 0 & \cdots & 0 \\ \vdots & e^{tN_{m_j}} & \vdots \\ 0 & \cdots & 0 \end{bmatrix} P^{-1} \quad (3.18)$$

の表示を得る．ここで，(3.17) を用いると

$$e^{tN_{m_j}} = \begin{bmatrix} 1 & t & \frac{t^2}{2!} & \cdots & \cdots & \frac{t^{m_j-1}}{(m_j-1)!} \\ & 1 & t & \frac{t^2}{2!} & \cdots & \vdots \\ & & \ddots & \ddots & \ddots & \vdots \\ & & & \ddots & \ddots & \frac{t^2}{2!} \\ & 0 & & & \ddots & t \\ & & & & & 1 \end{bmatrix}$$

が得られる．従って，行列 Q_j の成分は t の $m_j - 1$ 次以下の多項式である．

前節で述べたように，正則行列 P に対して $e^{tA}P$ も基本行列であったが，ジョルダン標準形を与える行列 P を

$$P = (\boldsymbol{p}_1 \ \boldsymbol{p}_2 \ \boldsymbol{p}_3 \ \cdots \ \boldsymbol{p}_{m_1-1} \ \boldsymbol{p}_{m_1} \ \boldsymbol{p}_{m_1+1} \ \cdots \cdots \boldsymbol{p}_{m_1+m_2} \ \cdots \cdots \cdots)$$

と表せば，$e^{tA}P$ は，m 個のベクトル

$$e^{\lambda_1 t} \boldsymbol{p}_1, \quad e^{\lambda_1 t}(t\boldsymbol{p}_1 + \boldsymbol{p}_2), \quad e^{\lambda_1 t}\left(\frac{t^2}{2!}\boldsymbol{p}_1 + t\boldsymbol{p}_2 + \boldsymbol{p}_3\right), \quad \ldots,$$

$$e^{\lambda_1 t}\left(\frac{t^{m_1-1}}{(m_1-1)!}\boldsymbol{p}_1 + \frac{t^{m_1-2}}{(m_1-2)!}\boldsymbol{p}_2 + \cdots + \boldsymbol{p}_{m_1}\right), \quad e^{\lambda_2 t}\boldsymbol{p}_{m_1+1}, \ldots,$$

$$e^{\lambda_2 t}\left(\frac{t^{m_2-1}}{(m_2-1)!}\boldsymbol{p}_{m_1+1}+\cdots\cdots+\boldsymbol{p}_{m_1+m_2}\right),\quad\cdots\cdots\cdots$$

を横一列に並べた行列としてと表される．従って，行列 A の固有値 λ_j $(j=1,\ldots,m)$ がすべて異なる場合，$\boldsymbol{p}_j$ をその固有ベクトルとすれば，$e^{t\lambda_j}\boldsymbol{p}_j$ $(j=1,\ldots,m)$ が m 個の 1 次独立な解を与える．

以下で，例題を検討するが，第 4 章 4.1 節も参照のこと．

例題 3.1 行列 $A=\begin{bmatrix}-7 & -25\\ 4 & 13\end{bmatrix}$ であるとき，線形微分方程式系

$$\frac{d\boldsymbol{x}}{dt}=A\boldsymbol{x}$$

の基本行列を一つ求めよ．また，初期値問題

$$\frac{d\boldsymbol{x}}{dt}=A\boldsymbol{x}+\begin{bmatrix}t\\-1\end{bmatrix},\quad \boldsymbol{x}(0)=\begin{bmatrix}0\\1\end{bmatrix}$$

の解 $\boldsymbol{x}(t)=\begin{bmatrix}x_1(t)\\x_2(t)\end{bmatrix}$ を求めよ．

[解]　行列 A の固有値を固有方程式 $\det(\lambda-A)=0$ を解いて求めると $\lambda=3$（重根）である．A が対角化可能とするとある正則行列 P を用いて $P^{-1}AP=3I$ と表され $A=3I$ となって矛盾する．従って，適当な正則行列 P を用いて

$$P^{-1}AP=3I+N,\quad N=\begin{bmatrix}0 & 1\\ 0 & 0\end{bmatrix}$$

と表される．$A=3I+PNP^{-1}:=3I+\tilde{N}$ とおくと $\tilde{N}=A-3I=\begin{bmatrix}-10 & -25\\ 4 & 10\end{bmatrix}$ である．$N^2=O$ だから $\tilde{N}^2=O$ が従う．$3I$ と $\tilde{N}$ は可換であるから，基本行列は

$$e^{tA}=e^{3tI+t\tilde{N}}=e^{3tI}e^{t\tilde{N}}=e^{3t}(I+t\tilde{N})=e^{3t}\begin{bmatrix}1-10t & -25t\\ 4t & 1+10t\end{bmatrix}$$

である．この基本行列を用いて定理 3.4 の公式 (3.14) から初期値問題の解を求めることができるが，ここでは非斉次項が t の 1 次式であることに注意して，非斉次方程式の特殊解 $\boldsymbol{y}(t)$ を t の 1 次式として求めることにする．$\boldsymbol{y}(t)=\begin{bmatrix}at+b\\ ct+d\end{bmatrix}$ として方程式

に代入すると $a = -13/9$, $b = 52/27$, $c = 4/9$, $d = -13/27$ を得る．非斉次方程式の一般解は

$$C_1 e^{3t} \begin{bmatrix} 1-10t \\ 4t \end{bmatrix} + C_2 e^{3t} \begin{bmatrix} -25t \\ 1+10t \end{bmatrix} + \boldsymbol{y}(t)$$

であるから，初期条件から，定数 $C_1 = -52/27$, $C_2 = 40/27$ とすればよい． □

問 3.3 行列 $A = \begin{bmatrix} -16 & -25 \\ 16 & 24 \end{bmatrix}$ であるとき，線形微分方程式系

$$\frac{d\boldsymbol{x}}{dt} = A\boldsymbol{x}$$

の基本行列を一つ求めよ．また，初期値問題

$$\frac{d\boldsymbol{x}}{dt} = A\boldsymbol{x} + \begin{bmatrix} 0 \\ 1 \end{bmatrix}, \quad \boldsymbol{x}(0) = \begin{bmatrix} 1 \\ 0 \end{bmatrix}$$

の解 $\boldsymbol{x}(t) = \begin{bmatrix} x_1(t) \\ x_2(t) \end{bmatrix}$ を求めよ．

問 3.4 正方行列 A に対して，行列 e^A を $e^A = \sum_{n=0}^{\infty} \frac{A^n}{n!}$ で定義する．正方行列 A, B が $[A, [A, B]] = [B, [B, A]] = 0$ をみたすとき，次の設問に答えよ．ただし，$[A, B] = AB - BA$ とする．

(1) 任意の実数 t に対して

$$\frac{d(e^{tA} e^{tB})}{dt} = (A + B + [A, B]t) e^{tA} e^{tB}$$

が成立することを示せ．
(2) $e^A e^B = e^{A+B+\frac{1}{2}[A,B]}$ を示せ．

3.3 代数的準備―部分分数展開―

有理式 $\dfrac{f(z)}{g(z)}$ において，分母 $g(z)$ は n 次式として，次のように 1 次式の積に分解されているとする[1]．

---

[1] 代数学の基本定理（占部[21]参照）により，必ずこのように因数分解できる．

$$g(z) = g_0(z-\lambda_1)^{m_1}(z-\lambda_2)^{m_2}\cdots(z-\lambda_l)^{m_l}. \tag{3.19}$$

ここで, $\lambda_1, \lambda_2, \ldots, \lambda_l \in \mathbb{C}$ は $g(z) = 0$ の相異なる根として, $m_1 + m_2 + \cdots + m_l = n$. また, $f(z)$ の次数は $g(z)$ の次数より小さいとする.

最初に

$$g(z) = (z-\lambda_1)^{m_1} g_1(z), \quad g_1(\lambda_1) \neq 0$$

のように表しておく.

補題 3.1 有理式 $\dfrac{f(z)}{g(z)}$ は次のような分解式を持つ.

$$\frac{f(z)}{g(z)} = \frac{f(\lambda_1)}{g_1(\lambda_1)(z-\lambda_1)^{m_1}} + \frac{f_1(z)}{(z-\lambda_1)^{m_1-1} g_1(z)}.$$

ここで, $f_1(z)$ の次数は $n-1$ より小さい.

[証明] 有理式 $\dfrac{f(z)}{g(z)}$ が, $z = \lambda_1$ についていちばん特異性を持つ部分は

$$\lim_{z\to\lambda_1}(z-\lambda_1)^{m_1}\frac{f(z)}{g(z)} = \frac{f(\lambda_1)}{g_1(\lambda_1)}$$

となる. よって, この部分を引くと

$$\frac{f(z)}{g(z)} - \frac{f(\lambda_1)}{g_1(\lambda_1)(z-\lambda_1)^{m_1}} = \frac{g_1(\lambda_1)f(z) - f(\lambda_1)g_1(z)}{g_1(\lambda_1)(z-\lambda_1)^{m_1}g_1(z)}$$

となり, $g_1(\lambda_1)f(z) - f(\lambda_1)g_1(z)|_{z=\lambda_1} = 0$ をみたすので, 因数定理より

$$g_1(\lambda_1)f(z) - f(\lambda_1)g_1(z) = (z-\lambda_1)f_1(z)$$

と因数分解される. ここで, $f_1(z)$ の次数は, $f(z)$ の次数より 1 つ減るので, $\dfrac{f_1(z)}{g_1(\lambda_1)}$ を改めて $f_1(z)$ とおくと補題の分解を得る. □

定理 3.6 (部分分数展開). 有理式 $\dfrac{f(z)}{g(z)}$ において, 分母 $g(z)$ の次数は n で, (3.19) のような 1 次式の積に分解されているとする. また, $f(z)$ の次数は $n-1$ 以下とする. このとき, $\dfrac{f(z)}{g(z)}$ は次の展開式を持つ.

3.3 代数的準備—部分分数展開—

$$\frac{f(z)}{g(z)} = \sum_{k=1}^{l} \left[\frac{f_{m_k}^{(k)}}{(z-\lambda_k)^{m_k}} + \frac{f_{m_k-1}^{(k)}}{(z-\lambda_k)^{m_k-1}} + \cdots + \frac{f_1^{(k)}}{z-\lambda_k} \right].$$

[証明] 分母 $g(z)$ の次数についての帰納法で証明する. $n=1$ のときは

$$\frac{f(z)}{g(z)} = \frac{f_1}{z-\lambda_1}$$

より, 定理が成立している.

分母の次数が, $n-1$ まで定理が正しいとする. $g(z)$ は (3.19) の分解式を持つので, 補題 3.1 より, $f_{m_1}^{(1)} = \frac{f(\lambda_1)}{g_1(\lambda_1)}$ とおくと

$$\frac{f(z)}{g(z)} = \frac{f_{m_1}^{(1)}}{(z-\lambda_1)^{m_1}} + \frac{f_1(z)}{(z-\lambda_1)^{m_1-1}g_1(z)}.$$

ここで, 右辺の第2項の分母は $n-1$ 次式なので, 帰納法の仮定より

$$\frac{f_1(z)}{(z-\lambda_1)^{m_1-1}g_1(z)}$$

$$= \frac{f_{m_k-1}^{(1)}}{(z-\lambda_1)^{m_1-1}} + \frac{f_{m_k-2}^{(1)}}{(z-\lambda_1)^{m_k-2}} + \cdots + \frac{f_1^{(1)}}{z-\lambda_1}$$

$$+ \sum_{k=2}^{l} \left[\frac{f_{m_k}^{(k)}}{(z-\lambda_k)^{m_k}} + \frac{f_{m_k-1}^{(k)}}{(z-\lambda_k)^{m_k-1}} + \cdots + \frac{f_1^{(k)}}{z-\lambda_k} \right]$$

と表される. よって, 定理の展開式が成り立つ. □

定理 3.6 の系 定理の条件の下で, 次の展開式が成り立つ.

$$\frac{f(z)}{g(z)} = \sum_{k=1}^{l} \frac{f_k(z)}{(z-\lambda_k)^{m_k}}.$$

ここで, $f_k(z)$ の次数は $m_k - 1$ 以下で, $f_k(\lambda_k) \neq 0$ が成り立つ.

とくに, $n=l$, $m_1 = m_2 = \cdots = m_l = 1$ のときは

$$\frac{f(z)}{g(z)} = \sum_{k=1}^{n} \frac{f^{(k)}}{z-\lambda_k}$$

となる．ここで，$g(z) = g(z) - g(\lambda_k)$ で

$$\frac{(z-\lambda_k)f(z)}{g(z)} = \frac{(z-\lambda_k)f(z)}{g(z)-g(\lambda_k)} = f^{(k)} + \sum_{j \neq k} f^{(j)} \frac{z-\lambda_k}{z-\lambda_j}$$

と表されることに注意し，$z \to \lambda_k$ とすると

$$f^{(k)} = \frac{f(\lambda_k)}{g'(\lambda_k)}$$

となることが分かる．以上により

> **定理 3.7** $l = n$, $m_1 = m_2 = \cdots = m_l = 1$ ならば
> $$\frac{f(z)}{g(z)} = \sum_{k=1}^{n} \frac{f(\lambda_k)}{g'(\lambda_k)(z-\lambda_k)}.$$

この公式は，複素関数論の留数計算で有用である．

注意 3.5 多項式，$f(z)$, $g(z)$ が実数係数の多項式で，$g(x)$ の零点 λ_k が実数であれば，定理 3.6 に現れる，$f_1^{(k)}, f_2^{(k)}, \ldots, f_{m_k}^{(k)}$ は実数となる．したがって，定理 3.6 の系の多項式 $f_k(z)$ も実数係数の多項式となる．また，λ_k が虚数であるときは，共役複素数 $\overline{\lambda}_j$ も零点となる．このとき，定理 3.6 の展開式の係数は $\overline{f}_1^{(k)}, \overline{f}_2^{(k)}, \ldots, \overline{f}_{m_k}^{(k)}$ となるので，

$$\frac{f_k(z)}{(z-\lambda_k)^{m_k}} + \frac{\overline{f}_k(z)}{(z-\overline{\lambda}_k)^{m_k}}$$

は実数係数の有理式である．

例題 3.2 以下の有理式を部分分数に展開せよ．

(1) $\dfrac{1}{z^2+1}$ (2) $\dfrac{1}{(z-1)^2(z-2)}$ (3) $\dfrac{1}{(z-1)(z+1)(z+2)}$

[解] (1) 与式を $\dfrac{A}{z-i} + \dfrac{B}{z+i}$ とおく．両辺に z^2+1 をかけると

$$1 = A(z+i) + B(z-i).$$

3.3 代数的準備—部分分数展開—

ここで，両辺に $z = i$ を代入すると，$1 = 2iA$. ゆえに，$A = \dfrac{1}{2i}$. また $z = -i$ を代入すると，$1 = -2iB$. ゆえに，$\dfrac{1}{2i}$. 以上より

$$\frac{1}{z^2+1} = \frac{1}{2i}\left(\frac{1}{z-i} - \frac{1}{z+i}\right).$$

(2) 与式を $\dfrac{A}{z-2} + \dfrac{B}{z-1} + \dfrac{C}{(z-1)^2}$ とおく．両辺に $(z-1)^2(z-2)$ をかけると

$$1 = A(z-1)^2 + B(z-1)(z-2) + C(z-2).$$

ここで，両辺に $z = 2$ を代入すると，$1 = A$. ゆえに，$A = 1$, $z = 1$ を代入すると，$1 = -C$. ゆえに $C = -1$. 右辺に $A = 1$, $C = -1$ を代入すると

$$1 = z^2 - 3z + 3 + B(z-1)(z-2).$$

ゆえに

$$-z^2 + 3z - 2 = -(z-1)(z-2) = B(z-1)(z-2).$$

両辺を比較して $B = -1$. 以上より

$$\frac{1}{(z-1)^2(z-2)} = \frac{1}{z-2} - \frac{1}{z-1} + \frac{1}{(z-1)^2}.$$

(3) 与式を $\dfrac{A}{z+2} + \dfrac{B}{z+1} + \dfrac{C}{z-1}$ とおく．両辺に $(z-1)(z+1)(z+2)$ をかけると

$$1 = A(z-1)(z+1) + B(z-1)(z+2) + C(z+1)(z+2).$$

ここで，両辺に $z = -2$ を代入すると，$1 = 3A$. ゆえに，$A = \dfrac{1}{3}$. $z = -1$ を代入すると，$1 = -2B$. ゆえに $B = -\dfrac{1}{2}$. また $z = 1$ を代入すると，$1 = 6C$, ゆえに $C = \dfrac{1}{6}$. 以上より

$$\frac{1}{(z-1)(z+1)(z+2)} = \frac{1}{3(z+2)} - \frac{1}{2(z+1)} + \frac{1}{6(z+2)}.$$

別解法として，$R(z) = z^3 + 2z^2 - z - 2$ より $R'(z) = 3z^2 + 4z - 1$. よって，定理 3.7 （分母の零点が単純な場合）より

$$A = \frac{1}{3}, \quad B = -\frac{1}{2}, \quad C = \frac{1}{6}. \qquad \square$$

問 3.5 次の有理式を部分分数に展開せよ．(1) では a, b を定数とする．

(1) $\dfrac{1}{z^2 - 2az + a^2 + b^2}$ (2) $\dfrac{1}{z(z-1)(z-2)}$ (3) $\dfrac{1}{z^2(z-1)^2}$

3.4 行列のスペクトル分解

表現式 (3.18) により，微分方程式系の基本解をつくるには，Q_j：スペクトル分解を構成すればよいことが分かる．以前の方法では，固有値を求めた後，固有ベクトルを求め，それらを並べて P をつくる．その P の逆行列を用いて $Q_1, Q_2, Q_3, \ldots$ を構成した．2, 3 次の行列では，普通に計算できるが，4 次以上になると困難である．

ここでは，固有ベクトルの基底を用いずにスペクトル分解を構成することを説明する．基本になるのは次の定理である．定理の証明は，線形代数の教科書を参照のこと．

定理 3.8（ケイリー–ハミルトン (**Cayley–Hamilton**)）．正方行列 A の特性多項式を $f_A(z)$ とするとき
$$f_A(A) = O$$
が成立する．

行列 A の相異なる固有値 $\lambda_1, \lambda_2, \ldots, \lambda_l$ について，特性多項式を

$$f_A(z) = (z - \lambda_1)^{m_1}(z - \lambda_2)^{m_2} \cdots (z - \lambda_l)^{m_l} \tag{3.20}$$

と 1 次式の積に分解し，定理 3.6 の系を $f(x) = 1$, $g(x) = f_A(z)$ に適用すると，

$$\frac{1}{f_A(z)} = \sum_{k=1}^{l} \frac{f_k(z)}{(z - \lambda_k)^{m_k}}. \tag{3.21}$$

ここで，$f_k(z)$ の次数は $m_k - 1$ 以下で，$f_k(\lambda_k) \neq 0$ が成り立つ．

3.4 行列のスペクトル分解

多項式 $Q_k(z)$ を

$$Q_k(z) = f_k(z)(z-\lambda_1)^{m_1}(z-\lambda_2)^{m_2}\cdots\widehat{(z-\lambda_k)}^{m_k}\cdots(z-\lambda_l)^{m_l}$$

とおく．ここで，記号 $\widehat{(z-\lambda_k)}^{m_k}$ は因子 $(z-\lambda_k)^{m_k}$ を除くことを表す．等式 (3.21) の両辺に $f_A(z)$ をかけると，次の補題を得る．

補題 3.2

$$\sum_{k=1}^{l} Q_k(z) = 1.$$

ここで

$$(z-\lambda_k)^{m_k} Q_k(z) = f_k(z) f_A(z), \quad Q_k(\lambda_k) \neq 0.$$

この補題に定理 3.8 を用いると

定理 3.9

$$\sum_{k=1}^{l} Q_k(A) = I, \quad (A - \lambda_k I)^{m_k} Q_k(A) = O,$$

$$Q_j(A) Q_k(A) = O \ (j \neq k),$$

$$Q_j(A)^2 = Q_j(A).$$

[証明] 最初の 2 つは補題 3.2 より明らか．定義より，$j \neq k$ ならば $Q_j(z) Q_k(z)$ は $f_A(z)$ を因子に持つので，$Q_j(A) Q_k(A) = O$．また

$$Q_j(A) = \sum_{k=1}^{l} Q_j(A) Q_k(A) = Q_j(A)^2.$$

以上より，定理が証明された． □

注意 3.6 行列 A が実行列のときは，注意 3.5 より，A が固有値 λ_k が実数ならば，行列 $Q_k(A)$ も実行列となる．また，固有値が虚数のときは，λ_k の共役複素数も固有値となるので，対応する行列 $Q_k(A)$, $\overline{Q}_k(A)$ について，和 $Q_k(A) + \overline{Q}_k(A)$ は実行列となる．

いま，任意の多項式を $P(z)$ とおく．$z = \lambda_k$ において，テイラー展開をすると

$$P(z) = \sum_{j=0}^{\infty} \frac{P^{(j)}(\lambda_k)}{j!}(z - \lambda_k)^j.$$

ただし，$P(z)$ は多項式なので，上の和は有限和である．したがって

$$P(A) = \sum_{k=1}^{l} \sum_{j=0}^{\infty} \frac{P^{(j)}(\lambda_k)}{j!}(A - \lambda_k I)^j Q_k(A)$$

$$= \sum_{k=1}^{l} \sum_{j=0}^{m_k-1} \frac{P^{(j)}(\lambda_k)}{j!}(A - \lambda_k I)^j Q_k(A).$$

より一般に

定理 3.10 固有値 $z = \lambda_1, \lambda_2, \ldots, \lambda_l$ を含む領域の正則関数 $F(z)$ に対して，行列の関数 $F(A)$ は

$$F(A) = \sum_{k=1}^{l} \sum_{j=0}^{m_k-1} \frac{F^{(j)}(\lambda_k)}{j!}(A - \lambda_k I)^j Q_k(A) \tag{3.22}$$

と定義される．とくに，基本解の表現式は

$$e^{tA} = \sum_{k=1}^{l} e^{\lambda_k t} \sum_{j=0}^{m_k-1} \frac{t^j}{j!}(A - \lambda_k I)^j Q_k(A). \tag{3.23}$$

例題 3.3 次の n 次行列 A について，$\log A$ の表現式を求めよ．

$$A = \lambda I + N, \quad \lambda \neq 0, \quad N = \begin{bmatrix} 0 & 1 & & & 0 \\ & 0 & \ddots & & \\ & & \ddots & \ddots & \\ 0 & & & 0 & 1 \\ & & & & 0 \end{bmatrix}$$

3.4 行列のスペクトル分解

[解] 対数関数のテイラー級数を用いると，A が十分に I に近いとき

$$\log A = \sum_{k=1}^{\infty} \frac{(-1)^{k-1}}{k}(A-I)^k$$

と表される．したがって

$$\sum_{k=1}^{\infty} \frac{(-1)^{k-1}}{k}(A-I)^k$$
$$= \sum_{k=1}^{\infty} \frac{(-1)^{k-1}}{k}[(\lambda-1)I + N]^k$$
$$= \sum_{k=1}^{\infty} \frac{(-1)^{k-1}}{k}[(\lambda-1)^k I + {}_kC_1(\lambda-1)^{k-1}N$$
$$\qquad + {}_kC_2(\lambda-1)^{k-2}N^2 + \cdots + {}_kC_k N^k]$$
$$= \sum_{k=1}^{\infty} (-1)^{k-1} \left[\frac{(\lambda-1)^k}{k}I + \frac{(\lambda-1)^{k-1}}{1!}N \right.$$
$$\qquad \left. + \frac{(k-1)(\lambda-1)^{k-2}}{2!}N^2 + \cdots + \frac{(k-1)(k-2)\cdots 1}{k!}N^k \right].$$

また，$|\lambda - 1|$ が十分に小さいとき

$$\frac{1}{\lambda} = \sum_{k=1}^{\infty}(-1)^{k-1}(\lambda-1)^{k-1}, \quad \frac{d}{d\lambda}\left(\frac{1}{\lambda}\right) = \sum_{k=1}^{\infty}(-1)^{k-1}(k-1)(\lambda-1)^{k-2}, \ldots,$$

が成り立つことと，$N^n = O$ に注意すると

$$\log A = \log \lambda I + \frac{1}{\lambda}N + \frac{d}{d\lambda}\left(\frac{1}{\lambda}\right)\frac{N^2}{2!} + \cdots + \frac{d^{n-2}}{d\lambda^{n-2}}\left(\frac{1}{\lambda}\right)\frac{N^{n-1}}{(n-1)!}$$
$$= \log \lambda I + \frac{1}{\lambda}N - \frac{1}{2\lambda^2}N^2 + \cdots + \frac{(-1)^{n-2}}{(n-1)\lambda^{n-1}}N^{n-1}.$$

ここで，$\log \lambda$ は適当な分岐をとっておく．ゆえに，次のように表される．

$$\log A = \log \lambda I + \sum_{k=1}^{n-1} \frac{(-1)^{k-1}}{k\lambda^k}N^k. \qquad \square$$

注意 3.7 解析接続により，上記の式は大きな λ についても，意味を持つ．また，多価になるのは $\log \lambda$ のみなので，この値を定めれば $\log A$ が定まる．また，任意の正

方行列は例題の行列（ジョルダン細胞）に分解できるので，任意の正則行列について対数を定めることができる．

正方行列 A に対して，$\varphi(A) = O$ をみたす多項式のうちで，次数がもっとも低いものを**最小多項式** (minimum polynomial) といい，$\varphi_A(z)$ で表す．今までの議論は，特性多項式 $f_A(z)$ を最小多項式 $\varphi_A(z)$ で置き換えても，すべて成立する．

定理 3.11 行列 A の相異なる固有値 $\lambda_1, \lambda_2, \ldots, \lambda_l$ について，最小多項式が

$$\varphi_A(z) = (z - \lambda_1)(z - \lambda_2) \cdots (z - \lambda_l)$$

ならば

$$F(A) = \sum_{k=1}^{l} F(\lambda_k) Q_k(A).$$

証明は，最小多項式の形より，$(A - \lambda_k I) Q_k(A) = O$ となることによる．

例題 3.4 次の微分方程式系の基本解を求めよ．

(1) $\dfrac{d}{dx} \begin{bmatrix} u \\ v \end{bmatrix} = \begin{bmatrix} -7 & -25 \\ 4 & 13 \end{bmatrix} \begin{bmatrix} u \\ v \end{bmatrix}$

(2) $\dfrac{d}{dx} \begin{bmatrix} u \\ v \end{bmatrix} = \begin{bmatrix} 0 & -1 \\ 1 & 0 \end{bmatrix} \begin{bmatrix} u \\ v \end{bmatrix}$

(3) $\dfrac{d}{dx} \begin{bmatrix} u \\ v \\ w \end{bmatrix} = \begin{bmatrix} 1 & 0 & 1 \\ -1 & 2 & 1 \\ 1 & -1 & 1 \end{bmatrix} \begin{bmatrix} u \\ v \\ w \end{bmatrix}$

[**解**] (1) 例題 3.1 でみたとおり，固有多項式 $f_A(z) = (z-3)^2$．$A \neq 3I$，$(A - 3I)^2 = O$，より，基本解は

$$e^{tA} = e^{3t}[I + t(A - 3I)] = e^{3t} \begin{bmatrix} 1 - 10t & -25t \\ 4t & 1 + 10t \end{bmatrix}.$$

(2) 固有多項式は $f_A(z) = z^2 + 1 = (z - i)(z + i)$．例題 3.2 (1) より部分分数展開は

3.4 行列のスペクトル分解

$$\frac{1}{z^2+1} = \frac{1}{2i}\left(\frac{1}{z-i} - \frac{1}{z+i}\right).$$

よって

$$1 = \frac{1}{2i}[(z+i) - (z-i)].$$

以上より，A のスペクトル分解が得られる（第 4 章 4.1 節も参照）．

$$P(A) = \frac{1}{2i}(A+iI) = \frac{1}{2i}\begin{bmatrix} i & -1 \\ 1 & i \end{bmatrix},$$

$$\overline{P}(A) = -\frac{1}{2i}(A-iI) = \frac{1}{2i}\begin{bmatrix} i & 1 \\ -1 & i \end{bmatrix}.$$

したがって，表現式 (3.23) より基本解は

$$\begin{aligned} e^{tA} &= e^{it}P(A) + e^{-it}\overline{P}(A) \\ &= \frac{e^{it}}{2i}\begin{bmatrix} i & -1 \\ 1 & i \end{bmatrix} + \frac{e^{-it}}{2i}\begin{bmatrix} i & 1 \\ -1 & i \end{bmatrix} \\ &= \begin{bmatrix} \frac{1}{2}(e^{it}+e^{-it}) & -\frac{1}{2i}(e^{it}-e^{-it}) \\ \frac{1}{2i}(e^{it}-e^{-it}) & \frac{1}{2}(e^{it}+e^{-it}) \end{bmatrix} \\ &= \begin{bmatrix} \cos t & -\sin t \\ -\sin t & \cos t \end{bmatrix} \end{aligned}$$

のように計算される（第 4 章 4.1 節の説明も参照するとよい）．

(3) 固有多項式は $f_A(z) = (z-1)^2(z-2)$．例題 3.2 (2) より部分分数展開は

$$\frac{1}{(z-1)^2(z-2)} = \frac{1}{z-2} - \frac{z}{(z-1)^2}.$$

よって

$$(z-1)^2 - z(z-2) = 1.$$

以上より，スペクトル分解は

$$Q_1(A) = (A-I)^2 = \begin{bmatrix} 1 & -1 & 0 \\ 0 & 0 & 0 \\ 1 & -1 & 0 \end{bmatrix},$$

$$Q_2(A) = -A(A-2I) = \begin{bmatrix} 0 & 1 & 0 \\ 0 & 1 & 0 \\ -1 & 1 & 1 \end{bmatrix}.$$

したがって，基本解の表現式は (3.23) より

$$e^{tA} = e^{2t}Q_1(A) + e^t[I + t(A-I)]Q_2(A)$$

$$= e^{2t}\begin{bmatrix} 1 & -1 & 0 \\ 0 & 0 & 0 \\ 1 & -1 & 0 \end{bmatrix} + e^t\begin{bmatrix} 0 & 1 & 0 \\ 0 & 1 & 0 \\ -1 & 1 & 1 \end{bmatrix}$$

$$+ te^t\begin{bmatrix} -1 & 1 & 1 \\ -1 & 1 & 1 \\ 0 & 0 & 0 \end{bmatrix}$$

$$= e^{2t}\begin{bmatrix} 1 & -1 & 0 \\ 0 & 0 & 0 \\ 1 & -1 & 0 \end{bmatrix} + e^t\begin{bmatrix} -t & 1+t & t \\ -t & 1+t & t \\ -1 & 1 & 1 \end{bmatrix}.$$

□

問 3.6 例題 3.4 (2) において，微分方程式系

$$\frac{du}{dt} = -v, \quad \frac{dv}{dt} = u$$

を直接に解くことにより，基本解を求めよ（ヒント：両辺を微分する）．

問 3.7 次の微分方程式系の基本解を求めよ．

$$\frac{d}{dx}\begin{bmatrix} u \\ v \end{bmatrix} = \begin{bmatrix} a & -b \\ b & a \end{bmatrix}\begin{bmatrix} u \\ v \end{bmatrix}$$

ここで，a, b は定数で，$b \neq 0$ をみたすとする．

例題 3.5 次の各行列を A とおくとき，行列の指数関数 e^{tA} を求めよ．

(1) $\dfrac{1}{2}\begin{bmatrix} -3 & -4 & 5 \\ 1 & -2 & -1 \\ 1 & -4 & 1 \end{bmatrix}$ (2) $\dfrac{1}{3}\begin{bmatrix} 4 & -2 & 1 \\ -2 & 7 & -2 \\ 1 & -2 & 4 \end{bmatrix}$

[解] (1) 最初に固有多項式を計算する．

$$\begin{vmatrix} z+\frac{3}{2} & 2 & -\frac{5}{2} \\ -\frac{1}{2} & z+1 & \frac{1}{2} \\ -\frac{1}{2} & 2 & z-\frac{1}{2} \end{vmatrix} = (z+2)\begin{vmatrix} 1 & 0 & -1 \\ -\frac{1}{2} & z+1 & \frac{1}{2} \\ -\frac{1}{2} & 2 & z-\frac{1}{2} \end{vmatrix}$$

$$= (z+2)\begin{vmatrix} 1 & 0 & -1 \\ 0 & z+1 & 0 \\ 0 & 2 & z-1 \end{vmatrix}$$

3.4 行列のスペクトル分解

$$= (z-1)(z+1)(z+2).$$

例題 3.2 (3) より部分分数展開は

$$1 = \frac{1}{3}(z+1)(z-1) - \frac{1}{2}(z+2)(z-1) + \frac{1}{6}(z+2)(z+1).$$

したがって

$$(A+I)(A-I) = \begin{bmatrix} -\frac{1}{2} & -2 & \frac{5}{2} \\ \frac{1}{2} & 0 & -\frac{1}{2} \\ \frac{1}{2} & -2 & \frac{3}{2} \end{bmatrix} \begin{bmatrix} -\frac{5}{2} & -2 & \frac{5}{2} \\ \frac{1}{2} & -2 & -\frac{1}{2} \\ \frac{1}{2} & -2 & -\frac{1}{2} \end{bmatrix}$$

$$= \begin{bmatrix} \frac{3}{2} & 0 & -\frac{3}{2} \\ -\frac{3}{2} & 0 & \frac{3}{2} \\ -\frac{3}{2} & 0 & \frac{3}{2} \end{bmatrix},$$

$$(A+2I)(A-I) = \begin{bmatrix} \frac{1}{2} & -2 & \frac{5}{2} \\ \frac{1}{2} & 1 & -\frac{1}{2} \\ \frac{1}{2} & -2 & \frac{5}{2} \end{bmatrix} \begin{bmatrix} -\frac{5}{2} & -2 & \frac{5}{2} \\ \frac{1}{2} & -2 & -\frac{1}{2} \\ \frac{1}{2} & -2 & -\frac{1}{2} \end{bmatrix}$$

$$= \begin{bmatrix} -1 & -2 & 1 \\ -1 & -2 & 1 \\ -1 & -2 & 1 \end{bmatrix},$$

$$(A+2I)(A+I) = \begin{bmatrix} \frac{1}{2} & -2 & \frac{5}{2} \\ \frac{1}{2} & 1 & -\frac{1}{2} \\ \frac{1}{2} & -2 & \frac{5}{2} \end{bmatrix} \begin{bmatrix} -\frac{1}{2} & -2 & \frac{5}{2} \\ \frac{1}{2} & 0 & -\frac{1}{2} \\ \frac{1}{2} & -2 & \frac{3}{2} \end{bmatrix}$$

$$= \begin{bmatrix} 0 & -6 & 6 \\ 0 & 0 & 0 \\ 0 & -6 & 6 \end{bmatrix}.$$

以上より,スペクトル分解は

$$Q_1 = \frac{1}{3}(A+I)(A-I) = \begin{bmatrix} \frac{1}{2} & 0 & -\frac{1}{2} \\ -\frac{1}{2} & 0 & \frac{1}{2} \\ -\frac{1}{2} & 0 & \frac{1}{2} \end{bmatrix},$$

$$Q_2 = -\frac{1}{2}(A+2I)(A-I) = \begin{bmatrix} \frac{1}{2} & 1 & -\frac{1}{2} \\ \frac{1}{2} & 1 & -\frac{1}{2} \\ \frac{1}{2} & 1 & -\frac{1}{2} \end{bmatrix},$$

$$Q_3 = \frac{1}{6}(A+2I)(A+I) = \begin{bmatrix} 0 & -1 & 1 \\ 0 & 0 & 0 \\ 0 & -1 & 1 \end{bmatrix}.$$

したがって，指数関数の表現式 (3.23) より次の式を得る．

$$e^{tA} = e^{-2t}\begin{bmatrix} \frac{1}{2} & 0 & -\frac{1}{2} \\ -\frac{1}{2} & 0 & \frac{1}{2} \\ -\frac{1}{2} & 0 & \frac{1}{2} \end{bmatrix} + e^{-t}\begin{bmatrix} \frac{1}{2} & 1 & -\frac{1}{2} \\ \frac{1}{2} & 1 & -\frac{1}{2} \\ \frac{1}{2} & 1 & -\frac{1}{2} \end{bmatrix} + e^{t}\begin{bmatrix} 0 & -1 & 1 \\ 0 & 0 & 0 \\ 0 & -1 & 1 \end{bmatrix}.$$

計算の手数は固有ベクトルを求める方法と大差はないが，行列の積だけで構成できるところが有利である．

(2) 同様に固有多項式を計算する．

$$\begin{vmatrix} z-\frac{4}{3} & \frac{2}{3} & -\frac{1}{3} \\ \frac{2}{3} & z-\frac{7}{3} & \frac{2}{3} \\ -\frac{1}{3} & \frac{2}{3} & z-\frac{4}{3} \end{vmatrix} = (z-1)\begin{vmatrix} 1 & 0 & -1 \\ \frac{2}{3} & z-\frac{7}{3} & \frac{2}{3} \\ -\frac{1}{3} & \frac{2}{3} & z-\frac{4}{3} \end{vmatrix}$$

$$= (z-1)\begin{vmatrix} 1 & 0 & -1 \\ 0 & z-\frac{7}{3} & \frac{4}{3} \\ 0 & \frac{2}{3} & z-\frac{5}{3} \end{vmatrix}$$

$$= (z-1)^2(z-3).$$

この場合，行列は対称行列で対角化が可能なので，固有多項式は $(z-1)^2(z-3)$ であるが，最小多項式を

$$\varphi_A(z) = (z-1)(z-3)$$

としてよい．部分分数展開を

$$\frac{1}{(z-1)(z-3)} = \frac{a}{z-3} + \frac{b}{z-1}$$

とおくと，$a = \frac{1}{2}$, $b = -\frac{1}{2}$. よって

$$1 = \frac{1}{2}(z-1) - \frac{1}{2}(z-3).$$

以上より，スペクトル分解は

$$Q_1 = \frac{1}{2}(A-I) = \frac{1}{6}\begin{bmatrix} 1 & -2 & 1 \\ -2 & 4 & -2 \\ 1 & -2 & 1 \end{bmatrix},$$

$$Q_2 = -\frac{1}{2}(A - 3I) = -\frac{1}{6}\begin{bmatrix} -5 & -2 & 1 \\ -2 & -2 & -2 \\ 1 & -2 & -5 \end{bmatrix}.$$

したがって，基本解は

$$e^{tA} = \frac{e^{3t}}{6}\begin{bmatrix} 1 & -2 & 1 \\ -2 & 4 & -2 \\ 1 & -2 & 1 \end{bmatrix} + \frac{e^{t}}{6}\begin{bmatrix} 5 & 2 & -1 \\ 2 & 2 & 2 \\ -1 & 2 & 5 \end{bmatrix}.$$

このように，対角化が可能で固有値が重複する場合は簡単になる． □

問 3.8 次の各行列を A とおくとき，行列の指数関数 e^{tA} を求めよ．

(1) $\begin{bmatrix} -6 & 3 & 13 \\ -1 & 2 & 2 \\ -5 & 2 & 10 \end{bmatrix}$ (2) $\begin{bmatrix} 4 & -2 & -2 \\ 1 & 1 & -1 \\ 1 & -1 & 1 \end{bmatrix}$ (3) $\begin{bmatrix} 3 & 0 & 1 \\ 0 & 4 & 0 \\ 1 & 0 & 3 \end{bmatrix}$

3.5 定数係数微分方程式

この節では，未知関数を $x = x(t)$ とする定数係数の（単独）微分方程式

$$\frac{d^n x}{dt^n} + a_{n-1}\frac{d^{n-1} x}{dt^{n-1}} + \cdots + a_1 \frac{dx}{dt} + a_0 x = f(t), \quad t \geq 0$$

の解法を解説する．ここで，$a_0, a_1, \ldots, a_{n-1}$ は複素定数とする．このような高階の微分方程式は，未知関数系を $\boldsymbol{x} = {}^t(x, x', \ldots, x^{(n-1)})$ とおくと，1階の微分方程式系となるので，解法はすでに解説ずみである．しかし，定数係数の場合は，多項式の計算で解が求められるので，ここで独立に扱うことにする．

このような，高階定数係数の微分方程式を扱うときは，高次導関数を記号 D を用いて

$$D^j x = \frac{d^j x}{dt^j} \quad (j \in \mathbb{N})$$

のように表すと便利である．この記号を用いると，微分方程式は

$$D^n x + a_{n-1} D^{n-1} x + \cdots + a_1 Dx + a_0 x = f(t), \quad t \geq 0 \quad (3.24)$$

となる.

特 性 多 項 式

微分方程式 (3.24) について,**特性多項式** (characteristic polynomial) を

$$p(z) = z^n + a_{n-1}z^n + \cdots + a_1 z + a_0 \tag{3.25}$$

と定義する. 特性多項式を用いると, 微分方程式 (3.24) は

$$p(D)x = f(t), \quad t \geq 0$$

と表される.

より一般に, 任意の多項式

$$q(z) = c_m z^m + c_{m-1} z^{m-1} + \cdots + c_1 z + c_0$$

についても**微分作用素** (differential operator) $q(D)$ が

$$q(D)y = c_m D^m y + c_{m-1} D^{m-1} y + \cdots + c_1 Dy + c_0 y$$

によって定義される. 高階定数係数の微分方程式の解法では, 次の 2 つの補題が基本となる.

> **補題 3.3** もし, 特性多項式が $p(z) = p_1(z)p_2(z)$ と因数分解されたとすると
> $$p(D)y = p_1(D)[p_2(D)y] = p_2(D)[p_1(D)y]$$
> が成立する. とくに, $p_1(D)x = 0$ または $p_2(D)x = 0$ ならば, $p(D)x = 0$.

証明は, 作用素 D^j, D^k が次の性質を持つことより明らかである.

$$D^j(D^k y) = D^k(D^j y) = \frac{d^{j+k} y}{dt^{j+k}} = D^{j+k} y.$$

たとえば, $z^2 + z - 6 = (z-2)(z+3)$ に対しては, 次の式が成立する.

$$(D-2)[(D+3)y] = (D-2)(Dy + 3y)$$
$$= D^2 y + Dy - 6y.$$

3.5 定数係数微分方程式

> **補題 3.4** 任意の複素数 λ について
>
> $$(1) \quad p(D)e^{\lambda t} = p(\lambda)e^{\lambda t}, \tag{3.26}$$
>
> $$(2) \quad D^n(e^{-\lambda t}x) = e^{-\lambda t}(D-\lambda)^n x \quad (n \in \mathbb{N}). \tag{3.27}$$
>
> とくに, $p(\lambda) = 0$ ならば, $p(D)e^{\lambda t} = 0$.

証明は, $D^j e^{\lambda t} = \lambda^j e^{\lambda t}$ が成立することより明らかである. ここで, 方程式

$$p(z) = 0$$

を**特性方程式** (characteristic equation) という.

斉次方程式

最初に, 右辺 $f(t)$ が 0 のときを扱う.

$$D^n x + a_{n-1} D^{n-1} x + \cdots + a_1 D x + a_0 x = 0, \quad t \geq 0. \tag{3.28}$$

いま, 特性方程式の相異なる根を, $\lambda_1, \lambda_2, \ldots, \lambda_l$ と表し, 特性多項式が

$$p(z) = (z - \lambda_1)^{m_1}(z - \lambda_2)^{m_2} \cdots (z - \lambda_l)^{m_l} \quad (m_1 + m_2 + \cdots m_l = n)$$

のように因数分解されているとする. 補題 3.4 より

$$e^{\lambda_1 t}, e^{\lambda_2 t}, \ldots, e^{\lambda_l t}$$

は斉次方程式 (3.28) の解である. したがって, 1 次結合

$$c_1 e^{\lambda_1 t} + c_2 e^{\lambda_2 t} + \cdots + c_l e^{\lambda_l t} \quad (c_j \in \mathbb{C})$$

も解となる. とくに, $m_1 = m_2 = \cdots = m_l = 1$ のときは $l = n$ となり, n 個の 1 次独立な解の組が得られた.

一般の場合は, 多項式 $\hat{p}_j(z)$ を次のように定義する.

$$\hat{p}_j(z) = (z-\lambda_1)^{m_1}(z-\lambda_2)^{m_2} \cdots \widehat{(z-\lambda_j)}^{m_j} \cdots (z-\lambda_l)^{m_l}.$$

このとき補題 3.3 より

$$p(D)x = \hat{p}_j(D)[(D-\lambda_j)^{m_j}x]$$

が成立するので，各 j について，微分方程式

$$(D-\lambda_j)^{m_j}x = 0$$

の解は，また，$p(D)x = 0$ の解となる．この微分方程式については：未知関数 y を，$y = e^{-\lambda_j t}x$ と定義すると，補題 3.4 より

$$D^{m_j}y = e^{-\lambda_j t}(D-\lambda_j)^{m_j}x = 0.$$

したがって，もとの解は $x = (c_j^{(0)} + c_j^{(1)}t + \cdots + c_j^{(m_j-1)}t^{m_j-1})e^{\lambda_j t}$ と表せる．以上より

定理 3.12 微分方程式の特性多項式が

$$p(z) = (z-\lambda_1)^{m_1}(z-\lambda_2)^{m_2}\cdots(z-\lambda_l)^{m_l} \quad (m_1+m_2+\cdots m_l = n)$$

のように因数分解されているとき，斉次微分方程式 (3.28) の一般解は

$$x(t) = \sum_{j=1}^{l}(c_j^{(0)} + c_j^{(1)}t + \cdots + c_j^{(m_j-1)}t^{m_j-1})e^{\lambda_j t}$$

と表せる．

任意定数 $c_j^{(k)}$ はちょうど n 個ある．各項が 1 次独立であることは，ほぼ明らかであるが，証明を与えておく．

補題 3.5 関数 $x_j(t) \neq 0$ $(j=1,2,\ldots,l)$ は $(D-\lambda_j)^{m_j}x_j(t) = 0$ をみたすとする．このとき，関数の組 $x_1(t), x_2(t), \ldots, x_l(t)$ は 1 次独立である．

[証明] 定理 3.6 の系を $f(z)=1$, $g(z)=p(z)$ に用いると，上で定義された $\hat{p}_k(z)$ と適当な多項式 $q_k(z)$ により，補題 3.2 と同じ議論を用いて

$$1 = \sum_{k=1}^{l}q_k(z)\hat{p}_k(z) \tag{3.29}$$

をみたすようにできる．

もし，1次従属ならば，ある $x_j(t)$ が

$$x_j(t) = \sum_{k \neq j} c_k x_k(t)$$

と表されている．このとき，恒等式 (3.29) より

$$x_j(t) - \sum_{k \neq j} q_k(D)\hat{p}_k(D)x_j(t) = q_j(D)\hat{p}_j(D)x_j(t) = q_j(D)\hat{p}_j(D)\sum_{k \neq j} c_k x_k(t)$$

が成立するので，$x_j(t) = 0$ となり矛盾である． □

方程式 $(D - \lambda_j)^{m_j} x = 0$ をみたす解全体は，

$$x = (c_j^{(0)} + c_j^{(1)}t + \cdots + c_j^{(m_j-1)}t^{m_j-1})e^{\lambda_j t}$$

と表せるので，多項式の組 $1, t, \ldots, t^{m_j-1}$ は1次独立であることと補題 3.5 より，これらの積は1次独立な系をつくっていることが分かる．

例題 3.6 次の微分方程式の一般解を求めよ．

(1) $\dfrac{d^2 x}{dt^2} + x = 0$　　(2) $\dfrac{d^4 x}{dt^4} - x = 0$　　(3) $\dfrac{d^4 x}{dt^4} + 2\dfrac{d^2 x}{dt^2} + x = 0$

[解] (1) 特性多項式は $p(z) = z^2 + 1 = (z-i)(z+i)$．ゆえに一般解は

$$x = c_1 e^{it} + c_2 e^{-it}.$$

(2) 特性多項式は $p(z) = z^4 - 1 = (z-1)(z+1)(z-i)(z+i)$．ゆえに一般解は

$$x = c_1 e^t + c_2 e^{-t} + c_3 e^{it} + c_4 e^{-it}.$$

(3) 特性多項式は $p(z) = (z^2+1)^2 = (z-i)^2(z+i)^2$．ゆえに一般解は

$$x = (c_1 + c_2 t)e^{it} + (c_3 + c_4 t)e^{-it}.$$ □

注意 3.8 微分方程式 (3.24) の係数 $a_{n-1}, \ldots, a_0$ がすべて実数とする．このとき，特性多項式 $p(z)$ は実係数の多項式となるので，λ が特性方程式の虚数解ならば，その複素共役 $\overline{\lambda}$ も解である．よって，解を $\lambda = \gamma + i\mu$ と表せば

$$c_1 e^{\lambda t} + c_2 e^{\overline{\lambda} t} = e^{\gamma t}[(c_1 + c_2)\cos \mu t + i(c_1 - c_2)\sin \mu t].$$

したがって，$A = c_1 + c_2$，$B = i(c_1 - c_2)$ を実数値にとれば，t が実数値のとき値が実数値をとる解を求めることができる．

例題 3.7 微分方程式

$$\frac{d^2x}{dt^2} + 2\gamma \frac{dx}{dt} + x = 0 \quad (\gamma > 0)$$

の一般解で実数値をとるものを求めよ．

[解] 特性方程式は

$$\lambda^2 + 2\gamma\lambda + 1 = 0.$$

方程式の判別式は $D = 4(\gamma^2 - 1)$ なので，特性方程式は

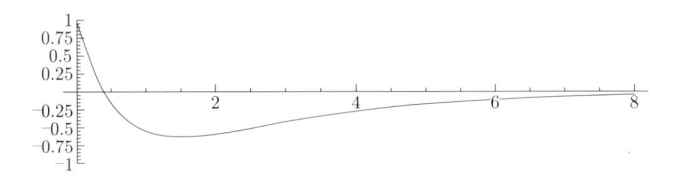

図 3.1　$\gamma = \frac{5}{4}$, $c_1 = 3$, $c_2 = -1$（超過減衰）

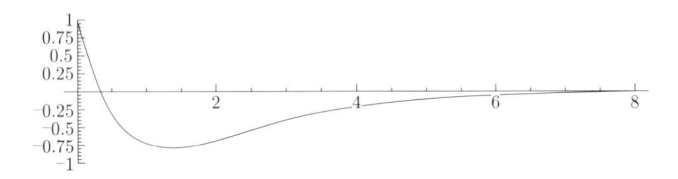

図 3.2　$\gamma = 1$, $c_1 = 1$, $c_2 = -3$（臨界減衰）

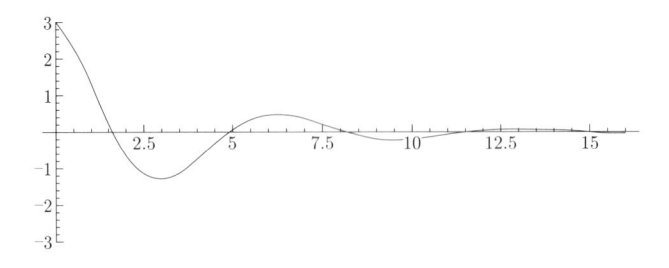

図 3.3　$\gamma = \frac{7}{25}$, $c_3 = 1$, $c_2 = 0$（減衰振動）

(1) $\gamma > 1$ のとき：互いに異なる負の 2 実数解 λ_1, λ_2 を持つ．よって，解は
$$x = c_1 e^{\lambda_1 t} + c_2 e^{\lambda_2 t}.$$

(2) $\gamma = 1$ のとき：負の重複解 $\lambda = -1$ を持つ．よって，解は
$$x = (c_1 + c_2 t)e^{-t}.$$

(3) $0 < \gamma < 1$ のとき：虚数解 $-\gamma \pm i\sqrt{1-\gamma^2}$ を持つ．ここで $\mu = \sqrt{1-\gamma^2}$ とおくと
$$x = c^{-\gamma t}(c_1 \cos \mu t + c_2 \sin \mu t).$$

以上の表現式で，c_1, c_2 を任意の実数とすれば，実数値をとる一般解が得られる． □

問 3.9 次の微分方程式の一般解を求めよ．

(1) $\dfrac{d^2 x}{dt^2} - x = 0$ (2) $\dfrac{d^2 x}{dt^2} - 6\dfrac{dx}{dt} + 9x = 0$ (3) $\dfrac{d^2 x}{dt^2} + 2\dfrac{dx}{dt} + 10x = 0$

問 3.10 次の微分方程式の一般解を求めよ．

(1) $\dfrac{d^3 x}{dt^3} - 2\dfrac{d^2 x}{dt^2} + x = 0$ (2) $\dfrac{d^4 x}{dt^4} + x = 0$ (3) $\dfrac{d^4 x}{dt^4} - 2\dfrac{d^2 x}{dt^2} + x = 0$

非斉次方程式

非斉次方程式

$$p(D)x = f, \quad t \geq 0 \tag{3.30}$$

については，次の補題が基本である．

補題 3.6 非斉次方程式 (3.30) の 1 つの特殊解を $y(t)$ とすると，一般解は斉次方程式の 1 次独立な解系 $x_1(t), x_2(t), \ldots x_n(t)$ を用いて

$$x = c_1 x_1(t) + c_2 x_2(t) + \cdots + c_n x_n(t) + y(t)$$

と表される．ここで，$c_1, c_2, \ldots c_n$ は任意定数である．

[証明] 特殊解 $y(t)$ と，(3.30) の任意の解 $x(t)$ について，$z(t) = x(t) - y(t)$ とおく．このとき

$$p(D)z = p(D)x - p(D)y = f(t) - f(t) = 0.$$

よって，$z(t)$ は斉次方程式をみたす．したがって

$$z(t) = c_1 x_1(t) + c_2 x_2(t) + \cdots + c_n x_n(t)$$

と表されることより，補題が成立する． □

非斉次方程式の解法として，(1) デュアメル (Duhamel) の原理，(2) 部分分数法，(3) 未定係数法の3つを紹介する．

デュアメル (**Duhamel**) の原理

微分方程式の**基本解** (fundamental solution) とは，次の条件をみたす関数 $E(t)$ のことである．

$$\begin{cases} p(D)E = 0, \quad t \geq 0, \\ E(0) = \dfrac{dE}{dt}(0) = \cdots = \dfrac{d^{n-2}E}{dt^{n-2}}(0) = 0, \quad \dfrac{d^{n-1}E}{dt^{n-1}}(0) = 1. \end{cases}$$

斉次方程式の解の存在定理より，C^n 級の基本解は必ず存在する．

定理 3.13 区間 $[0, \infty)$ における連続関数 $f(t)$ に対して，基本解 $E(t)$ を用いて

$$x(t) = \int_0^t E(t-s)f(s)\,ds$$

と定義すると，$x(t)$ は非斉次方程式の解で，以下の初期条件をみたす．

$$p(D)x = f(t), \quad x(0) = \dfrac{dx}{dt}(0) = \cdots = \dfrac{d^{n-1}x}{dt^{n-1}}(0) = 0.$$

[証明] 表示式を微分すると

$$\begin{aligned} \dfrac{dx}{dt} &= [E(t-s)]_{s=t} + \int_0^t \dfrac{dE}{dt}(t-s)f(s)\,ds \\ &= \int_0^t \dfrac{dE}{dt}(t-s)f(s)\,ds. \end{aligned}$$

3.5 定数係数微分方程式

同様に，$2 \leq j \leq n-1$ のときも

$$\frac{d^j x}{dt^j} = \int_0^t \frac{d^j E}{dt^j}(t-s)f(s)\,ds.$$

この式を微分すると

$$\frac{d^n x}{dt^n} = \left[\frac{d^{n-1}E}{dt^{n-1}}(t-s)f(s)\right]_{s=t} + \int_0^t \frac{d^n E}{dt^n}(t-s)f(s)\,ds$$

$$= f(t) + \int_0^t \frac{d^n E}{dt^n}(t-s)f(s)\,ds.$$

よって

$$p(D)x = f(t) + \int_0^t p(D)E(t-s)f(s)\,ds = f(t).$$

また，$x(0) = \dfrac{dx}{dt}(0) = \cdots = \dfrac{d^{n-1}x}{dt^{n-1}}(0) = 0$ は明らか. □

例題 3.8 非斉次方程式 $(D-\lambda)^n x = f(t)$ と初期条件

$$x(0) = \frac{dx}{dt}(0) = \cdots = \frac{d^{n-1}x}{dt^{n-1}}(0) = 0$$

をみたす解の積分表示式をもとめよ．

[解] 斉次方程式 $(D-\lambda)^n x = 0$ の一般解は

$$(c_0 + c_1 t + \cdots + c_{n-1}t^{n-1})e^{\lambda t}.$$

したがって，初期条件

$$E(0) = \frac{dE}{dt}(0) = \cdots = D^{n-2}E(0) = 0, \quad D^{n-1}E(0) = 1$$

をみたす解は

$$E(t) = \frac{t^{n-1}e^{\lambda t}}{(n-1)!}.$$

ゆえに，積分表示式は

$$x(t) = \frac{1}{(n-1)!}\int_0^t (t-s)^{n-1}e^{\lambda(t-s)}f(s)\,ds. \qquad \square$$

例題 3.9　非斉次方程式

$$\frac{d^2x}{dt^2} + 2\gamma\frac{dx}{dt} + x = f(t) \quad (\gamma > 0)$$

の基本解を求めよ．

[解]　特性方程式は $\lambda^2 + 2\gamma\lambda + 1 = 0$.

(1) $\gamma > 1$ のとき：互いに異なる負の 2 実数解 λ_1, λ_2 を持つ．よって，斉次方程式の解は

$$E(t) = c_1 e^{\lambda_1 t} + c_2 e^{\lambda_2 t}.$$

さらに，$E(0) = 0$, $\frac{dE}{dt}(0) = 1$ をみたすものは

$$E(t) = \frac{e^{\lambda_2 t} - e^{\lambda_1 t}}{\lambda_2 - \lambda_1}.$$

(2) $\gamma = 1$ のとき：負の重複解 $\lambda = -1$ を持つ．よって，斉次方程式の解は

$$E(t) = (c_1 + c_2 t)e^{-t}.$$

さらに，$E(0) = 0$, $\frac{dE}{dt}(0) = 1$ をみたすものは

$$E(t) = te^{-t}.$$

(3) $0 < \gamma < 1$ のとき：虚数解 $-\gamma \pm i\sqrt{1-\gamma^2}$ を持つ．ここで $\mu = \sqrt{1-\gamma^2}$ とおくと

$$E(t) = e^{-\gamma t}(c_1 \cos\mu t + c_2 \sin\mu t).$$

さらに，$E(0) = 0$, $\frac{dE}{dt}(0) = 1$ をみたすものは

$$E(t) = \frac{e^{-\gamma t}\sin\mu t}{\mu}. \qquad \square$$

部分分数法

特性多項式の部分分数展開を用いると，非斉次方程式の解を具体的に書き下すことができる．特性多項式が

$$p(z) = (z - \lambda_1)^{m_1}(z - \lambda_2)^{m_2} \cdots (z - \lambda_l)^{m_l}$$

のように因数分解されているとすると，定理 3.6 より

$$\frac{1}{p(z)} = \sum_{k=1}^{l} \left[\frac{p_{m_k}^{(k)}}{(z-\lambda_k)^{m_k}} + \frac{p_{m_k-1}^{(k)}}{(z-\lambda_k)^{m_k-1}} + \cdots + \frac{p_1^{(k)}}{z-\lambda_k} \right] \quad (3.31)$$

という部分分数展開が得られる．ここで，多項式 $p_j^{(k)}(z)$ を

$$p_j^{(k)}(z) = \frac{p_j^{(k)} p(z)}{(z-\lambda_k)^j}, \quad 1 \le j \le m_k \quad (3.32)$$

と定義すると，恒等式

$$1 = \sum_{k=1}^{l} [p_1^{(k)}(z) + p_2^{(k)}(z) + \cdots + p_{m_k}^{(k)}(z)]$$

が成立する．したがって，例題 3.8 で現れた関数を用いて

$$y(t) = \sum_{k=1}^{l} \sum_{j=1}^{m_k} \left[\frac{p_j^{(k)}}{(j-1)!} \int_0^t (t-s)^{j-1} e^{\lambda_k(t-s)} f(s) \, ds \right]$$

とおくと

$$p(D)y(t)$$
$$= \sum_{k=1}^{l} \sum_{j=1}^{m_k} \left[\frac{1}{(j-1)!} p_j^{(k)}(D)(D-\lambda_j)^j \int_0^t (t-s)^{j-1} e^{\lambda_k(t-s)} f(s) \, ds \right]$$
$$= \sum_{k=1}^{l} [p_1^{(k)}(D) + p_2^{(k)}(D) + \cdots + p_{m_k}^{(k)}(D)] f(t)$$
$$= f(t).$$

この表示式は，ラプラス変換を用いて非斉次方程式の解を求めることと同値である．具体的な解を求めるには，次の未定係数法が早い．

未定係数法

非斉次方程式の右辺 $f(t)$ が，関数 $t^{m-1}e^{\lambda t}$ の 1 次結合の場合は，特殊解を直接に求めることができる．最初に

> **補題 3.7** 連続関数 $f_1(t), f_2(t), \ldots, f_r(t)$ の各 $f_j(t)$ について、非斉次方程式
> $$p(D)x = f_j(t)$$
> の特殊解を $y_j(t)$ とおくと、次の式が成立する.
> $$p(D)[c_1 y_1(t) + c_2 y_2(t) + \cdots + c_r y_r(t)] = c_1 f_1(t) + c_2 f_2(t) + \cdots + c_r f_r(t).$$

証明は，微分作用素 $p(D)$ の線形性から明らか．また，この補題により，関数 $f(t) = t^{m-1} e^{\lambda t}$ について，特殊解を求めればよいことが分かる．

よって，以下の非斉次方程式を考える．

$$p(D)x = t^{m-1} e^{\lambda t}. \tag{3.33}$$

この方程式の解を $y(t)$ とおくと，補題 3.4 と定理 3.12 より

$$(D - \lambda)^m p(D) y(t) = 0. \tag{3.34}$$

ゆえに，方程式 (3.33) の特殊解は斉次方程式 (3.34) の解になることが分かる．

> **定理 3.14** 非斉次方程式 $p(D)x = t^{m-1} e^{\lambda t}$ の特殊解は
> (1) $p(\lambda) \neq 0$ のとき：
> $$y(t) = (d_0 + d_1 t + \cdots + d_{m-1} t^{m-1}) e^{\lambda t}.$$
> (2) $p(\lambda) = 0$ のとき：$\lambda_j = \lambda$ をみたす j について，$p(z) = (z - \lambda_j)^{m_j} p_j(z)$, $p_j(\lambda_j) \neq 0$ と表すと
> $$y(t) = (d_0 + d_1 t + \cdots + d_{m-1} t^{m-1}) t^{m_j} e^{\lambda_j t}.$$

[証明] (1) $p(\lambda) \neq 0$ ならば，定理 3.12 より，斉次方程式 (3.34) の一般解は

$$y(t) = c_1 x_1(t) + c_2 x_2(t) + \cdots + c_n x_n(t) + e^{\lambda t} \sum_{k=1}^{m-1} d_k t^{k-1}$$

と表される．ここで $c_1 x_1(t) + c_2 x_2(t) + \cdots + c_n x_n(t)$ はもとの斉次方程式の一般解

3.5 定数係数微分方程式

なので，補題 3.6 を考え合わせると，特殊解 $y(t)$ の表現式が得られる．

(2) $p(\lambda) = 0$ のときは，$\lambda = \lambda_j$, $p(z) = (z - \lambda_j)^{m_j} p_j(z)$, $p_j(\lambda_j) \neq 0$ と表すと，斉次方程式 (3.34) の一般解は

$$y(t) = c_1 x_1(t) + \cdots + \widehat{c_j x_j(t)} + \cdots + c_n x_n(t) + e^{\lambda_j t} \sum_{k=1}^{m+m_j-1} d_k t^{k-1}$$

と表される．ここで，記号 $\widehat{c_j x_j(t)}$ は，その項を除く意味である．よって，$(d_1 + \cdots + d_{m_j-1} t^{m_j-1}) e^{\lambda_j t}$ はもとの斉次方程式の基本系に含まれるので，係数 d_j の添字をつけ直すと (1) と同様な特殊解の表現式が得られる． □

例題 3.10 次の微分方程式の一般解を求めよ．

(1) $\dfrac{d^2 x}{dt^2} + \dfrac{dx}{dt} - 6x = 12 e^{3t}$ 　　(2) $\dfrac{d^2 x}{dt^2} + \dfrac{dx}{dt} - 6x = 15 e^{2t}$

(3) $\dfrac{d^2 x}{dt^2} - 2\dfrac{dx}{dt} + 2x = 4t$ 　　(4) $\dfrac{d^2 x}{dt^2} - 4\dfrac{dx}{dt} + 4x = 6 e^{2t}$

[解] (1) 特性多項式は $p(z) = (z-2)(z+3)$. 定理 3.14 (1) より，特殊解を $y(t) = Ce^{3t}$ とおく．方程式に代入すると

$$y'' + y' - 6y = 9Ce^{3t} + 3Ce^{3t} - 6Ce^{3t} = 6Ce^{3t} = 12 e^{3t}.$$

ゆえに，$C = 2$ で $y(t) = 2e^{3t}$. 斉次方程式の一般解は $c_1 e^{-3t} + c_2 e^{2t}$ なので，求める一般解は

$$x = c_1 e^{-3t} + c_2 e^{2t} + 2 e^{3t}.$$

(2) この場合は，$p(2) = 0$ なので，定理 3.14 (2) より，$y(t) = Cte^{2t}$ とおく．方程式に代入すると

$$y'' + y' - 6y = (4+4t)Ce^{2t} + (1+2t)Ce^{2t} - 6tCe^{2t} = 5Ce^{2t} = 15 e^{2t}.$$

ゆえに，$C = 3$ で $y(t) = 3te^{2t}$. 斉次方程式の一般解は $c_1 e^{-3t} + c_2 e^{2t}$ なので，求める一般解は

$$x = c_1 e^{-3t} + c_2 e^{2t} + 3te^{2t}.$$

(3) この場合は $p(z) = z^2 - 2z + 2$ で $p(0) \neq 0$. $y(t) = At + B$ とおき，方程式に代入すると

$$y'' - 2y' + 2y = 2At + 2B - 2A = 4t.$$

ゆえに，$A = 2$, $B = 2$ で $y(t) = 2t + 2$. 斉次方程式の一般解は $e^t(c_1 \cos t + c_2 \sin t)$ なので，求める一般解は

$$x = e^t(c_1 \cos t + c_2 \sin t) + 2t + 2.$$

(4) これは特別の場合で $p(z) = (z-2)^2$ で $p(2) = 0$. 定理 3.14 (2) より，$y(t) = Ct^2 e^{2t}$ とおく．方程式に代入すると

$$y'' - 4y' + 4y = 2Ce^{2t} = 6e^{2t}.$$

ゆえに，$C = 3$ で $y(t) = 3t^2 e^{2t}$. 斉次方程式の一般解は $(c_1 + c_2 t)e^{2t}$ なので，求める一般解は

$$x = (c_1 + c_2 t + 3t^2)e^{2t}. \qquad \square$$

例題 3.11 次の微分方程式（強制振動の微分方程式）の特殊解を求めよ．

$$\frac{d^2 x}{dt^2} + \beta \frac{dx}{dt} + \omega_0^2 x = F_0 \cos \omega t \quad (\beta \geq 0) \tag{3.35}$$

[解] 未定定数法により 1 つの解を求める．方程式 (3.35) を解く代わりに，新しい方程式

$$\frac{d^2 w}{dt^2} + \beta \frac{dw}{dt} + \omega_0^2 w = F_0 e^{i\omega t} \tag{3.36}$$

の解 $w(t)$ を求め

$$x(t) = \operatorname{Re} w(t)$$

とすれば，$x(t)$ は (3.35) の解である．

特性多項式を $p(z) = z^2 + \beta z + \omega_0^2$ とおく．

(1) $\omega \neq \omega_0$ のとき：$p(i\omega) \neq 0$ なので $w(t) = Ce^{i\omega t}$ とおくと

$$C(-\omega^2 + i\beta\omega + \omega_1^2)e^{i\omega t} = F_0 e^{i\omega t}.$$

よって，$(\omega^2 - \omega_0^2) + i\beta\omega \neq 0$ なので

$$w(t) = \frac{F_0 e^{i\omega t}}{(\omega^2 - \omega_0^2) + i\beta\omega}$$

$$= \frac{F_0 e^{i\omega t}[(\omega^2 - \omega_0^2) + i\beta\omega]}{(\omega^2 - \omega_0^2)^2 + \beta^2 \omega^2}.$$

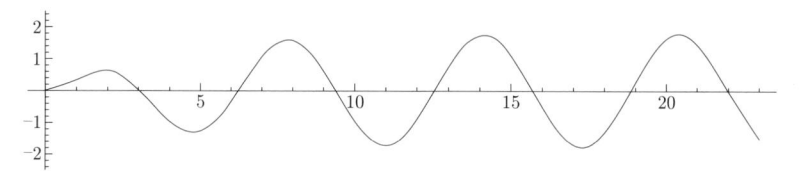

図 3.4 緩和：$\beta = \frac{14}{25}$, $\omega_0 = \omega = 1$, $F_0 = 1$, $x(0) = x'(0) = 0$

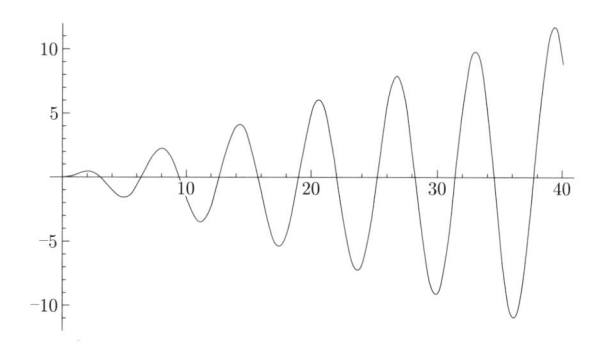

図 3.5 共鳴：$\beta = 0$, $\omega_0 = \omega = 1$, $F_0 = \frac{3}{5}$, $x(0) = x'(0) = 0$

ゆえに，$x(t) = \operatorname{Re} w(t)$ より

$$x(t) = \frac{F_0[(\omega_0^2 - \omega^2)\cos\omega t + \beta\omega\sin\omega t]}{(\omega_0^2 - \omega^2)^2 + \beta^2\omega^2} \tag{3.37}$$

が解である．また

$$F = \frac{F_0}{\sqrt{(\omega_0^2 - \omega^2)^2 + \beta^2\omega^2}}, \quad \theta = \tan^{-1}\frac{\beta\omega}{\omega_0^2 - \omega^2}$$

とおくと（$\omega = \omega_0$ のときは $\theta = \frac{\pi}{2}$）

$$x(t) = F\cos(\omega t - \theta)$$

と表してもよい．とくに $\beta > 0$ のときは，$t \to \infty$ とすると，任意の初期値について解は上記の $x(t)$ に近づく（緩和）．

(2) $\omega = \omega_0$, $\beta = 0$ のとき：$p(i\omega) = 0$ であるので $w(t) = Cte^{i\omega t}$ とおくと

$$w'' + \omega^2 w = 2Ci\omega e^{i\omega t} = F_0 e^{i\omega t}.$$

よって，特殊解は

$$w(t) = \frac{F_0 t e^{i\omega t}}{2\omega i}.$$

実数部分をとると

$$x(t) = \frac{F_0 t \sin \omega t}{2\omega}.$$

このとき，解の振幅は時間に比例して大きくなる（共鳴）．　□

問 3.11 次の微分方程式の一般解を求めよ．

(1) $\dfrac{d^2 x}{dt^2} - 3\dfrac{dx}{dt} + 2x = 6e^{3t}$ (2) $\dfrac{d^2 x}{dt^2} + 2\dfrac{dx}{dt} + 5x = 20\cos t$

(3) $\dfrac{d^2 x}{dt^2} - 6\dfrac{dx}{dt} + 5x = 4e^t$ (4) $\dfrac{d^2 x}{dt^2} - 4\dfrac{dx}{dt} + 4x = 6e^{2it}$

問 3.12 次の微分方程式の一般解を求めよ．

(1) $\dfrac{d^2 x}{dt^2} + x = 4t\cos t$ (2) $\dfrac{d^4 x}{dt^4} - x = e^t$

(3) $\dfrac{d^4 x}{dt^4} + 2\dfrac{d^2 x}{dt^2} + x = 4e^{it}$ (4) $\dfrac{d^4 x}{dt^4} + 2\dfrac{d^2 x}{dt^2} + x = 8te^{it}$

第4章

非線形微分方程式系
─平衡点の安定性─

この章では，変数 t に依存しない微分方程式系[1]

$$\frac{d\boldsymbol{x}}{dt} = \boldsymbol{f}(\boldsymbol{x}), \quad \boldsymbol{x} \in \Omega \subset \mathbb{R}^n \tag{4.1}$$

を考察する．ここで，Ω は相空間 (phase space) といわれる．また，$\boldsymbol{f}(\boldsymbol{x})$ は Ω で定義されたベクトル場 (vector field) と考えられるので，(4.1) の解 $\boldsymbol{x}(t)$ は積分曲線 (integral curve) といわれることが多い．簡単のために，$\boldsymbol{f}(\boldsymbol{x})$ は Ω において，C^1-ベクトル場とする．

4.1 相空間と解軌道

初期値問題の解の存在定理より，微分方程式系 (4.1) は，初期条件

$$\boldsymbol{x}(t_0) = \boldsymbol{x}_0 \in \Omega \tag{4.2}$$

を与えると，これをみたす唯一の解が，$t = t_0$ の近傍で存在する．

解 の 延 長

この解は，t の正負の方向に延長することが可能なことがある．簡単のために，正の方向のみ考える．

$$t_+ = \sup\{t;\, t_0 \leq s \leq t \text{ において } (4.2) \text{ をみたす解 } \boldsymbol{x}(s) \text{ が存在する}\}$$

とおくと，次の定理が成立する．

---

[1] 自励系 (autonomous system) といわれることが多い．

> **定理 4.1** 次の 3 つのうちのいずれかが成り立つ.
> 1. $t_+ = \infty$.
> 2. $t_+ < \infty$ で $\{\boldsymbol{x}(t) ; t_0 \leq t < t_+\}$ は非有界.
> 3. $t_+ < \infty$ で $\{\boldsymbol{x}(t) ; t_0 \leq t < t_+\}$ は有界;さらに,t_+ に収束する数列 $\{t_j\}_{t\in\mathbb{N}}$ で,$\boldsymbol{x}(t_j)$ が収束するものについて
> $$\lim_{j \to \infty} \boldsymbol{x}(t_j) \in \partial\Omega.$$

[証明] 1, 2, 3 以外のことが起こったとする.すなわち $t_+ < \infty$ で $\{\boldsymbol{x}(t) ; t_0 \leq t < t_+\}$ は有界;さらに,t_+ に収束する数列 $\{t_j\}_{t\in\mathbb{N}}$ で,$\boldsymbol{x}(t_j)$ が収束するものについて

$$\lim_{j \to \infty} \boldsymbol{x}(t_j) = \boldsymbol{x}_+ \in \Omega \tag{4.3}$$

をみたす数列 $\{t_j\}_{t\in\mathbb{N}}$ が存在したと仮定する.

解 $\boldsymbol{x}(t)$ がみたす積分方程式より,$t < t_+$ をみたす任意の t について,j を十分に大きくとり,$t < t_j < t_+$ が成り立つようにすれば

$$\boldsymbol{x}(t_j) - \boldsymbol{x}(t) = \int_t^{t_j} \boldsymbol{f}(\boldsymbol{x}(s))\,ds.$$

ここで,$j \to \infty$ とすると

$$\boldsymbol{x}_+ - \boldsymbol{x}(t) = \int_t^{t_+} \boldsymbol{f}(\boldsymbol{x}(s))\,ds.$$

被積分関数 $\boldsymbol{f}(\boldsymbol{x}(s))$ は有界なので,連続変数 t についての極限

$$\lim_{t \to t_+ - 0} \boldsymbol{x}(t) = \boldsymbol{x}_+$$

が存在することが分かる.したがって,初期値問題

$$\frac{d\boldsymbol{x}}{dt} = \boldsymbol{f}(\boldsymbol{x}), \quad \boldsymbol{x}(t_+) = \boldsymbol{x}_+$$

を考えると,初期値問題の解の存在定理より,解 $\boldsymbol{x}(t)$ が $t = t_+$ の近傍で存在することになり,t_+ の定義に矛盾する.よって,(4.3) は起こらない.   □

解軌道

解が存在する上限 t_+ と同様に,下限

$$t_- = \inf\{t; t \leq s \leq t_0 \text{ において } (4.2) \text{ をみたす解 } \boldsymbol{x}(s) \text{ が存在する}\}$$
を考えると，議論は負の方向も同様である．また，次の定理が成立する．

定理 4.2 微分方程式系 (4.1) の解で，初期条件 $\boldsymbol{x}(t_1) = \boldsymbol{x}_0$ をみたすものを $\boldsymbol{x}^{(1)}(t)$, $\boldsymbol{x}(t_2) = \boldsymbol{x}_0$ をみたすものを $\boldsymbol{x}^{(2)}(t)$ とおき，また，対応する $t_\pm$ をそれぞれ，$t_\pm^{(1)}$, $t_\pm^{(2)}$ とおくとき，$\{\boldsymbol{x}^{(1)}(t); t_-^{(1)} \leq t < t_+^{(1)}\}$ と $\{\boldsymbol{x}^{(2)}(t); t_-^{(2)} \leq t < t_+^{(2)}\}$ は同一の集合である．

[証明] 解 $\boldsymbol{x}^{(1)}(t)$ について，$\boldsymbol{x}(t) = \boldsymbol{x}^{(1)}(t - t_2 + t_1)$ とおくと，$\boldsymbol{x}(t)$ は方程式 (4.1) の解で，初期条件 $\boldsymbol{x}(t_2) = \boldsymbol{x}_0$ をみたす．よって，解の一意性より
$$\boldsymbol{x}^{(2)}(t) = \boldsymbol{x}^{(1)}(t - t_2 + t_1)$$
が成立し，2つの集合は等しくなる． □

これから，ある t_0 において $\boldsymbol{x}_0$ を通る解を $\boldsymbol{x}(t; \boldsymbol{x}_0)$ と表すと，この定理により，集合
$$\mathcal{X}(\boldsymbol{x}_0) = \{\boldsymbol{x}(t; \boldsymbol{x}_0); t_- < t < t_+\}$$
は，初期値 $\boldsymbol{x}_0$ をとる時刻に依存しないで定まる．この集合を $\boldsymbol{x}_0$ を通る**解軌道** (orbit) という．

定理 4.2 の系 相空間 Ω において，$\boldsymbol{x}_0 \in \Omega$ を通る解軌道はただひとつである．とくに，相異なる解軌道が同一の点を通ることはない．

勾配流

関数 $\phi(\boldsymbol{x})$ を Ω における C^2-関数とするとき，微分方程式系
$$\frac{d\boldsymbol{x}}{dt} = -\nabla\phi(\boldsymbol{x}), \quad \boldsymbol{x} \in \Omega \tag{4.4}$$
の解を**勾配流** (gradient flow) という．

定理 4.3 点 $\boldsymbol{x}_0$ の近傍 Ω_0 において，$\nabla\phi(\boldsymbol{x}) \neq \boldsymbol{0}$ が成立しているならば，Ω_0 を通るすべての超曲面 $\phi(\boldsymbol{x}) = c$ ($-\infty < c < \infty$) について，勾配流 (4.4) と

超曲面は直交する．逆に，Ω_0 を通る曲線：$\boldsymbol{x} = \boldsymbol{z}(t)$, $t_- < t < t_+$ が Ω_0 を通るすべての超曲面 $\phi(\boldsymbol{x}) = c$ $(-\infty < c < \infty)$ と直交するならば，その曲線は勾配流 (4.4) の解軌道である．

[証明] 前半は，ベクトル場 $\nabla\phi(\boldsymbol{x})$ は超曲面と直交することより明らかである．

定理の仮定の下では，$\mathbb{R}^n$ の正規直交基底 $\{\boldsymbol{e}_j(\boldsymbol{x})\}_{j=1}^n$ で，$\{\boldsymbol{e}_j(\boldsymbol{x})\}_{j=1}^{n-1}$ は曲面 $\phi(\boldsymbol{x}) = $ 定数の接ベクトル，$\boldsymbol{e}_n(\boldsymbol{x}) = |\nabla\phi(\boldsymbol{x})|^{-1}\nabla\phi(\boldsymbol{x})$ をみたすものが存在する．この基底を用いると，曲線 $\boldsymbol{x} = \boldsymbol{z}(t)$ の接ベクトルは

$$\frac{d\boldsymbol{z}(t)}{dt} = \frac{1}{|\nabla\phi(\boldsymbol{x}(t))|}\left(\boldsymbol{e}_n(\boldsymbol{x}(t)), \frac{d\boldsymbol{z}(t)}{dt}\right)\nabla\phi(\boldsymbol{x}(t))$$

と表されている．ここで，新しいパラメータ s を

$$s = -\int_{t_-}^{t} \frac{1}{|\nabla\phi(\boldsymbol{x}(\tau))|}\left(\boldsymbol{e}_n(\boldsymbol{x}(\tau)), \frac{d\boldsymbol{z}(\tau)}{dt}\right)d\tau$$

とおくと，$\boldsymbol{z}(s) = \boldsymbol{z}(t(s))$ は，微分方程式系 (4.4) を ($t \to s$ として) みたすことが分かる． □

2 次元微分方程式系の解軌道

これからの議論は，一般の n 次元ベクトル空間で成り立つが，とくに，積分曲線が平面曲線になる場合を解説する．第 1 章 1.1 節で解説したとおり，調和振動の微分方程式

$$m\frac{d^2x}{dt^2} + kx = 0$$

は，$p = m\dfrac{dx}{dt}$ とおくことにより，1 階微分方程式系

$$m\frac{dx}{dt} = p, \quad \frac{dp}{dt} = -ky$$

に変形される．また，非線形振動を無次元化した微分方程式

$$\frac{d^2x}{dt^2} + \gamma\frac{dx}{dt} + \sin x = 0 \quad (\gamma \geq 0) \tag{4.5}$$

についても，$y = \dfrac{dx}{dt}$ とおくことにより，微分方程式系

$$\frac{dx}{dt} = y, \quad \frac{dy}{dt} = -\gamma y - \sin x$$

が得られる．

一般に，未知関数ベクトルを $\boldsymbol{x} = \begin{bmatrix} x \\ y \end{bmatrix} \in \mathbb{R}^2$．係数行列を $A = \begin{bmatrix} a & b \\ c & d \end{bmatrix}$ と表すとき，微分方程式系（斉次）は

$$\frac{d}{dt}\begin{bmatrix} x \\ y \end{bmatrix} = \begin{bmatrix} a & b \\ c & d \end{bmatrix}\begin{bmatrix} x \\ y \end{bmatrix} \tag{4.6}$$

と表される．行列 A の固有方程式は 2 次方程式

$$f_A(\lambda) = \begin{vmatrix} \lambda - a & -b \\ -c & \lambda - d \end{vmatrix} = \lambda^2 - (a+d)\lambda + ad - bc = 0$$

の解である．2 次方程式の解は 3 つの場合があり，それにしたがって，行列の固有値も 3 つの場合がある．

(1) 互いに異なる 2 つの実固有値 λ_1, λ_2：このときは，部分分数展開

$$\frac{1}{(p-\lambda_1)(p-\lambda_2)} = \frac{1}{\lambda_2 - \lambda_1}\left(\frac{1}{p-\lambda_2} - \frac{1}{p-\lambda_1}\right)$$

を用いると，補題 3.2 と定理 3.10 より

$$Q_1 = -\frac{1}{\lambda_2 - \lambda_1}(A - \lambda_2 I), \quad Q_2 = \frac{1}{\lambda_2 - \lambda_1}(A - \lambda_1 I),$$

とおくと，基本解は次のように表される．

$$e^{tA} = e^{\lambda_1 t}Q_1 + e^{\lambda_2 t}Q_2.$$

(2) 共役複素数 $\gamma \pm i\omega$：$\lambda = \gamma + i\omega$ とおくと，固有値は相異なる複素数 λ, $\overline{\lambda}$ なので，Q_1, Q_2 の表現式は

$$Q_1 = \frac{1}{2i\omega}(A - \overline{\lambda}I), \quad Q_2 = -\frac{1}{2i\omega}(A - \lambda I),$$

である．ここで，$P = Q_1$ とおくと，$Q_2 = \overline{P}$ であることに注意する．よっ

て，基本解は次のように表される．

$$e^{tA} = e^{\lambda t}P + e^{\bar{\lambda} t}\overline{P}.$$

しかし，これは複素行列に値を持つ関数なので，実ベクトルの初期値を与えれば，実ベクトルの値の解になるような表現式が望まれる．

ここで，$P = P_1 + iP_2$（P_1, P_2 は実行列）とおくと，オイラーの関係式 $e^{\lambda t} = e^{\gamma t}(\cos\omega t + i\sin\omega t)$ より，基本解は次のように表される．

$$e^{tA} = 2e^{\gamma t}(\cos\omega tP_1 - \sin\omega tP_2).$$

(3) 実数の重複固有値 λ：
  (a) $A = \lambda I$ のとき：基本解は $e^{tA} = e^{\lambda t}I$．
  (b) $A \neq \lambda I$ のとき：$A = \lambda I + (A - \lambda I)$ と表すと基本解は

  $$e^{tA} = e^{\lambda t}[I + t(A - \lambda I)].$$

これらの表現式をもとにして，2次元の微分方程式系の解軌道と $\mathbf{0}$ の安定性[2]を考察する．

(1) 互いに異なる2つの実固有値の場合：$Q_1\boldsymbol{x}_0, Q_2\boldsymbol{x}_0 \neq \mathbf{0}$ とすると，これらのベクトルはそれぞれ行列 A の固有ベクトルで，$\mathbb{R}^2$ の基底をつくっている．よって，$Q_1\boldsymbol{x}_0$, $Q_2\boldsymbol{x}_0$ を単位ベクトルとする座標系 (ξ, η) において，積分曲線は $\xi = e^{\lambda_1 t}$, $\eta = e^{\lambda_2 t}$ となり，解軌道の方程式は次のように表される．

$$\eta = \xi^{\frac{\lambda_2}{\lambda_1}}.$$

このとき，曲線の形状は以下の2つの場合で異なる．
  (a) $\lambda_1\lambda_2 > 0$ のとき：原点 $\mathbf{0}$ を通る曲線で，漸近線を持たない．とくに，$\lambda_1 < 0$, $\lambda_2 < 0$ のときは，積分曲線の表示式より，点 $\boldsymbol{x}(t)$ は，$t \to \infty$ のときに原点[3]に近づいていくことが分かる．このとき，$\mathbf{0}$ は**安定結節点** (stable nodal point) または**アトラクタ** (attractor) で

---

[2] ここでは，積分曲線が $t \to \infty$ のとき $\mathbf{0}$ の付近にとどまるかどうかという意味とする．次の節で正確に定義される．

[3] あとで述べる**平衡点**である．

4.1 相空間と解軌道

あるという．一方，$\lambda_1 > 0$, $\lambda_2 > 0$ のときは原点から遠ざかっていくので**不安定結節点** (unstable nodal point) または**リペラ** (repeller) であるという（図 4.1 を参照．右の図が $\xi\eta$-平面である）．

(b) $\lambda_1\lambda_2 < 0$ のとき：一般的には，原点 $\mathbf{0}$ を通らない曲線で，漸近線 $\xi = 0$, $\eta = 0$ を持つ．このとき，$\mathbf{0}$ は**鞍点** (saddle point) であるという．とくに，$\lambda_1 < 0 < \lambda_2$ とすると，$Q_2\boldsymbol{x}_0 = \mathbf{0}$ のときに限り，点 $\boldsymbol{x}(t)$ は，$t \to \infty$ のときに原点に近づいていく．また，$Q_1\boldsymbol{x}_0 = \mathbf{0}$ のときに限り，遠ざかっていく（図 4.2 を参照．右の図が $\xi\eta$-平面である）．

(2) 共役複素数 $\gamma \pm i\omega$ のとき：$P_1\boldsymbol{x}_0, P_2\boldsymbol{x}_0 \neq \mathbf{0}$ とすると，これらのベクトルは $\mathbb{R}^2$ の基底をつくっている．よって，$2P_1\boldsymbol{x}_0$, $2P_2\boldsymbol{x}_0$ を単位ベクトルとする座標系 (ξ, η) において，積分曲線は以下のように表される．

$$\xi = e^{\gamma t}\cos\omega t, \quad \eta = -e^{\gamma t}\sin\omega t.$$

(a) $\gamma = 0$ のとき：解軌道は原点を中心とする円である．このとき，$\mathbf{0}$ は**中心** (center) であるという．

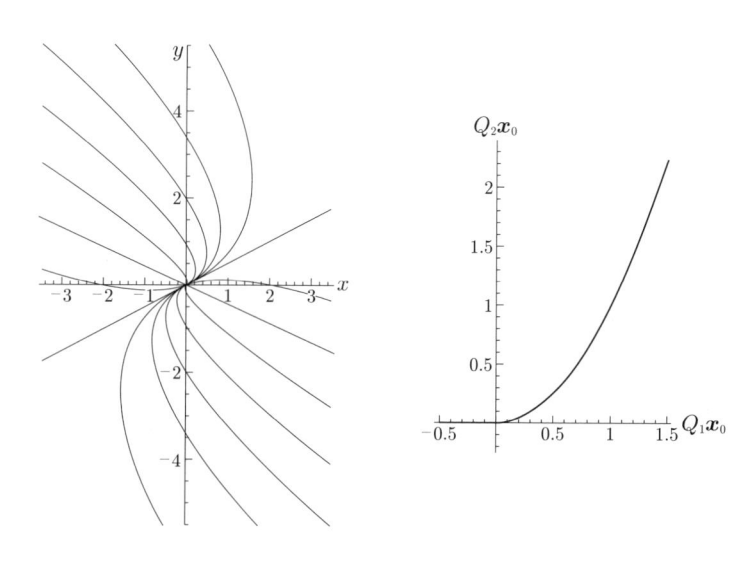

図 4.1 (1) 安定結節点付近の解軌道

92　第 4 章　非線形微分方程式系—平衡点の安定性—

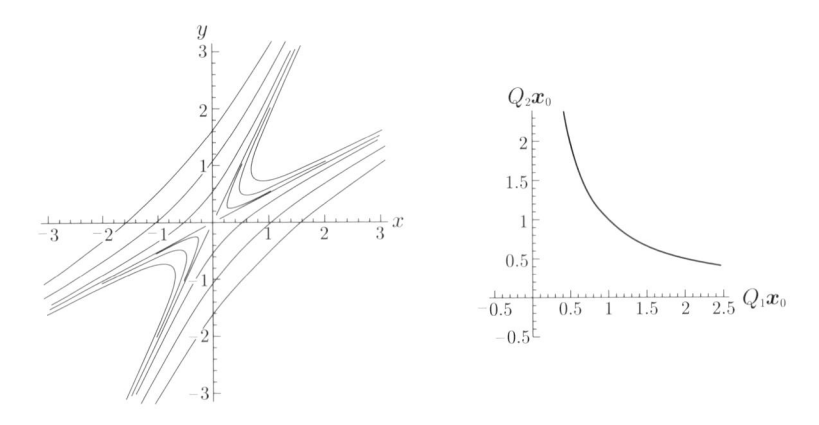

図 **4.2**　(2) 鞍点付近の解軌道

(b)　$\gamma \neq 0$ のとき：解軌道は原点を中心とする「らせん」である．とくに，$\gamma < 0$ ならば，点 $\boldsymbol{x}(t)$ は，$t \to \infty$ のときに（時計方向の回転をして）原点に近づいていき，**0** は**安定らせん点** (stable spiral point) であるという．また，$\gamma > 0$ ならば遠ざかっていき，**不安定らせん点** (unstable spiral point) という（図 4.3 を参照．右の図が $\xi\eta$-平面である）．

(3) 実数の重複固有値 λ のとき：

(a)　$A = \lambda I$ のとき：解の表示式より，軌道は原点を通る直線である．

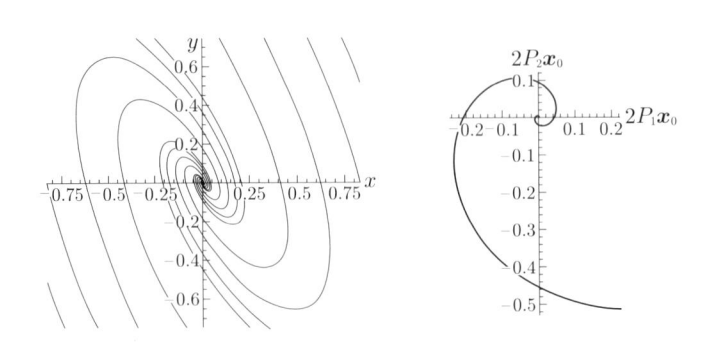

図 **4.3**　(3) 安定らせん点付近の解軌道

4.1 相空間と解軌道

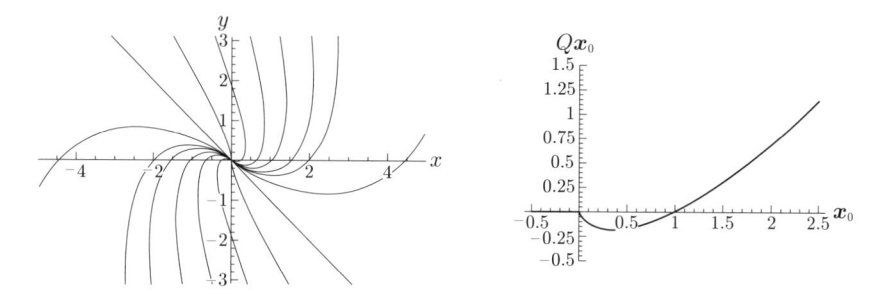

図 4.4 (4) 重複固有値（安定）の場合の解軌道

(b) $A \neq \lambda I$ のとき：$x_0 \neq 0$, $(A - \lambda I)x_0 \neq 0$ とすると，これらのベクトルは $\mathbb{R}^2$ の基底をつくっている．よって，$Q = A - \lambda I$ とおくと，x_0, Qx_0 を単位ベクトルとする座標系 (ξ, η) において，積分曲線は $\xi = e^{\lambda t}$, $\eta = te^{\lambda t}$ となり，解軌道の方程式は次のように表される．

$$\eta = \frac{\xi \log \xi}{\lambda}.$$

(1) と同様に，$\lambda < 0$ ならば，$\mathbf{0}$ は安定結節点，$\lambda > 0$ ならば不安定結節点となる（図 4.4 を参照．右の図が $\xi\eta$-平面である）．

以上をまとめると

定理 4.4 2次元の微分方程式系 (4.6) において，$t = 0$ のとき，$x = x_0$ を通る積分曲線の表現式と $\mathbf{0}$ の安定性は

(1) 互いに異なる 2 つの実固有値 λ_1, λ_2 のとき：

$$x(t) = e^{\lambda_1 t} Q_1 x_0 + e^{\lambda_2 t} Q_2 x_0. \tag{4.7}$$

このとき，(a) $\lambda_1 < 0$, $\lambda_2 < 0$ ならば安定結節点，$\lambda_1 > 0$, $\lambda_2 > 0$ ならば $\mathbf{0}$ は不安定結節点，(b) $\lambda_1 \lambda_2 < 0$ ならば鞍点である．

(2) 共役複素数 $\gamma \pm i\omega$ のとき：

$$x(t) = 2e^{\gamma t}(\cos \omega t P_1 x_0 - \sin \omega t P_2 x_0). \tag{4.8}$$

このとき，(a) $\gamma = 0$ ならば中心，(b) $\gamma < 0$ ならば安定らせん点，$\gamma > 0$ ならば不安定らせん点である．
(3) 実数の重複固有値 λ のとき：
 (i) $A = \lambda I$ のとき：$\boldsymbol{x}(t) = e^{\lambda t}\boldsymbol{x}_0$．
 (ii) $A \neq \lambda I$ のとき：$\boldsymbol{x}(t) = e^{\lambda t}[I + t(A - \lambda I)]\boldsymbol{x}_0$．
いずれの場合も，$\lambda < 0$ ならば安定結節点，$\lambda > 0$ ならば不安定結節点である．

例題 4.1 次の微分方程式系の基本解を求め，$\boldsymbol{0}$ の安定性を考察せよ．

(1) $\dfrac{d}{dt}\begin{bmatrix} x \\ y \end{bmatrix} = \begin{bmatrix} -6 & 4 \\ 1 & -6 \end{bmatrix}\begin{bmatrix} x \\ y \end{bmatrix}$
(2) $\dfrac{d}{dt}\begin{bmatrix} x \\ y \end{bmatrix} = \begin{bmatrix} 5 & -4 \\ 4 & 5 \end{bmatrix}\begin{bmatrix} x \\ y \end{bmatrix}$
(3) $\dfrac{d}{dt}\begin{bmatrix} x \\ y \end{bmatrix} = \begin{bmatrix} 1 & 2 \\ -4 & -3 \end{bmatrix}\begin{bmatrix} x \\ y \end{bmatrix}$
(4) $\dfrac{d}{dt}\begin{bmatrix} x \\ y \end{bmatrix} = \begin{bmatrix} 3 & 1 \\ -1 & 1 \end{bmatrix}\begin{bmatrix} x \\ y \end{bmatrix}$

[解] (1) 行列 $\begin{bmatrix} -6 & 4 \\ 1 & -6 \end{bmatrix}$ について固有値を求める．特性方程式は

$$f_A(p) = \begin{vmatrix} p+6 & -4 \\ -1 & p+6 \end{vmatrix} = p^2 + 12p + 32 = (p+4)(p+8).$$

ゆえに，固有値は $p = -4, -8$．$\lambda_1 = -8$，$\lambda_2 = -4$ とおくと

$$Q_1 = -\frac{1}{4}\left(\begin{bmatrix} -6 & 4 \\ 1 & -6 \end{bmatrix} - \begin{bmatrix} -4 & 0 \\ 0 & -4 \end{bmatrix}\right) = \frac{1}{4}\begin{bmatrix} 2 & -4 \\ -1 & 2 \end{bmatrix},$$

$$Q_2 = \frac{1}{4}\left(\begin{bmatrix} -6 & 4 \\ 1 & -6 \end{bmatrix} - \begin{bmatrix} -8 & 0 \\ 0 & -8 \end{bmatrix}\right) = \frac{1}{4}\begin{bmatrix} 2 & 4 \\ 1 & 2 \end{bmatrix}.$$

よって，基本解は

$$e^{tA} = \frac{e^{-2t}}{4}\begin{bmatrix} 2 & -4 \\ -1 & 2 \end{bmatrix} + \frac{e^{-t}}{4}\begin{bmatrix} 2 & 4 \\ 1 & 2 \end{bmatrix}.$$

また，固有値は相異なる負数なので，原点は安定結節点である．

(2) 行列 $\begin{bmatrix} 5 & -4 \\ 4 & -5 \end{bmatrix}$ について固有値を求める．特性方程式は

$$f_A(p) = \begin{vmatrix} p-5 & 4 \\ -4 & p+5 \end{vmatrix} = p^2 - 9 = (p-3)(p+3).$$

ゆえに，固有値は $p = -3, 3$．$\lambda_1 = -3$，$\lambda_2 = 3$ とおくと

4.1 相空間と解軌道

$$Q_1 = -\frac{1}{6}\left(\begin{bmatrix} 5 & -4 \\ 4 & -5 \end{bmatrix} - \begin{bmatrix} 3 & 0 \\ 0 & 3 \end{bmatrix}\right) = \frac{1}{3}\begin{bmatrix} -1 & 2 \\ -2 & 4 \end{bmatrix},$$

$$Q_2 = \frac{1}{3}\left(\begin{bmatrix} 5 & -4 \\ 4 & -5 \end{bmatrix} - \begin{bmatrix} -3 & 0 \\ 0 & -3 \end{bmatrix}\right) = \frac{1}{3}\begin{bmatrix} 4 & -2 \\ 2 & -1 \end{bmatrix}.$$

よって，基本解は

$$e^{tA} = \frac{e^{-3t}}{3}\begin{bmatrix} -1 & 2 \\ -2 & 4 \end{bmatrix} + \frac{e^{3t}}{3}\begin{bmatrix} 4 & -2 \\ 2 & -1 \end{bmatrix}.$$

また，固有値は相異なる正数と負数なので，原点は鞍点である．

(3) 行列 $\begin{bmatrix} 1 & 2 \\ -4 & -3 \end{bmatrix}$ の固有値を求める．特性方程式は

$$f_A(p) = \begin{vmatrix} p-1 & -2 \\ 4 & p+3 \end{vmatrix} = p^2 + 2p + 5.$$

ゆえに，固有値は $p = -1 \pm 2i$．$\lambda = -1 + 2i$ とおくと

$$P = \frac{1}{4i}\left(\begin{bmatrix} 1 & 2 \\ -4 & -3 \end{bmatrix} - \begin{bmatrix} -1-2i & 0 \\ 0 & -1-2i \end{bmatrix}\right)$$

$$= \frac{1}{2}\begin{bmatrix} 1-i & -i \\ 2i & 1+i \end{bmatrix} = \frac{1}{2}\begin{bmatrix} 1 & 0 \\ 0 & 1 \end{bmatrix} + \frac{i}{2}\begin{bmatrix} -1 & -1 \\ 2 & 1 \end{bmatrix}.$$

ゆえに，基本解は

$$e^{tA} = e^{-t}\cos 2t \begin{bmatrix} 1 & 0 \\ 0 & 1 \end{bmatrix} - e^{-t}\sin 2t \begin{bmatrix} -1 & -1 \\ 2 & 1 \end{bmatrix}.$$

また，固有値は実数部分が負の共役複素数なので，原点は安定らせん点である．

(4) 行列 $\begin{bmatrix} 3 & 1 \\ -1 & 1 \end{bmatrix}$ の固有値を求める．特性方程式は

$$f_A(p) = \begin{vmatrix} p-3 & -1 \\ 1 & p-1 \end{vmatrix} = p^2 - 4p + 4 = (p-2)^2.$$

ゆえに，固有値は $p = 2$ である．また

$$A - 2I = \begin{bmatrix} 1 & 1 \\ -1 & -1 \end{bmatrix} \neq O$$

より，基本解は次のとおりである．

$$e^{tA} = e^{2t}\begin{bmatrix} 1+t & t \\ -t & 1-t \end{bmatrix}.$$

また，固有値は正数なので，原点は不安定結節点である． □

4.2 平衡点の安定性

微分方程式系 (4.1) の解で，初期条件 (4.2) をみたすものを $\boldsymbol{x}(t;\boldsymbol{x}_0)$ と表し，$t \geq t_0$ で考える．

> **定理 4.5** 微分方程式系 (4.1) の解が $t \to \infty$ まで延長され，Ω の内点 $\boldsymbol{x}_\infty$ に収束するならば
>
> $$\boldsymbol{f}(\boldsymbol{x}_\infty) = \boldsymbol{0}.$$
>
> また，上の式が成立するとき，$\boldsymbol{x}(t) = \boldsymbol{x}_\infty$ と定義すると，$\boldsymbol{x}(t)$ は (4.1) の解となる．

[証明] 解 $\boldsymbol{x}(t)$ は

$$\boldsymbol{x}(t+1) - \boldsymbol{x}(t) = \int_t^{t+1} \boldsymbol{f}(\boldsymbol{x}(s))\,ds$$
$$= \boldsymbol{f}(\boldsymbol{x}_\infty) + \int_t^{t+1} \boldsymbol{f}(\boldsymbol{x}(s)) - \boldsymbol{f}(\boldsymbol{x}_\infty)\,ds$$

のように表される．よって，$t \to \infty$ とすると求める式が成立する．また，$\boldsymbol{x}(t) = \boldsymbol{x}_\infty$ と定義すると，$\boldsymbol{x}(t)$ は (4.1) の解となることは明らか． □

> **定義 4.1** 相空間の点 $\hat{\boldsymbol{x}}$ が $\boldsymbol{f}(\hat{\boldsymbol{x}}) = \boldsymbol{0}$ をみたすとき，$\hat{\boldsymbol{x}}$ を**平衡点** (equilibrium)[4] という．

斉次の線形微分方程式系では，$\boldsymbol{x} = \boldsymbol{0}$ は平衡点である．

安定性の定義

ここでは，平衡点 $\hat{\boldsymbol{x}}$ の近くにある点を初期値とする解曲線が，$\hat{\boldsymbol{x}}$ の近くに留まる場合を考える．

---

[4] **臨界点** (critical point) または**特異点** (singular point) ともいわれる．

4.2 平衡点の安定性

定義 4.2 平衡点 $\hat{x}$ について，任意の $\varepsilon > 0$ に対して，次の条件をみたす $\delta > 0$ が存在するとき，$\hat{x}$ はリャプノフ (Lyapunov) の意味で**安定** (stable) であるという．

$$|x_0 - \hat{x}| < \delta \implies |x(t; x_0) - \hat{x}| < \varepsilon.$$

同様に

定義 4.3 平衡点 $\hat{x}$ が上記の意味で安定であって，ある $\delta > 0$ について

$$|x_0 - \hat{x}| < \delta \implies \lim_{t \to \infty} x(t; x_0) = \hat{x} \tag{4.9}$$

が成立するとき，$\hat{x}$ は**漸近安定** (asymptotically stable) であるという．すなわち，任意の $\varepsilon > 0$ に対して，次の条件をみたす $T > 0$ が存在するときである．

$$|x_0 - \hat{x}| < \delta \text{ かつ } t \geq T \implies |x(t; x_0) - \hat{x}| < \varepsilon.$$

例 4.1 調和振動を相空間で考えた微分方程式系において $\mathbf{0}$ は安定である．例題 4.1 において，(1)，(3) は固有値の実部が負になっているので，$\mathbf{0}$ は漸近安定である．

注意 4.1 極限の条件 (4.9) はみたすが，安定でない例が存在する．解曲線を数式で表すのは難しい（山本[23]参照）．

漸近安定の条件

定数係数の線形微分方程式系については，漸近安定性の条件が容易に得られる．

定理 4.6 定数係数の線形微分方程式系

$$\frac{dx}{dt} = Ax \tag{4.10}$$

では，$\boldsymbol{x}=\boldsymbol{0}$ が平衡点で，$\boldsymbol{0}$ が漸近安定となる必要十分条件は，行列 A のすべての固有値 λ_j $(1\leq j\leq n)$ の実部が負になることである．このとき，$\mathrm{Re}\,\lambda_j < -\mu < 0$ をみたす μ について，ある定数 C が定まり

$$|\boldsymbol{x}(t)| \leq Ce^{-\mu t}|\boldsymbol{x}(t_0)|, \quad t \geq t_0$$

が成立する．

[証明] 原点 $\boldsymbol{0}$ が平衡点であることは明らか．任意の固有値 λ_j について，その固有ベクトルを $\boldsymbol{u}_j$ とすると，正数 ε について $\boldsymbol{x}(t) = \varepsilon e^{\lambda_j t}\boldsymbol{u}_j$ は微分方程式の解である．もし，$\boldsymbol{0}$ が漸近安定とすると，十分に小さい ε について

$$\lim_{t\to\infty}|\boldsymbol{x}(t)| = \varepsilon|\boldsymbol{u}_j|\lim_{t\to\infty}e^{\lambda_j t} = 0.$$

よって，$\mathrm{Re}\,\lambda_j < 0$ が成立する．

逆に，$\max_j \mathrm{Re}\,\lambda_j = -\lambda < 0$ とする．基本解の表示式 (3.23) より，

$$|\boldsymbol{x}(t)| = |e^{(t-t_0)A}\boldsymbol{x}(t_0)| \leq C_0 e^{-\lambda t}(1+t)^n|\boldsymbol{x}(t_0)|.$$

ここで，$\lambda > \mu$ とすると，十分に大きな C_1 について，$e^{-\lambda t}(1+t)^n \leq C_1 e^{-\mu t}$ が成立するので，$C = C_0 C_1$ とおくと評価式が得られる． □

一般の微分方程式系 (4.1) について，$\boldsymbol{x}=\hat{\boldsymbol{x}}$ が平衡点であるとする．ベクトル場 $\boldsymbol{f}(\boldsymbol{x})$ の $\boldsymbol{x}=\hat{\boldsymbol{x}}$ におけるヤコビ行列を $\boldsymbol{f}'(\hat{\boldsymbol{x}})$ と表すと，$\boldsymbol{f}(\boldsymbol{x})$ は

$$\boldsymbol{f}(\boldsymbol{x}) = \boldsymbol{f}'(\hat{\boldsymbol{x}})(\boldsymbol{x}-\hat{\boldsymbol{x}}) + \boldsymbol{h}(\boldsymbol{x},\hat{\boldsymbol{x}})$$

と表示される．ここで

$$\boldsymbol{h}(\boldsymbol{x},\hat{\boldsymbol{x}}) = \int_0^1 [\boldsymbol{f}'(\hat{\boldsymbol{x}}+\theta(\boldsymbol{x}-\hat{\boldsymbol{x}})) - \boldsymbol{f}'(\hat{\boldsymbol{x}})](\boldsymbol{x}-\hat{\boldsymbol{x}})\,d\theta \tag{4.11}$$

である．このとき，ベクトル場 $\boldsymbol{f}(\boldsymbol{x})$ が C^1 級ならば，任意の $\varepsilon > 0$ について

$$H_\varepsilon = \sup_{0<|\boldsymbol{x}-\hat{\boldsymbol{x}}|<\varepsilon}\frac{|\boldsymbol{h}(\boldsymbol{x},\hat{\boldsymbol{x}})|}{|\boldsymbol{x}-\hat{\boldsymbol{x}}|} \text{ とおくと } \lim_{\varepsilon\to 0}H_\varepsilon = 0.$$

定理 4.7 ベクトル場 $\boldsymbol{f}(\boldsymbol{x})$ が C^1 級のとき，微分方程式系 (4.1) の平衡点 $\hat{\boldsymbol{x}}$ において，ヤコビ行列 $\boldsymbol{f}'(\hat{\boldsymbol{x}})$ のすべての固有値 λ_j $(1\leq j\leq n)$ の実部が負であれば，平衡点は漸近安定である．

4.2 平衡点の安定性

[証明] 簡単のために $\hat{\boldsymbol{x}} = \boldsymbol{0}$, $t_0 = 0$ としても，一般性を失わない．微分方程式系 (4.1) は，$\boldsymbol{x} = \boldsymbol{0}$ の近くで

$$\frac{d\boldsymbol{x}}{dt} = A\boldsymbol{x} + \boldsymbol{h}(\boldsymbol{x})$$

と表される．ここで，$A = \boldsymbol{f}'(\boldsymbol{0})$, $\boldsymbol{h}(\boldsymbol{x}) = \boldsymbol{h}(\boldsymbol{x}, \boldsymbol{0})$ とおいた．

微分方程式系の基本定理より，$t = 0$ の近くで構成された解は一様有界：$|\boldsymbol{x}(t)| \le M$ である限り，どこまでも延長される．ベクトル場 $\boldsymbol{h}(\boldsymbol{x}(t))$ を線形微分方程式系の右辺と考えて，デュアメルの原理を用いると，上の微分方程式系の解が存在する限り，解は，積分方程式

$$\boldsymbol{x}(t) = e^{tA}\boldsymbol{x}_0 + \int_0^t e^{(t-s)A}\boldsymbol{h}(\boldsymbol{x}(s))\,ds$$

をみたす．定理 4.6 の評価より

$$|e^{tA}\boldsymbol{x}_0| \le Ce^{-\mu t}|\boldsymbol{x}_0|.$$

したがって，次の積分不等式が得られる．

$$|\boldsymbol{x}(t)| \le Ce^{-\mu t}|\boldsymbol{x}_0| + CH_\varepsilon \int_0^t e^{-(t-s)\mu}|\boldsymbol{x}(s)|\,ds. \tag{4.12}$$

上の不等式の両辺に $e^{\frac{1}{2}\mu t}$ をかけ，$\boldsymbol{y} = e^{\frac{1}{2}\mu t}\boldsymbol{x}$ とおくと，積分不等式は

$$|\boldsymbol{y}(t)| \le Ce^{-\frac{1}{2}\mu t}|\boldsymbol{x}_0| + CH_\varepsilon \int_0^t e^{-\frac{1}{2}(t-s)\mu}|\boldsymbol{y}(s)|\,ds. \tag{4.13}$$

いま，任意の $\varepsilon > 0$ について，$\delta = \frac{\varepsilon}{2C}$ と定める．このとき，$|\boldsymbol{x}_0| < \delta$ とすると，$C|\boldsymbol{x}_0| < \frac{1}{2}\varepsilon$. よって，十分小さな T について，$0 \le t < T$ のとき $|\boldsymbol{y}(t)| < \varepsilon$ が成立する．ここで

$$T_* = \sup\{T;\, |\boldsymbol{y}(t)| < \varepsilon,\, 0 \le t < T\}$$

と定義すると，$T_* < \infty$ ならば

$$|\boldsymbol{y}(T_*)| \le \frac{\varepsilon}{2} + CH_\varepsilon \varepsilon \int_0^{T_*} e^{-\frac{1}{2}\mu(T_* - s)}\,ds$$

$$\le \frac{\varepsilon}{2}\left[1 + \frac{4C}{\mu}H_\varepsilon\right].$$

よって，ε を $H_\varepsilon < \frac{\mu}{8C}$ をみたすようにとると，$|\boldsymbol{y}(T_*)| < \varepsilon$ が成立するので，T_* の定義に反する．ゆえに，$T_* = \infty$ となり，解はどこまでも延長される．

100　第 4 章　非線形微分方程式系—平衡点の安定性—

以上により，$H_\varepsilon < \frac{\mu}{8C}$ をみたす十分に小さな $\varepsilon > 0$ をとり，$\delta = \frac{\varepsilon}{2C}$ とすると，$|\bm{x}_0| < \delta$ ならば

$$|\bm{x}(t)| = e^{-\frac{1}{2}\mu t}|\bm{y}(t)| \leq e^{-\frac{1}{2}\mu t}\varepsilon$$

が成立する．これは，$\bm{x} = \bm{0}$ が漸近安定であることを示す． □

例題 4.2　非線形振動の微分方程式 (4.5) を相平面で考えた微分方程式系

$$\frac{dx}{dt} = y, \quad \frac{dy}{dt} = -\gamma y - \sin x, \quad (\gamma > 0)$$

の平衡点を求めて，その安定性を調べよ．

[解]　平衡点の連立方程式は $y = 0$，$\gamma y + \sin x = 0$ であるので，平衡点は $(n\pi, 0)$，$n \in \mathbb{Z}$ となる．これらの平衡点におけるヤコビ行列は

$$\bm{f}'(\bm{x})|_{x=n\pi, y=0} = \begin{bmatrix} 0 & 1 \\ -(-1)^n & -\gamma \end{bmatrix}$$

であるので，固有方程式は $p^2 + \gamma p + (-1)^n = 0$ となり，よって，n が偶数のときは，2 つの虚数解を持ち，解の実数部分は正である．よって，定理 4.7 より漸近安定となる．また，n が奇数のときは，正の解 1 つと負の解 1 つを持つ．したがって，これから述べる定理 4.8 と注意 4.2 より安定でないことが分かる． □

例題 4.3　非線形振動の微分方程式 (4.5) を相平面で考えた微分方程式系

$$\frac{dx}{dt} = y, \quad \frac{dy}{dt} = -\sin x, \quad (\gamma = 0)$$

の平衡点 $(2n\pi, 0)$，$n \in \mathbb{Z}$ は安定であることを示せ．

[解]　関数 $\sin x$ の周期性より，平衡点 $(0,0)$ を考えれば十分である．エネルギー関数 $\mathcal{E}$ を $\frac{1}{2}y^2 - \cos x$ と定義すると

$$\frac{d\mathcal{E}}{dt} = y\frac{dy}{dt} + \sin x \frac{dx}{dt} = 0.$$

よって，$\mathcal{E}$ は積分曲線に沿って定数となる．ゆえに，解軌道の方程式は

$$\frac{y^2}{2} = \cos x + \mathcal{E}_0$$

と表される．ここで，$|x|$ が小さいと，$\cos x \sim 1 - \frac{1}{2}x^2$ となるので，平衡点の近傍で

は，解軌道は原点を中心とする楕円に近い閉曲線となる．よって，(0,0) は安定である．ただし，漸近安定ではない． □

問 4.1 以下の微分方程式系の平衡点を求めて，その安定性を調べよ．

(1) $\dfrac{dx}{dt} = y,\ \dfrac{dy}{dt} = -x^3$ (2) $\dfrac{dx}{dt} = y,\ \dfrac{dy}{dt} = -y - x(1-x)$

(3) $\dfrac{dx}{dt} = y,\ \dfrac{dy}{dt} = -y - x(x-1)$

条件付き漸近安定性

最初に，定数係数の微分方程式系 (4.10) を考える．例題 4.1 の (2) のように，行列 A が，実部が負の固有値と，実部が 0 以上の固有値の両方を持つときは，実部が負の固有値の一般固有空間への射影 Q_- と実部が 0 以上の固有値の一般固有空間への射影 Q_+ が定義される．ここで，注意 3.6 より $Q_\pm$ は実行列になり，初期値問題の解は

$$e^{tA}\boldsymbol{x} = e^{tA}Q_+\boldsymbol{x} + e^{tA}Q_-\boldsymbol{x}$$

と表すことができる．もし $Q_+\boldsymbol{x} = \boldsymbol{0}$ がみたされるならば，定理 4.6 と同様に，ある定数 $\mu > 0$ と C が定まり

$$|\boldsymbol{x}(t)| \leq Ce^{-\mu t}|\boldsymbol{x}(t_0)|,\quad t \geq t_0$$

が成立する．部分空間 $Q_-\mathbb{R}^n = \{\boldsymbol{x} \in \mathbb{R}^n;\ Q_+\boldsymbol{x} = \boldsymbol{0}\}$ を**安定部分空間** (stable subspace) という．以上より，安定部分空間に属する初期値については，漸近安定であることが分かる．これを，**条件付き漸近安定性** (conditional stability) という．

例題 4.4 次の微分方程式系の平衡点と安定部分空間を求めよ．

$$\dfrac{dx}{dt} = 5x - 4y,\quad \dfrac{dy}{dt} = 4x - 5y$$

[解]　例題 4.1 より，行列 $\begin{bmatrix} 5 & -4 \\ 4 & -5 \end{bmatrix}$ の固有値は $p = -3, 3$ で，固有空間への射影は

$$Q_- = Q_1 = \dfrac{1}{3}\begin{bmatrix} -1 & 2 \\ -2 & 4 \end{bmatrix},\quad Q_+ = Q_2 = \dfrac{1}{3}\begin{bmatrix} 4 & -2 \\ 2 & -1 \end{bmatrix}$$

と表される．したがって，部分空間 $Q_-\mathbb{R}^n = \{x \in \mathbb{R}^n ; Q_+ x = 0\}$ は

$$\begin{bmatrix} 4 & -2 \\ 2 & -1 \end{bmatrix} x = 0$$

をみたす x で，安定部分空間は以下のようになる（図 4.2 参照）．

$$\mathcal{S} = \{(x,y); 2x - y = 0\}. \qquad \square$$

次に，一般的な微分方程式系 (4.1) を考える．平衡点 $\hat{x}$ におけるヤコビ行列が，上記の条件付きの漸近安定性を持つとする．とくに，2 次元の一般微分方程式系においては，このような平衡点を**鞍点** (saddle point) という．ヤコビ行列を $A = f'(\hat{x})$ と表すとベクトル場 $f(x)$ は，次のように表示される．

$$f(x) = f'(\hat{x})(x - \hat{x}) + h(x, \hat{x}).$$

ここで，$h(x,\hat{x})$ は (4.11) と同様である．ヤコビ行列がリプシッツ連続：

$$|f'(x) - f'(y)| \leq F'|x - y|$$

とすると，ベクトル場 $h(x,\hat{x})$ は以下の性質を持つ．

(1) $h(\hat{x},\hat{x}) = 0$.
(2) $|x|, |y| < \varepsilon$ のとき $|h(x,\hat{x}) - h(y,\hat{x})| \leq H_\varepsilon |x - y|$ をみたし[5]，$\varepsilon \to 0$ とすると，$H_\varepsilon \to 0$.

平衡点 $\hat{x}$ について，**安定集合** (stable set) $\mathcal{S}(\hat{x})$ を次のように定義する．

$$\mathcal{S}(\hat{x}) = \left\{ x_0 \in \Omega ; \lim_{t \to \infty} x(t; x_0) = \hat{x} \right\}. \tag{4.14}$$

定理 4.8 ベクトル場 $f(x)$ が C^1 級でヤコビ行列はリプシッツ連続関数とする．このとき，微分方程式系 (4.1) の平衡点 $\hat{x}$ において，ヤコビ行列 $f'(\hat{x})$ の固有値 λ_j $(1 \leq j \leq n)$ のうちで実部が負であるものについて，一般固有空間の次元が $k < n$ とすると，平衡点は条件付き漸近安定で，k 個のパラメータを持つ安定集合 $\mathcal{S}(\hat{x})$ が存在する．

---

[5] とくに，$y = \hat{x}$ とすると，$|h(x,\hat{x})| \leq H_\varepsilon |x - \hat{x}|$ が成り立つ．

4.2 平衡点の安定性

[証明] 以後，簡単のために $\hat{x} = 0$，$h(x) = h(x, 0)$，平衡点におけるヤコビ行列を $A = f'(0)$ と表すと，微分方程式系は

$$\frac{dx}{dt} = Ax + h(x) \tag{4.15}$$

ように表される．いま，A の実部が負の固有値について，実部の最大値を $-\lambda$ とおくとき，$\lambda > \mu > 0$ をみたす μ を適当に選べば，次の評価が成立する．

$$|e^{tA} Q_-| \leq C e^{-\mu t}, \quad |e^{-tA} Q_+| \leq C(1+t)^n \quad (t \geq 0). \tag{4.16}$$

解がみたす積分方程式は

$$x(t) = e^{tA} x_0 + \int_0^t e^{(t-s)A} h(x(s)) \, ds$$

であるが，$t \to \infty$ のときに指数的に減衰する解を取り出すために，次のように変形する．

$$\begin{aligned}x(t) &= e^{tA} Q_- x_0 + e^{tA} Q_+ x_0 \\&\quad + \int_0^t e^{(t-s)A} Q_- h(x(s)) \, ds + \int_0^t e^{(t-s)A} Q_+ h(x(s)) \, ds \\&= e^{tA} Q_- x_0 + e^{tA} \left[Q_+ x_0 + \int_0^\infty e^{-sA} Q_+ h(x(s)) \, ds \right] \\&\quad + \int_0^t e^{(t-s)A} Q_- h(x(s)) \, ds - \int_t^\infty e^{(t-s)A} Q_+ h(x(s)) \, ds.\end{aligned}$$

ここで，安定集合の条件は

$$Q_+ x_0 + \int_0^\infty e^{-sA} Q_+ h(x(s)) \, ds = 0 \tag{4.17}$$

と考えられるので，次の積分方程式の解が指数的に減衰すると予測される．

$$\begin{aligned}x(t) &= e^{tA} Q_- \xi + \int_0^t e^{(t-s)A} Q_- h(x(s)) \, ds \\&\quad - \int_t^\infty e^{(t-s)A} Q_+ h(x(s)) \, ds.\end{aligned} \tag{4.18}$$

積分方程式 (4.18) の右辺を $\Phi[x](t)$ とおくとき $|x|, |y| < \varepsilon$ ならば

$$e^{\frac{1}{2}\mu t} |\Phi[x](t) - \Phi[y](t)|$$
$$\leq C \int_0^t e^{-\frac{1}{2}\mu(t-s)} e^{\frac{1}{2}\mu s} |h(x(s)) - h(x(s))| \, ds$$

第4章 非線形微分方程式系―平衡点の安定性―

$$+ C\int_t^\infty [1+(s-t)^n]e^{\frac{1}{2}\mu(t-s)}e^{\frac{1}{2}\mu s}|\boldsymbol{h}(\boldsymbol{x}(s)) - \boldsymbol{h}(\boldsymbol{y}(s))|\,ds$$

$$\leq CH_\varepsilon \int_0^t e^{-\frac{1}{2}\mu(t-s)} e^{\frac{1}{2}\mu s}|\boldsymbol{x}(s) - \boldsymbol{x}(s)|\,ds$$

$$+ CH_\varepsilon \int_t^\infty [1+(s-t)^n]e^{\frac{1}{2}\mu(t-s)}e^{\frac{1}{2}\mu s}|\boldsymbol{x}(s) - \boldsymbol{y}(s)|\,ds.$$

新しいノルムを

$$\|\boldsymbol{x}\| = \sup_{t\geq 0} e^{\frac{1}{2}\mu t}|\boldsymbol{x}(t)|$$

と定義すると

$$\|\boldsymbol{\Phi}[\boldsymbol{x}] - \boldsymbol{\Phi}[\boldsymbol{y}]\|$$
$$\leq CH_\varepsilon \|\boldsymbol{x} - \boldsymbol{y}\| \left(\int_0^t e^{-\frac{1}{2}\mu(t-s)}\,ds + \int_t^\infty [1+(s-t)^n]e^{\frac{1}{2}\mu(t-s)} \right)ds$$
$$\leq C(\mu)H_\varepsilon \|\boldsymbol{x} - \boldsymbol{y}\|.$$

よって，ε を十分に小さくとり $C(\mu)H_\varepsilon \leq K < 1$ をみたすようにすると，$\boldsymbol{\Phi}[\boldsymbol{x}]$ は縮小写像となる．

解 $\boldsymbol{x}(t)$ の近似解 $\boldsymbol{x}_n(t)$ を

$$\boldsymbol{x}_1(t) = e^{tA}Q_-\boldsymbol{\xi},\quad \boldsymbol{x}_n(t) = \boldsymbol{\Phi}[\boldsymbol{x}_{n-1}](t),\quad n\geq 2$$

と帰納的に定義する．ここで，$Q_+\boldsymbol{\xi} = \boldsymbol{0}$, $|\boldsymbol{\xi}| \leq \frac{1-K}{C}\varepsilon$ をみたす $\boldsymbol{\xi}$ を選ぶと

$$|\boldsymbol{x}_1(t)| \leq Ce^{-\mu t}|\boldsymbol{\xi}| \leq (1-K)\varepsilon e^{-\mu t} < \varepsilon e^{-\mu t}.$$

ゆえに $\|\boldsymbol{x}_1\| \leq (1-K)\varepsilon < \varepsilon$. さらに

$$\|\boldsymbol{x}_2 - \boldsymbol{x}_1\| \leq K\|\boldsymbol{x}_1\| \leq K(1-K)\varepsilon.$$

いま，$1\leq j\leq n-1$ をみたす j について，$\|\boldsymbol{x}_j\| < \varepsilon$ が成立していると仮定して，上の計算をくり返すと

$$\|\boldsymbol{x}_n - \boldsymbol{x}_{n-1}\| \leq K^{n-1}(1-K)\varepsilon$$

が得られる．よって，便宜的に $\boldsymbol{x}_0 = \boldsymbol{0}$ と考えると

$$\|\boldsymbol{x}_n\| \leq \sum_{k=1}^n \|\boldsymbol{x}_n - \boldsymbol{x}_{n-1}\|$$

4.2 平衡点の安定性

$$< \varepsilon(1-K)\sum_{k=1}^{\infty} K^{k-1}$$
$$= \varepsilon.$$

ゆえに，すべての n について $\|\boldsymbol{x}_n\| < \varepsilon$ が成立する．したがって，すべての n について近似解が定義され，定理 2.1 により不動点が存在することが分かる．

得られた不動点は $\boldsymbol{x}(t)$ は積分方程式 (4.18) の解である．したがって，自動的に C^1 級となるので微分方程式 (4.15) の解であることが分かる．解 $\boldsymbol{x}(t)$ は k 個のパラメータ $Q_-\boldsymbol{\xi}$ のみに依存し，初期値に関する連続性（定理 2.5）より，これらのパラメータについて連続である．したがって，初期値

$$\boldsymbol{x}(0) = Q_-\boldsymbol{\xi} - \int_0^{\infty} e^{-sA} Q_+ \boldsymbol{h}(\boldsymbol{x}(s))\, ds$$

も k 個の連続なパラメータを持ち，両辺に Q_+ を作用させると (4.17) をみたす．また，$\|\boldsymbol{x}\| < \varepsilon$ より，$|\boldsymbol{x}(t)| < \varepsilon e^{-\frac{1}{2}\mu}$ が成立し，$t \to \infty$ で指数的に減衰する． □

注意 4.2 変数 t の向きを変えると，行列 A の実部が正の固有値が負の固有値となる．上の定理より安定集合が構成されるので，時間をもとに戻せば，それは平衡点から遠ざかる解曲線の集まりである．したがって，行列 A の実部が正の固有値を持てば，平衡点は今述べた意味で不安定となる．

例題 4.5 次の微分方程式系の平衡点と安定集合を求めよ．

$$\frac{dx}{dt} = -x^2 + y^2 + 1, \quad \frac{dy}{dt} = 2xy$$

[解] 平衡点は，連立方程式 $x^2 - y^2 = 1$, $2xy = 0$ より，$(1,0)$ と $(-1,0)$．また，ヤコビ行列は

$$\boldsymbol{f}'(\boldsymbol{x})|_{(1,0)} = \begin{bmatrix} -2 & 0 \\ 0 & 2 \end{bmatrix}, \quad \boldsymbol{f}'(\boldsymbol{x})|_{(-1,0)} = \begin{bmatrix} 2 & 0 \\ 0 & -2 \end{bmatrix},$$

と表されるので，$(1,0)$ と $(-1,0)$ における負の固有値 -2 に対応する固有ベクトルは，それぞれ $c\begin{bmatrix} 1 \\ 0 \end{bmatrix}$ と $c\begin{bmatrix} 0 \\ 1 \end{bmatrix}$ $(c \neq 0)$．となる．

一方，この微分方程式系は，ポテンシャル関数 $\phi(\boldsymbol{x}) = \frac{1}{3}(x^3 - 3xy^2) - x$ により勾配流

$$\frac{d\boldsymbol{x}}{dt} = -\nabla \phi(\boldsymbol{x}),$$

106　第4章　非線形微分方程式系—平衡点の安定性—

として表される．ここで，複素変数 $z = x + iy$ を考えると，ポテンシャル関数 $\phi(\boldsymbol{x})$ は，複素関数

$$\frac{1}{3}z^3 - z = \frac{1}{3}(x^3 - 3xy^2) - x + iy\left(x^2 - \frac{y^2}{3} - 1\right)$$

の実数部分となることに注意する．虚数部分を $\psi(\boldsymbol{x})$ と表すと，第6章命題6.1のコーシー–リーマンの方程式と定理4.3より，解軌道は $\psi(\boldsymbol{x}) = c$, $c \in \mathbb{R}$ と表されるので，そのなかで $(\pm 1, 0)$ を通るのは

$$y = 0, \quad x^2 - \frac{y^2}{3} = 1$$

の2つである．さらに，$(1, 0)$ と $(-1, 0)$ における負の固有値に対応する固有ベクトルを調べるとそれぞれの安定集合 $\mathcal{S}_{(1,0)}$ と $\mathcal{S}_{(-1,0)}$ は

$$\mathcal{S}_{(1,0)} = \{(x, y) ; y = 0, x > -1\},$$
$$\mathcal{S}_{(-1,0)} = \left\{(x, y) ; x^2 - \tfrac{1}{3}y^2 = 1, x \leq -1\right\}$$

となる（図4.5を参照）．　　　　　　　　　　　　　　　　　　　　　　　□

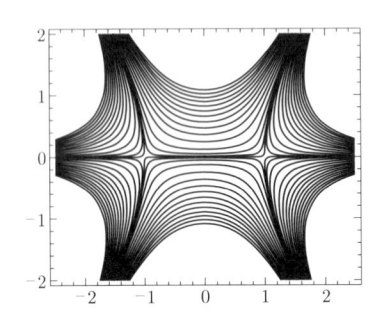

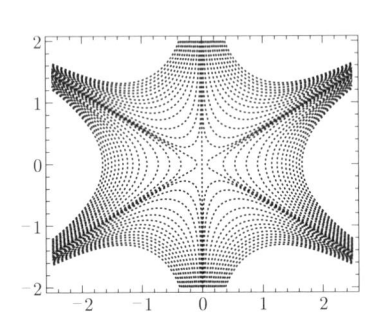

図 4.5　解軌道（実線）とポテンシャルの等高線（破線）

問 4.2　微分方程式系

$$\frac{dx}{dt} = y, \quad \frac{dy}{dt} = -\sin x$$

について，平衡点 $((2n-1)\pi, 0)$, $n \in \mathbb{Z}$ は鞍点であることを示せ．また，この平衡点についての安定集合を求めよ．（ヒント：例題4.3を参照せよ．）

4.3 リャプノフの方法

微分方程式系 (4.1) について，その平衡点 $\hat{\boldsymbol{x}}$ の近傍で定義され，次の3つの性質を持つ C^1 関数 $V(\boldsymbol{x})$ を，平衡点 $\hat{\boldsymbol{x}}$ におけるリャプノフ関数 (Lyapunov function) またはエントロピー関数 (entropy function)[6] という．

(1) $V(\hat{\boldsymbol{x}}) = 0$.
(2) $V(\boldsymbol{x}) > 0$, $\boldsymbol{x} \neq \hat{\boldsymbol{x}}$.
(3) $\nabla V(\boldsymbol{x}) \cdot \boldsymbol{f}(\boldsymbol{x}) \leq 0$.

このとき，平衡点 $\hat{\boldsymbol{x}}$ の周りの解 $\boldsymbol{x}(t)$ について

$$\frac{d}{dt}V(\boldsymbol{x}(t)) = \nabla V(\boldsymbol{x}(t)) \cdot \frac{d\boldsymbol{x}}{dt} = \nabla V(\boldsymbol{x}(t)) \cdot \boldsymbol{f}(\boldsymbol{x}(t)) \leq 0 \quad (4.19)$$

が成立する．次の2つの安定性定理は基本的である．

定理 4.9 微分方程式系 (4.1) の平衡点 $\hat{\boldsymbol{x}}$ についてリャプノフ関数が存在すれば，$\hat{\boldsymbol{x}}$ は安定である．

[証明] 十分に小さい任意の $\varepsilon > 0$ について，$V_0 = \min\{V(\boldsymbol{x}) ; |\boldsymbol{x} - \hat{\boldsymbol{x}}| = \varepsilon\}$ とおく．条件 (2) より，$V_0 > 0$ である．この $\varepsilon > 0$ について，$\delta > 0$ を，$|\boldsymbol{x} - \hat{\boldsymbol{x}}| < \delta \Longrightarrow V(\boldsymbol{x}) < V_0$ が成り立つようにとっておく．

いま，$|\boldsymbol{x}_0 - \hat{\boldsymbol{x}}| < \delta$ をみたす初期値 $\boldsymbol{x}_0$ について，解 $\boldsymbol{x}(t)$ を考える．十分に小さ

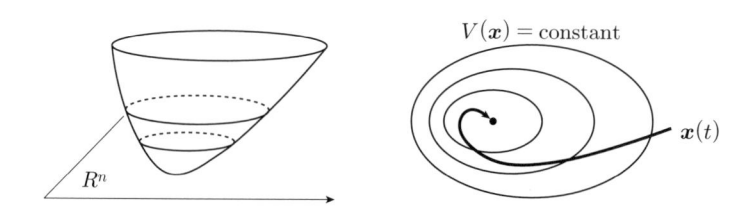

図 4.6 リャプノフ関数と等高線

---
[6] 物理学では $-V(\boldsymbol{x})$ をエントロピーという．

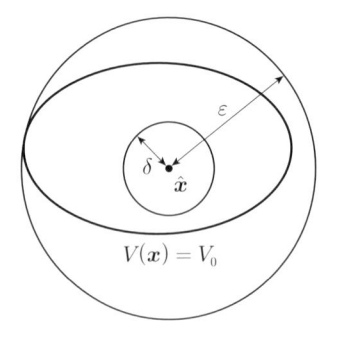

図 4.7　平衡点の近傍

な t については，$|\boldsymbol{x}(t) - \hat{\boldsymbol{x}}| < \delta < \varepsilon$ をみたし，条件 (3) と (4.19) より，$V(\boldsymbol{x}(t)) \leq V(\boldsymbol{x}_0) < V_0$ である．もし，t を大きくしたとき，$|\boldsymbol{x}(t_1) - \hat{\boldsymbol{x}}| = \varepsilon$ をみたす t_1 が存在すれば，そこで，$V(\boldsymbol{x}(t_1)) \geq V_0$ となり矛盾である．よって，$t \to \infty$ で解が存在して，$|\boldsymbol{x}(t) - \hat{\boldsymbol{x}}| < \varepsilon$ をみたす．ゆえに，$\hat{\boldsymbol{x}}$ は安定である．　□

定理 4.10　微分方程式系 (4.1) の平衡点 $\hat{\boldsymbol{x}}$ についてリャプノフ関数が存在して

$$(3'). \quad \nabla V(\boldsymbol{x}) \cdot \boldsymbol{f}(\boldsymbol{x}) < 0, \quad \boldsymbol{x} \neq \hat{\boldsymbol{x}} \tag{4.20}$$

をみたせば，$\hat{\boldsymbol{x}}$ は漸近安定である．

[証明]　上の定理 4.9 より，$\hat{\boldsymbol{x}}$ は安定である．$|\boldsymbol{x}_0 - \hat{\boldsymbol{x}}| < \delta$ をみたす初期値について，$t \to \infty$ のとき $\boldsymbol{x}(t)$ が $\hat{\boldsymbol{x}}$ に収束しないならば，ある部分列 $t_1 < t_2 < \cdots < t_n < \cdots \to \infty$ があって，$\boldsymbol{x}(t_n) \to \boldsymbol{x}_\infty \neq \hat{\boldsymbol{x}}$ とできる．ここで，リャプノフ関数は連続なので，$\lim_{n \to \infty} V(\boldsymbol{x}(t_n)) = V(\boldsymbol{x}_\infty)$ である．

ここで，$\boldsymbol{x}(t_n)$ を初期値とする，微分方程式系 (4.1) の解を $\boldsymbol{x}_n(t)$ とおく．定理 4.2 より，$\boldsymbol{x}(t + t_n) = \boldsymbol{x}_n(t)$ である．また，初期値に関する連続性（定理 2.5）より，$\lim_{n \to \infty} \boldsymbol{x}_n(t) = \boldsymbol{x}_\infty(t)$ は，$\boldsymbol{x}_\infty$ を初期値とする，(4.1) の解である．よって，$\tau > 0$ を固定すれば

$$\lim_{n \to \infty} V(\boldsymbol{x}_n(\tau)) = \lim_{n \to \infty} V(\boldsymbol{x}(\tau + t_n)) = V(\boldsymbol{x}_\infty(\tau)) < V(\boldsymbol{x}_\infty)$$

が成立するので，十分に大きな N について，$V(\boldsymbol{x}(\tau + t_N)) < V(\boldsymbol{x}_\infty)$．ここで，$\tau +$

$t_N < t_n$ をみたす n については

$$V(\boldsymbol{x}(t_n)) < V(\boldsymbol{x}(\tau + t_N)) < V(\boldsymbol{x}_\infty)$$

となり矛盾が起こる．ゆえに，$\boldsymbol{x}(t_n) \to \hat{\boldsymbol{x}}$ が成立し，漸近安定性がいえた． □

リャプノフ関数を用いる方法は，ヤコビ行列が正則でないときでも，安定性を判定することができる場合がある．

例題 4.6 次の微分方程式系について，適当なリャプノフ関数を用いて **0** の漸近安定性を示せ．

(1) $\dfrac{dx}{dt} = -x - y, \ \dfrac{dy}{dt} = x^3 - y^3$

(2) $\dfrac{dx}{dt} = 2xy - x^3, \ \dfrac{dy}{dt} = -x^2 - y^5$

[解] (1) リャプノフ関数を $V(\boldsymbol{x}) = \frac{1}{4}x^4 + \frac{1}{2}y^2$ とおくと

$$\frac{dV}{dt} = x^3(-x-y) + y(x^3 - y^3) = -(x^4 + y^4) < 0.$$

ゆえに，**0** は漸近安定である．

(2) $V(\boldsymbol{x}) = \frac{1}{2}x^2 + y^2$ とおくと

$$\frac{dV}{dt} = x(2xy - x^3) + 2y(-x^2 - y^5) = -(x^4 + 2y^6) < 0.$$

よって，上と同様に **0** は漸近安定である． □

また，リャプノフ関数は，ヤコビ行列の固有値が純虚数となるような微妙な場合にも有効である．

例題 4.7 次の微分方程式系について，適当なリャプノフ関数を用いて **0** の安定性を調べよ．

$$\frac{dx}{dt} = -y + ax(x^2 + y^2), \quad \frac{dy}{dt} = x + ay(x^2 + y^2) \quad (a \text{ は定数})$$

[解] (1) リャプノフ関数を $V(\boldsymbol{x}) = \frac{1}{2}(x^2 + y^2)$ とおくと

$$\frac{dV}{dt} = x[-y + ax(x^2 + y^2)] + y[x + ay(x^2 + y^2)] = a(x^2 + y^2)^2.$$

ゆえに，$a<0$ のときは漸近安定，$a=0$ のときは安定，$a>0$ のときは不安定である． □

問 4.3 次の微分方程式系について $\boldsymbol{0}$ の安定性を調べよ．
$$\frac{dx}{dt} = y - x^3, \quad \frac{dy}{dt} = -x - y^3$$

平衡点の不安定性も同様に判定される．ここで $B(a) = \{\boldsymbol{x}; |\boldsymbol{x} - \hat{\boldsymbol{x}}| < a\}$ と表す．

定理 4.11 微分方程式系 (4.1) の平衡点 $\hat{\boldsymbol{x}}$ の近傍で定義された C^1 関数 $V(\boldsymbol{x})$ と領域 Ω が存在して，正数 a について
 (1) $\partial B(a) \cap \Omega \neq \emptyset$ で，$\partial \Omega \cap \overline{B(a)}$ において $V(\boldsymbol{x}) = 0$
 (2) Ω において $V(\boldsymbol{x}) > 0$, $\nabla V(\boldsymbol{x}) \cdot \boldsymbol{f}(\boldsymbol{x}) > 0$
 (3) $\hat{\boldsymbol{x}} \in \partial \Omega$
をみたせば，$\hat{\boldsymbol{x}}$ は不安定である．

[証明] 任意の $\varepsilon : 0 < \varepsilon < a$ に対して $\boldsymbol{x}_0 \in \Omega \cap \overline{B(\varepsilon)}$ をみたす $\boldsymbol{x}_0$ をとり，$V(\boldsymbol{x}_0) = c_0 > 0$ とおく．ここで，$\Omega(c_0) = \{\boldsymbol{x}; V(\boldsymbol{x}) > \frac{1}{2} c_0\} \cap B(a)$ と表すと，$\boldsymbol{x}_0$ は $\Omega(c_0)$ の内点で，$\boldsymbol{x}_0$ を初期値とする解 $\boldsymbol{x}(t)$ は，条件 (2) より $t > 0$ について $\boldsymbol{x}(t) \in \Omega(c_0)$ となる．集合 $K = \overline{\Omega(c_0)}$ は有界閉集合なので
$$\max_{\boldsymbol{x} \in K} V(\boldsymbol{x}) = M < \infty, \quad \min_{\boldsymbol{x} \in K} \nabla V(\boldsymbol{x}) \cdot \boldsymbol{f}(\boldsymbol{x}) = k > 0$$
が成立する．したがって
$$M \geq V(\boldsymbol{x}(t)) - V(\boldsymbol{x}_0) = \int_0^t \nabla V(\boldsymbol{x}(s)) \cdot \boldsymbol{f}(\boldsymbol{x}(s)) \, ds \geq kt.$$
ゆえに，$\boldsymbol{x}(t)$ は有限時間内に K の境界に到達する．条件 (1) と $\boldsymbol{x}(t) \in \Omega(c_0)$ より，到達するのは $\partial B(a)$ である．初期値 $\boldsymbol{x}_0$ は，$\hat{\boldsymbol{x}}$ にいくらでも近く選べるので，$\hat{\boldsymbol{x}}$ は不安定であることが示された． □

例題 4.8 次の微分方程式系について，適当なリャプノフ関数を用いて $\boldsymbol{0}$ の安定性を調べよ．
$$\frac{dx}{dt} = -y, \quad \frac{dy}{dt} = -x^3 + y^3$$

4.3 リャプノフの方法

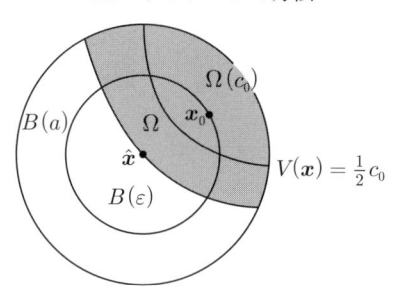

図 4.8 不安定な平衡点の近傍

[解] リャプノフ関数を $V(\boldsymbol{x}) = -x^4 + 2y^2$ とおくと
$$\frac{dV}{dt} = 4x^3 y + 4y(-x^3 + y^3) = 4y^4 > 0.$$
よって, $\Omega = \{(x,y)\,;\, \sqrt{2}|y| > x^2\}$ とおくと, 定理 4.11 より, $\boldsymbol{0}$ は不安定である． □

問 4.4 次の微分方程式系について, 適当なリャプノフ関数を用いて $\boldsymbol{0}$ の安定性を調べよ.
$$\frac{dx}{dt} = 2x^2 - y^2, \quad \frac{dy}{dt} = xy$$

第5章

境界値問題

この章では独立変数を主に s で表す.区間 (s_-, s_+) において,微分方程式

$$\frac{d^2 x}{ds^2} - \lambda^2 x = 0, \quad \lambda \in \mathbb{C}$$

をみたし,境界点 $s = s_\pm$ において,**境界条件** (boundary condition)

$$x(s_-) = g_-, \quad x(s_+) = g_+$$

をみたす問題を考える.ここで,$g_\pm$ は任意の定数である.このような問題を**境界値問題** (boundary value problem) という.

5.1 2階微分方程式の境界値問題

区間 $[s_-, s_+]$ において,以下の境界値問題を考える.

$$a_0(s)\frac{d^2 x}{ds^2} + a_1(s)\frac{dx}{ds} + a_2(s)x = 0, \quad s \in (s_-, s_+) \tag{5.1}$$

$$B_- x(s_-) = b_0^- \frac{dx}{ds}(s_-) + b_1^- x(s_-) = g_-, \quad s = s_- \tag{5.2}$$

$$B_+ x(s_+) = b_0^+ \frac{dx}{ds}(s_+) + b_1^+ x(s_+) = g_+, \quad s = s_+. \tag{5.3}$$

ここで,$a_0(s)$,$a_1(s)$,$a_2(s)$ は,$[s_-, s_+]$ における C^2-関数,$b_0^\pm$ と $b_1^\pm$ は定数,$g_\pm$ は任意に与えられた定数とする.

微分方程式 (5.1) の1次独立な2つの解を $x_1(s)$,$x_2(s)$ とするとき,境界値問題の解は $x(s) = c_1 x_1(s) + c_2 x_2(s)$ と表される.よって,境界条件より

5.1 2階微分方程式の境界値問題

$$c_1 B_- x_1(s_-) + c_2 B_- x_2(s_-) = g_-,$$
$$c_1 B_+ x_1(s_+) + c_2 B_+ x_2(s_+) = g_+$$

をみたす c_1, c_2 を定めればよい．これは，c_1, c_2 についての連立 1 次方程式なので，ただ一つの解を持つための必要十分条件は

$$\begin{vmatrix} B_- x_1(s_-) & B_- x_2(s_-) \\ B_+ x_1(s_+) & B_+ x_2(s_+) \end{vmatrix} \neq 0 \tag{5.4}$$

である．したがって，次の定理を得る．

定理 5.1 微分方程式 (5.1) と境界条件

$$b_0^- \frac{dx}{ds}(s_-) + b_1^- x(s_-) = 0, \quad b_0^+ \frac{dx}{ds}(s_+) + b_1^+ x(s_+) = 0$$

をみたす解が $x(s) = 0$ のみならば，任意の $g_-, g_+ \in \mathbb{C}^m$ について，境界条件 (5.2), (5.3) をみたす解がただ一つ存在する．このとき，$[s_-, s_+]$ において連続な任意の関数 $f(s)$ と任意の $g_-, g_+ \in \mathbb{C}$ について，微分方程式

$$a_0(s)\frac{d^2 x}{ds^2} + a_1(s)\frac{dx}{ds} + a_2(s)x = f(s), \quad s \in (s_-, s_+) \tag{5.5}$$

と境界条件 (5.2), (5.3) をみたす解がただ一つ存在する．

[証明] 上記の議論より，最後の主張を示せばよい．非斉次方程式 (5.5) の特殊解を $x_0(s)$ とおくと，$y(s) = x(s) - x_0(s)$ は斉次方程式 (5.1) の解となる．よって，$y(s)$ を未知関数とする境界値問題について，上記の議論を適用すればよい． □

例題 5.1 与えられた定数 g_-, g_+ に対して，次の境界値問題がただ一つの解を持つような λ の条件を求めよ．

$$\frac{d^2 x}{ds^2} - \lambda^2 x = 0, \quad x \in (s_-, s_+) \quad (\lambda \in \mathbb{C}, \lambda \neq 0)$$

$$-\frac{dx}{ds}(s_-) + b_- x(s_-) = g_-, \quad \frac{dx}{ds}(s_+) + b_+ x(s_+) = g_+$$

[解] 微分方程式の一般解は $x = c_1 e^{\lambda s} + c_2 e^{-\lambda s}$ なので，境界条件は

$$c_1 (b_- - \lambda) e^{\lambda s_-} + c_2 (b_- + \lambda) e^{-\lambda s_-} = g_-,$$
$$c_1 (b_+ + \lambda) e^{\lambda s_+} + c_2 (b_+ - \lambda) e^{-\lambda s_+} = g_+.$$

よって，連立方程式が一意的に解ける条件

$$(b_+ - \lambda)(b_- - \lambda) e^{-\lambda(s_+ - s_-)} - (b_+ + \lambda)(b_- + \lambda) e^{\lambda(s_+ - s_-)} \neq 0$$

を変形すると，求める条件

$$-\frac{\lambda(b_- + b_+)}{\lambda^2 + b_+ b_-} \neq \frac{e^{\lambda(s_+ - s_-)} - e^{-\lambda(s_+ - s_-)}}{e^{\lambda(s_+ - s_-)} + e^{-\lambda(s_+ - s_-)}} = \tanh \lambda(s_+ - s_-)$$

を得る． □

問 5.1 与えられた定数 g_-, g_+ に対して，次の境界値問題がただ一つの解を持つような λ の条件を求めよ．

$$\frac{d^2 x}{ds^2} + \lambda^2 x = 0, \quad x \in (s_-, s_+) \quad (\lambda \in \mathbb{C}, \lambda \neq 0)$$
$$x(s_-) = g_-, \quad x(s_+) = g_+$$

また，一意的に解けないときは，微分方程式の解で，$x(s_-) = x(s_-) = 0$ をみたし 0 と異なるものが存在することを示せ．

問 5.2 上記の例題と問について，$\lambda = 0$ の場合を考察せよ．

随伴境界値問題

微分作用素 $L[x]$, $L^*[\xi]$ をそれぞれ

$$L[x] = a_0(s) \frac{d^2 x}{ds^2} + a_1(s) \frac{dx}{ds} + a_2(s) x, \tag{5.6}$$

$$L^*[\xi] = \frac{d^2}{ds^2} [\overline{a_0(s)} \xi] - \frac{d}{ds} [\overline{a_1(s)} \xi] + \overline{a_2(s)} \xi \tag{5.7}$$

と定義すると，次の補題が成立する．

補題 5.1

$$\int_{s_-}^{s_+} [\overline{\xi(s)} L[x](s) - \overline{L^*[\xi](s)} x(s)] ds$$

5.1 2階微分方程式の境界値問題

$$= \left[\overline{\xi}a_0(s)\frac{dx}{ds} - \frac{d}{ds}[\overline{\xi}a_0(s)]x + \overline{\xi}a_1(s)x\right]_{s_-}^{s_+}$$

[証明]　微分の積法則より

$$\overline{\xi}L[x]$$
$$= \overline{\xi}a_0(s)\frac{d^2x}{ds^2} + \overline{\xi}a_1(s)\frac{dx}{ds} + \overline{\xi}a_2(s)x$$
$$= \frac{d}{ds}\left[\overline{\xi}a_0(s)\frac{dx}{ds} + \overline{\xi}a_1(s)x\right] - \frac{d}{ds}[\overline{\xi}a_0(s)]\frac{dx}{ds} - \frac{d}{ds}[\overline{\xi}a_1(s)]x + \overline{\xi}a_2(s)x$$
$$= \frac{d}{ds}\left[\overline{\xi}a_0(s)\frac{dx}{ds} - \frac{d}{ds}[\overline{\xi}a_0(s)]x + \overline{\xi}a_1(s)x\right]$$
$$\quad + \overline{\frac{d^2}{ds^2}[\xi\overline{a_0(s)}]}x - \overline{\frac{d}{ds}[\xi\overline{a_1(s)}]}x + \overline{\xi\overline{a_2(s)}}x$$
$$= \frac{d}{ds}\left[\overline{\xi}a_0(s)\frac{dx}{ds} - \frac{d}{ds}[\overline{\xi}a_0(s)]x + \overline{\xi}a_1(s)x\right] + \overline{L^*[\xi]}x$$

が成立する．この式の両辺を積分すれば補題を得る．　□

いま，$x(s)$ が境界条件

$$b_0^{\pm}\frac{dx}{ds}(s_{\pm}) + b_1^{\pm}x(s_{\pm}) = 0$$

をみたすとすると

$$b_0^{\pm}\left[\overline{\xi}a_0(s)\frac{dx}{ds} - \frac{d}{ds}[\overline{\xi}a_0(s)]x + \overline{\xi}a_1(s)x\right]_{s=s_{\pm}}$$
$$= \left[-\overline{\xi}b_1^{\pm}a_0(s)x - \frac{d}{ds}[\overline{\xi}b_0^{\pm}a_0(s)]x + \overline{\xi}b_0^{\pm}a_1(s)x\right]_{s=s_{\pm}}$$

が成立する．よって

定理 5.2　関数 $x(s)$ と $\xi(s)$ がそれぞれ境界条件

$$b_0^{\pm}\frac{dx}{ds}(s_{\pm}) + b_1^{\pm}x(s_{\pm}) = 0, \qquad (5.8)$$

$$\frac{d}{ds}[\bar{\xi}b_0^\pm a_0(s)](s_\pm) + \overline{\xi}(s_\pm)[b_1^\pm a_0(s_\pm) - b_0^\pm a_1(s_\pm)] = 0 \qquad (5.9)$$

をみたせば，次の等式が成立する．

$$\int_{s_-}^{s_+} \overline{\xi(s)}L[x](s)\,ds = \int_{s_-}^{s_+} \overline{L^*[\xi](s)}x(s)\,ds.$$

微分作用素 $L^*[\xi]$ を**随伴作用素** (adjoint operator) といい，その境界条件 (5.9) を**随伴境界条件** (adjoint boundary condition) という．

注意 5.1 微分方程式の係数が $a_1(s) = a_0'(s)$ をみたすとき，微分方程式は

$$L[x] = \frac{d}{ds}\left[a_0(s)\frac{dx}{ds}\right] + a_2(s)x$$

のように書き表され，$L[x] = L^*[x]$ が成立する．このとき，微分作用素 L を**自己共役作用素** (self-adjoint operator) という．

随伴作用素と随伴境界条件は，微分方程式系で扱う方が見通しがよいので，次節で解説する．

例題 5.2 境界値問題 (5.1), (5.2), (5.3) において，$a_0(s_\pm)$, $b_0^\pm \neq 0$ がみたされているとする．このとき，閉区間 $[s_-, s_+]$ における連続関数 $f(s)$ と C^2-関数 $x(s)$ が，任意の C^2-関数 $\xi(s)$ で随伴境界条件 (5.9) をみたすものについて，等式

$$\int_{s_-}^{s_+} \overline{\xi(s)}f(s)\,ds = \int_{s_-}^{s_+} \overline{L^*[\xi](s)}x(s)\,ds$$

をみたせば $x(s)$ は微分方程式 $L[x](s) = f(s)$ と境界条件 (5.8) をみたすことを示せ．

[解] 任意の正数 ε について，上記の関数 $\xi(s)$ で $[s_-, s_- + \varepsilon]$ と $[s_+ - \varepsilon, s_+]$ において恒等的に 0 となるものについては，定理 5.2 より

$$\int_{s_-+\varepsilon}^{s_+-\varepsilon} \overline{\xi(s)}\{L[x](s) - f(s)\}\,ds$$

$$= \int_{s_-}^{s_+} \overline{\xi(s)}L[x](s)\,ds - \int_{s_-}^{s_+} \overline{L^*[\xi](s)}x(s)\,ds = 0$$

が成立する．よって，$\xi(s)$ は任意にとれるので，$s_- + \varepsilon < s < s_+ - \varepsilon$ をみたす s について，$x(s)$ は微分方程式 $L[x](s) = f(s)$ をみたす．ここで，ε は任意だったので，$s_- < s < s_+$ をみたす s について，微分方程式がみたされているとしてよい．

さらに，定理 5.2 をもう一度用いると，境界において
$$\left[\overline{\xi}a_0(s)\frac{dx}{ds} - \frac{d}{ds}[\overline{\xi}a_0(s)]x + \overline{\xi}a_1(s)x\right]_{s=s_\pm} = 0$$
が成立していることが分かる．ここに，$s = s_\pm$ において，それぞれ $b_0^\pm$ をかけて，随伴境界条件 (5.9) を用いると，上の式は
$$\left[\frac{a_0(s)\overline{\xi}}{b_0^\pm}\left\{b_0^\pm\frac{dx}{ds} + b_1^\pm x\right\}\right]_{s=s_\pm} = 0$$
と変形される．ここで，$a_0(s_\pm) \neq 0$ で $\xi(s_\pm)$ の値は任意にとれるので，$x(s)$ は境界条件 (5.8) をみたしていることになる．　　　□

問 5.3　上の例題 5.2 において，$a_0(s_\pm) \neq 0$, $b_0^\pm = 0$, $b_1^\pm \neq 0$ としたときも，同様の結果が得られることを示せ．

問 5.4　式 (5.7) により定義される微分作用素 L^* について，$(L^*)^* = L$ が成立することを示せ．

5.2　微分方程式系の境界値問題

微分方程式系の係数行列 $D(s)$, $A(s)$ を $2m$ 次行列，$D(s)$ は正則行列とする．区間 $[s_-, s_+]$ において，以下の境界値問題を考える．

$$D(s)\frac{d\boldsymbol{x}}{ds} + A(s)\boldsymbol{x} = \boldsymbol{0}, \quad s \in (s_-, s_+) \tag{5.10}$$

$B_\pm$ を $m \times 2m$ 行列で，$\operatorname{rank} B_\pm = m$ をみたすもの，$\boldsymbol{g}_\pm \in \mathbb{C}^m$ とすると，境界条件は

$$B_-\boldsymbol{x}(s_-) = \boldsymbol{g}_-, \quad B_+\boldsymbol{x}(s_+) = \boldsymbol{g}_+ \tag{5.11}$$

のように表される[1]．高階の単独微分方程式の境界値問題は，微分方程式系の

---

[1] $D(s)$, $A(s)$ は一般の n 次行列として，境界条件を n 次行列 $\mathcal{B}_\pm$ を用いて，$\mathcal{B}_-\boldsymbol{x}(s_-) + \mathcal{B}_+\boldsymbol{x}(s_+) = \boldsymbol{\alpha} \in \mathbb{C}^n$ と一般的に表しても，以下の議論は可能である．

境界値問題に帰着され，そのほうが理論的な扱いが簡明になるので，本書では微分方程式系を中心に説明する．

基本行列を $X(s)$ と表すと，$X(s)$ は $2m$ 次行列に値をとる関数で，$s_- < s < s_+$ において

$$D(s)\frac{d}{ds}X(s) + A(s)X(s) = O, \quad |X(s)| \neq 0$$

をみたす．

$$\boldsymbol{x}(s) = X(s)\boldsymbol{x}_0$$

とおくと，境界条件 (5.11) は

$$B_- X(s_-)\boldsymbol{x}_0 = \boldsymbol{g}_-, \quad B_+ X(s_+)\boldsymbol{x}_0 = \boldsymbol{g}_+$$

となる．よって $2m$ 次行列

$$\mathcal{B} = \begin{pmatrix} B_- X(s_-) \\ B_+ X(s_+) \end{pmatrix} \tag{5.12}$$

が正則であれば，任意の $\boldsymbol{g}_\pm \in \mathbb{C}^m$ について，$\boldsymbol{x}_0$ が定まるので，境界値問題 (5.10), (5.11) の解が存在する．ここで，行列 $\mathcal{B}$ が正則となる条件は，$\mathcal{B}\boldsymbol{x} = \boldsymbol{0}$ をみたす解が $\boldsymbol{x} = \boldsymbol{0}$ のみであればよいので

定理 5.3 微分方程式系 (5.10) と境界条件 $B_-\boldsymbol{x}(s_-) = B_+\boldsymbol{x}(s_+) = \boldsymbol{0}$ をみたす解が $\boldsymbol{x}(s) = \boldsymbol{0}$ のみならば，任意の $\boldsymbol{g}_\pm \in \mathbb{C}^m$ について，境界条件 (5.11) をみたす解がただ一つ存在する．このとき，$[s_-, s_+]$ において連続な任意の関数 $\boldsymbol{f}(s)$ と任意の $\boldsymbol{g}_-, \boldsymbol{g}_+ \in \mathbb{C}^m$ について，微分方程式系

$$D(s)\frac{d\boldsymbol{x}}{ds} + A(s)\boldsymbol{x} = \boldsymbol{f}(s), \quad s \in (s_-, s_+) \tag{5.13}$$

と境界条件 (5.11) をみたす解がただ一つ存在する．

最後の主張については，定理 5.1 と同様である．

5.2 微分方程式系の境界値問題

例題 5.3 つり橋のたわみ方程式

$$\frac{d^4 x}{ds^4} - \mu^2 \frac{d^2 x}{ds^2} = f(s), \quad s \in (x_-, x_+)$$

について，境界条件は，$s = s_\pm$ において

両端固定： $x(s) = x'(s) = 0$,
両端支持： $x(s) = x''(s) = 0$,
両端自由： $x''(s) = x'''(s) = 0$

などが典型である．また，$x'(s) = x'''(s) = 0$ も考えられる．これらの境界条件ついて $\mathcal{B}$ の正則性を調べよ．

[解] 未知関数 $x(s)$ に対して，未知関数ベクトル $\boldsymbol{x}(s)$ と係数行列 A をそれぞれ

$$\boldsymbol{x}(s) = \begin{bmatrix} x(s) \\ x'(s) \\ x''(s) \\ x'''(s) \end{bmatrix}, \quad A = \begin{bmatrix} 0 & 1 & 0 & 0 \\ 0 & 0 & 1 & 0 \\ 0 & 0 & 0 & 1 \\ 0 & 0 & \mu^2 & 0 \end{bmatrix}$$

とおくと，1 階の微分方程式系となる．もとの斉次方程式 $x'''' - \mu^2 x'' = 0$ の 1 次独立解が $1, s, e^{\mu s}, e^{-\mu s}$ であることより，基本行列は

$$X(x) = \begin{bmatrix} 1 & s & e^{\mu s} & e^{-\mu s} \\ 0 & 1 & \mu e^{\mu s} & -\mu e^{-\mu s} \\ 0 & 0 & \mu^2 e^{\mu s} & \mu^2 e^{-\mu s} \\ 0 & 0 & \mu^3 e^{\mu s} & -\mu^3 e^{-\mu s} \end{bmatrix}$$

となる．境界条件はそれぞれ

$$B_\pm = \begin{bmatrix} 1 & 0 & 0 & 0 \\ 0 & 1 & 0 & 0 \end{bmatrix} : 両端固定$$

$$= \begin{bmatrix} 1 & 0 & 0 & 0 \\ 0 & 0 & 1 & 0 \end{bmatrix} : 両端支持$$

$$= \begin{bmatrix} 0 & 0 & 1 & 0 \\ 0 & 0 & 0 & 1 \end{bmatrix} : 両端自由$$

と表される．(5.12) で定義された行列 $\mathcal{B}$ の行列式を計算すると

両端固定

$$|\mathcal{B}| = \begin{vmatrix} 1 & s_- & e^{\mu s_-} & e^{-\mu s_-} \\ 0 & 1 & \mu e^{\mu s_-} & -\mu e^{-\mu s_-} \\ 1 & s_+ & e^{\mu s_+} & e^{-\mu s_+} \\ 0 & 1 & \mu e^{\mu s_+} & -\mu e^{-\mu s_+} \end{vmatrix}$$

$$= 4\mu[\cosh\mu(s_+ - s_-) - 1] - 2\mu^2(s_+ - s_-)\sinh\mu(s_+ - s_-)$$

$$= 4\mu\sinh\mu(s_+ - s_-)\left[\tanh\frac{\mu}{2}(s_+ - s_-) - \frac{\mu}{2}(s_+ - s_-)\right].$$

両端支持

$$|\mathcal{B}| = \begin{vmatrix} 1 & s_- & e^{\mu s_-} & e^{-\mu s_-} \\ 0 & 0 & \mu^2 e^{\mu s_-} & \mu^2 e^{-\mu s_-} \\ 1 & s_+ & e^{\mu s_+} & e^{-\mu s_+} \\ 0 & 0 & \mu^2 e^{\mu s_+} & \mu^2 e^{-\mu s_+} \end{vmatrix} = 2\mu^4(s_+ - s_-)\sinh(s_+ - s_-).$$

両端自由

$$|\mathcal{B}| = \begin{vmatrix} 0 & 0 & \mu^2 e^{\mu s_-} & \mu^2 e^{-\mu s_-} \\ 0 & 0 & \mu^3 e^{\mu s_-} & -\mu^3 e^{-\mu s_-} \\ 0 & 0 & \mu^2 e^{\mu s_+} & \mu^2 e^{-\mu s_+} \\ 0 & 0 & \mu^3 e^{\mu s_+} & -\mu^3 e^{-\mu s_+} \end{vmatrix} = 0.$$

よって，両端支持と両端固定の場合に $\mathcal{B}$ が正則となる． □

問 5.5 梁のたわみ方程式

$$\frac{d^4 x}{ds^4} - \lambda^4 x = 0, \quad s \in (s_-, s_+)$$

について以下の境界条件を考える．各々の場合に $\mathcal{B}$ の正則性を調べよ．
両端支持：$x(s_\pm) = x''(s_\pm) = 0$
両端固定：$x(s_\pm) = x'(s_\pm) = 0$
両端自由：$x''(s_\pm) = x'''(s_\pm) = 0$

問 5.6 区間 $[s_-, \infty)$ における次の微分方程式系の境界値問題において

$$\frac{d\boldsymbol{x}}{ds} = A\boldsymbol{x}, \quad s \in (s_-, \infty),$$

$$B_- \boldsymbol{x}(s_-) = \boldsymbol{g}_-, \quad \lim_{t \to \infty} \boldsymbol{x}(s) = \boldsymbol{0}$$

A は $2m$ 次行列で，m_1 個の実部が負の相異なる固有値 $\lambda_1, \lambda_2, \ldots, \lambda_{m_1}$ と m_2 個の実部が正の相異なる固有値 $\lambda_{m_1+1}, \lambda_{m_1+2}, \ldots, \lambda_{m_1+m_2}$ を持つとする．

第 3 章，補題 3.2 で構成した $Q_k(A)$ ($1 \leq k \leq m_1 + m_2$) を用いて

$$E^- = \left\{ \sum_{k=1}^{m_1} Q_k(A)\boldsymbol{x} \,;\, \boldsymbol{x} \in \mathbb{C}^{2m} \right\}, \quad E^+ = \left\{ \sum_{k=m_1+1}^{m_1+m_2} Q_k(A)\boldsymbol{x} \,;\, \boldsymbol{x} \in \mathbb{C}^{m_1+m_2} \right\}$$

とおくとき，以下を示せ．

(1) 微分方程式系の解が $\lim_{t \to \infty} \boldsymbol{x}(s) = \boldsymbol{0}$ をみたすための必要十分条件は，$\boldsymbol{x}(s_-) \in E^-$ である．

(2) E^- の基底を $\boldsymbol{f}_1, \boldsymbol{f}_2 \ldots \boldsymbol{f}_m$ と表すとき，任意の $\boldsymbol{g}_- \in \mathbb{C}^m$ について，この境界値問題が解ける必要十分条件は次のとおりである．

$$\det[B_- \boldsymbol{f}_1 \quad B_- \boldsymbol{f}_2 \quad \cdots \quad B_- \boldsymbol{f}_m] \neq 0.$$

(3) (2) の条件は次の条件と同値である．

$$K_B = \{\boldsymbol{x} \in E^- \,;\, B_- \boldsymbol{x} = \boldsymbol{0}\} = \{\boldsymbol{0}\}.$$

5.3 随伴境界値問題

ここでは，$D(s)$ を正値エルミート対称行列とする．また，$2m$ 次列ベクトルを $\boldsymbol{x}, \boldsymbol{y}$ のようにローマ太文字，$2m$ 次行ベクトルを $\boldsymbol{\xi}, \boldsymbol{\eta}$ のようにギリシャ太文字で表し，$\boldsymbol{\xi}$ と $\boldsymbol{x}$ の積 $\langle \boldsymbol{\xi}, \boldsymbol{x} \rangle_\pm$ を

$$\langle \boldsymbol{\xi}, \boldsymbol{x} \rangle_\pm = \overline{\boldsymbol{\xi}} D(s_\pm) \boldsymbol{x} \colon \text{行列の積}$$

で定義する．微分作用素 $\mathcal{L}, \mathcal{L}^*$ をそれぞれ

$$\mathcal{L}[\boldsymbol{x}] = D(s) \frac{d\boldsymbol{x}}{ds} + A(s)\boldsymbol{x}, \quad \mathcal{L}^*[\boldsymbol{\xi}] = -\frac{d}{ds}[\boldsymbol{\xi} \overline{D(s)}] + \boldsymbol{\xi} \overline{A(s)}$$

と定義すると，次の補題が成立する．

補題 5.2

$$\int_{s_-}^{s_+} [\overline{\boldsymbol{\xi}(s)} \mathcal{L}[\boldsymbol{x}](s) - \overline{\mathcal{L}^*[\boldsymbol{\xi}](s)} \boldsymbol{x}(s)] \, ds = \langle \boldsymbol{\xi}(s_+), \boldsymbol{x}(s_+) \rangle_+ - \langle \boldsymbol{\xi}(s_-), \boldsymbol{x}(s_-) \rangle_-.$$

証明は次の等式より明らかである．

$$\frac{d}{ds}[\overline{\boldsymbol{\xi}(s)}D(s)\boldsymbol{x}(s)] = \frac{d}{ds}[\overline{\boldsymbol{\xi}(s)}D(s)]\boldsymbol{x}(s) + \overline{\boldsymbol{\xi}(s)}D(s)\frac{d}{ds}\boldsymbol{x}(s).$$

微分作用素 $\mathcal{L}^*$ を $\mathcal{L}$ の**随伴作用素** (adjoint operator) という．

問 5.7 微分作用素 $\mathcal{L}^*$ について，$(\mathcal{L}^*)^* = \mathcal{L}$ が成立することを示せ．

次に，$\mathbb{C}^{2m}$ の部分空間 $\mathbb{B}_\pm$ を

$$\mathbb{B}_- = \{\boldsymbol{x} \in \mathbb{C}^{2m}; B_-\boldsymbol{x} = \boldsymbol{0}\}, \quad \mathbb{B}_+ = \{\boldsymbol{x} \in \mathbb{C}^{2m}; B_+\boldsymbol{x} = \boldsymbol{0}\}$$

のように定義すると，境界条件は $\boldsymbol{x}(s_-) \in \mathbb{B}_-$，$\boldsymbol{x}(s_+) \in \mathbb{B}_+$ と表される．

部分空間 $\mathbb{B}_\pm$ に対して，積 $\langle,\rangle$ に関するエルミート直交補空間 $\mathbb{B}_\pm^\perp$ を

$$\mathbb{B}_\pm^\perp = \{\boldsymbol{\xi} \in \mathbb{C}^{2m}; \text{すべての } \boldsymbol{x} \in \mathbb{B}_\pm \text{ について } \langle \xi, \boldsymbol{x}\rangle = 0\}$$

と定義するとき，境界条件 $B_\pm \boldsymbol{x} = \boldsymbol{0}$ の**随伴境界条件** (adjoint boundary condition) は

$$\boldsymbol{\xi}(s_-) \in \mathbb{B}_-^\perp, \quad \boldsymbol{\xi}(s_+) \in \mathbb{B}_+^\perp$$

と定義される．

ここで rank $B_\pm = m$ とすると，$\dim \mathbb{B}_\pm = m$ となるので，$\mathbb{B}_\pm$ の基底 $\boldsymbol{x}_1^\pm$, $\boldsymbol{x}_2^\pm, \ldots, \boldsymbol{x}_m^\pm$ をとり，作用素 $B_\pm^*$ を

$$B_\pm^*[\boldsymbol{\xi}] = \overline{\boldsymbol{\xi}}D(s_\pm)(\boldsymbol{x}_1^\pm, \boldsymbol{x}_2^\pm, \ldots, \boldsymbol{x}_m^\pm)$$

と定義する $(B_\pm(\boldsymbol{x}_1^\pm, \boldsymbol{x}_2^\pm, \ldots, \boldsymbol{x}_m^\pm) = O)$．このとき

$$B_\pm^*[\boldsymbol{\xi}] = \boldsymbol{0} \iff \boldsymbol{\xi} \in \mathbb{B}_\pm^\perp$$

が成立する．

定理 5.4 列ベクトル値関数 $\boldsymbol{x}(s)$ と行ベクトル値関数 $\boldsymbol{\xi}(s)$ が

$$B_-\boldsymbol{x}(s_-) = B_+\boldsymbol{x}(s_+) = \boldsymbol{0}, \quad B_-^*[\boldsymbol{\xi}(s_-)] = B_+^*[\boldsymbol{\xi}(s_+)] = \boldsymbol{0}$$

をみたせば，次の等式が成立する．

5.3 随伴境界値問題

$$\int_{s_-}^{s_+} \overline{\boldsymbol{\xi}(s)} \mathcal{L}[\boldsymbol{x}](s)\, ds = \int_{s_-}^{s_+} \overline{\mathcal{L}^*[\boldsymbol{\xi}](s)} \boldsymbol{x}(s)\, ds.$$

随伴微分方程式系

$$\mathcal{L}^*[\boldsymbol{\xi}] = -\frac{d}{ds}[\boldsymbol{\xi}\overline{D(s)}] + \boldsymbol{\xi}\overline{A(s)} = \boldsymbol{0}, \quad s \in (s_-, s_+)$$

と境界条件

$$B_-^*[\boldsymbol{\xi}(s_-)] = \boldsymbol{\gamma}_-, \quad B_+^*[\boldsymbol{\xi}(s_+)] = \boldsymbol{\gamma}_+$$

をみたす行ベクトル値関数 $\boldsymbol{\xi}(s)$ を求める問題を，**随伴境界値問題** (adjoint boundary value problem) という．

随伴微分方程式系の基本行列を $X^*(s)$ と表すと，$X^*(s)$ は $2m$ 次行列に値をとる関数で，$s_- < s < s_+$ において

$$-\frac{d}{ds}[X^*(s)\overline{D(s)}] + X^*(s)\overline{A(s)} = O, \quad |X^*(s)| \neq 0$$

をみたす．このとき

$$\begin{aligned}
&\frac{d}{ds}[\overline{X^*(s)}D(s)X(s)] \\
&= \frac{d}{ds}[\overline{X^*(s)}D(s)]X(s) + \overline{X^*(s)}D(s)\frac{d}{ds}X(s) \\
&= \overline{X^*(s)}A(s)X(s) - \overline{X^*(s)}A(s)X(s) = O.
\end{aligned}$$

よって，$\overline{X^*(s)}D(s)X(s)$ は定数行列である．よって，次の補題を得る．

補題 5.3 もし $\overline{X^*(s_-)}D(s_-)X(s_-) = I$ が成立するならば

$$X^*(s) = \overline{X(s)^{-1}D(s)}^{-1}, \quad X(s) = D(s)^{-1}\overline{X(s)^*}^{-1}. \tag{5.14}$$

また，とくに

$$\overline{X^*(s)}D(s)X(s) = X(s)\overline{X^*(s)}D(s) = I. \tag{5.15}$$

2 階微分方程式の基本行列

微分方程式 (5.1) の 1 次独立な解を $x_1(s)$, $x_2(s)$ とするとき, 行列

$$X(s) = \begin{bmatrix} x_1(s) & x_2(s) \\ x_1'(s) & x_2'(s) \end{bmatrix}$$

を 1 つの**基本行列** (fundamental matrix) という. 基本行列は微分方程式系

$$\begin{bmatrix} 1 & 0 \\ 0 & a_0 \end{bmatrix} \frac{d}{ds} X + \begin{bmatrix} 0 & -1 \\ a_2 & a_1 \end{bmatrix} X = \mathbf{0}$$

をみたす. この場合随伴微分方程式系は

$$-\frac{d}{ds}\left(\boldsymbol{\xi} \begin{bmatrix} 1 & 0 \\ 0 & \overline{a}_0 \end{bmatrix}\right) + \boldsymbol{\xi} \begin{bmatrix} 0 & -1 \\ \overline{a}_2 & \overline{a}_1 \end{bmatrix} = \mathbf{0}$$

である. ここで, $\boldsymbol{\xi} = [\eta, \xi]$ とおくと[2], ξ, η は

$$-\frac{d\eta}{ds} + \overline{a}_2 \xi = 0, \quad -\frac{d}{ds}(\overline{a}_0 \xi) - \eta + \overline{a}_1 \xi = 0$$

をみたす. よって, 上の式から η を消去すると, ξ の微分方程式

$$-\frac{d^2}{ds^2}(\overline{a}_0 \xi) - \overline{a}_2 \xi + \frac{d}{ds}(\overline{a}_1 \xi) = 0$$

すなわち, 随伴方程式 $L^*[\xi] = 0$ を得る.

随伴微分方程式系の基本行列は, 補題 5.3 より計算できる. すなわち

$$X^*(s) = \overline{X(s)^{-1} D(s)}^{-1} = \frac{1}{\mathcal{W}[\overline{x}_1, \overline{x}_2]} \begin{bmatrix} \overline{x}_2' & -\dfrac{\overline{x}_2}{\overline{a}_0} \\ -\overline{x}_1' & \dfrac{\overline{x}_1}{\overline{a}_0} \end{bmatrix}$$

となる. ここで, $\mathcal{W}[x_1, x_2]$ は, x_1, x_2 のロンスキアンである. 随伴微分方程式の基本行列は

$$X^*(s) = \begin{bmatrix} \eta_1 & \xi_1 \\ \eta_2 & \xi_2 \end{bmatrix}$$

---

[2] 未知関数の順序に注意する.

のように表されるので，次の補題を得る.

> **補題 5.4** 2階微分方程式 (5.1) の1次独立な解を $x_1(s)$, $x_2(s)$ とするとき，随伴微分方程式の一般解は任意定数 c_1, c_2 を用いて
> $$\xi(s) = \frac{c_1 \overline{x_1(s)} + c_2 \overline{x_2(s)}}{a_0(s)\mathcal{W}[\overline{x}_1, \overline{x}_2](s)}$$
> と表される.

5.4 グリーン関数

この節では，連続関数 $f(s)$ を右辺に与えた非斉次方程式の解で，斉次境界条件をみたすものを積分で表示することを考える.

2階微分方程式のグリーン関数

区間 $[s_-, s_+]$ における2階微分方程式の境界値問題

$$L[x] = a_0(s)\frac{d^2x}{ds^2} + a_1(s)\frac{dx}{ds} + a_2(s)x = f(s), \quad s \in (s_-, s_+)$$

$$B_\pm x(s_\pm) = b_0^\pm \frac{dx}{ds}(s_\pm) + b_1^\pm x(s_\pm) = 0, \quad s = s_-, s_+$$

の解 $x(s)$ を s, σ の連続関数 $G(s, \sigma)$ により

$$x(s) = \int_{s_-}^{s_+} G(s, \sigma) f(\sigma)\, d\sigma$$

と表すことを考える．2階微分方程式の場合は $G(s, \sigma)$ を次のようにおく.

$$G(s, \sigma) = \begin{cases} \phi_+(s)\psi_-(\sigma) & \sigma < s \\ \phi_-(s)\psi_+(\sigma) & \sigma > s \end{cases}$$

このとき解は

$$x(s) = \phi_+(s)\int_{s_-}^{s}\psi_-(\sigma)f(\sigma)\,d\sigma + \phi_-(s)\int_{s}^{s_+}\psi_+(\sigma)f(\sigma)\,d\sigma$$

と表される．両辺を s で微分すると

$$\frac{dx}{ds} = \frac{d\phi_+}{ds}\int_{s_-}^{s}\psi_-(\sigma)f(\sigma)\,d\sigma + \frac{d\phi_-}{ds}\int_{s}^{s_+}\psi_+(\sigma)f(\sigma)\,d\sigma$$
$$+ [\phi_+(s)\psi_-(s) - \phi_-(s)\psi_+(s)]f(s)$$

となる．ここで

$$\phi_+(s)\psi_-(s) - \phi_-(s)\psi_+(s) = 0 \tag{5.16}$$

が成立しているとして，さらに s で微分すると

$$\frac{d^2x}{ds^2} = \frac{d^2\phi_+}{ds^2}\int_{s_-}^{s}\psi_-(\sigma)f(\sigma)\,d\sigma + \frac{d^2\phi_-}{ds^2}\int_{s}^{s_+}\psi_+(\sigma)f(\sigma)\,d\sigma$$
$$+ \left[\frac{d\phi_+}{ds}(s)\psi_-(s) - \frac{d\phi_-}{ds}(s)\psi_+(s)\right]f(s)$$

が得られる．よって，微分方程式と境界条件は，それぞれ

$$L[x] = L[\phi_+]\int_{s_-}^{s}\psi_-(\sigma)f(\sigma)\,d\sigma + L[\phi_-]\int_{s}^{s_+}\psi_+(\sigma)f(\sigma)\,d\sigma$$
$$+ a_0(s)\left[\frac{d\phi_+}{ds}(s)\psi_-(s) - \frac{d\phi_-}{ds}(s)\psi_+(s)\right]f(s) = f(s),$$

$$B_\pm x(s_\pm) = B_\pm \phi_\pm(s)\int_{s_-}^{s_+}\psi_\mp(\sigma)f(\sigma)\,d\sigma = 0$$

と表される．したがって，関数 $\phi_\pm(s)$ は

$$\begin{aligned}&\phi_-(s)\colon L[\phi_-] = 0\ B_-\phi_-(s_-) = 0,\\ &\phi_+(s)\colon L[\phi_+] = 0\ B_+\phi_+(s_+) = 0\end{aligned} \tag{5.17}$$

をみたし，さらに

$$a_0(s)\left[\frac{d\phi_+}{ds}(s)\psi_-(s) - \frac{d\phi_-}{ds}(s)\psi_+(s)\right] = 1 \tag{5.18}$$

5.4 グリーン関数

をみたさなければならない.

方程式 (5.17) をみたす $\phi_\pm(s)$ は, 微分方程式 $L[x] = 0$ の解の基本系を用いて表される. 条件 (5.16) をみたすためには, 適当な関数 $c(s)$ を用いて

$$\psi_-(s) = c(s)\phi_-, \quad \psi_+(s) = c(s)\phi_+$$

とおけばよい. これを, 条件式 (5.18) に代入すると

$$c(s)a_0(s)\left[\frac{d\phi_+}{ds}(s)\phi_-(s) - \frac{d\phi_-}{ds}(s)\phi_+(s)\right] = c(s)a_0(s)\mathcal{W}[\phi_-, \phi_+](s) = 1.$$

ゆえに

$$c(s) = \frac{1}{a_0(s)\mathcal{W}[\phi_-, \phi_+](s)}$$

となる. ここで, $\mathcal{W}[\phi_-, \phi_+] \neq 0$ となることに注意する. もし

$$\phi_-(s) = c\phi_+(s)$$

が成立するならば, $\phi = \phi_- = c\phi_+$ は

$$L[\phi] = 0, \quad B_-\phi(s_-) = B_+\phi(s_+) = 0$$

をみたす. よって, 境界値問題の一意的な可解性を仮定すると, ϕ は恒等的に 0 となり不具合が生じる. 以上より

定理 5.5 2 階微分方程式の境界値問題が一意的な解を持つとき, グリーン関数は

$$G(s, \sigma) = \begin{cases} \dfrac{\phi_+(s)\phi_-(\sigma)}{a_0(\sigma)\mathcal{W}[\phi_-, \phi_+](\sigma)}, & \sigma < s \\ \dfrac{\phi_-(s)\phi_+(\sigma)}{a_0(\sigma)\mathcal{W}[\phi_-, \phi_+](\sigma)}, & \sigma > s \end{cases} \quad (5.19)$$

と表される. ここで, 関数関数 $\phi_\pm(s)$ は条件 (5.17) をみたすものである.

注意 5.2 補題 5.4 より,関数

$$\xi_\pm(s) = \frac{\overline{\phi_\pm(s)}}{\overline{a_0(s)}\overline{\mathcal{W}[\overline{\phi_-},\overline{\phi_+}](s)}}$$

は $L^*[\xi_\pm] = 0$, $B^*_\pm \xi_\pm(s_\pm) = 0$ の解であることが分かる.

例題 5.4 関数 $f(s)$ を区間 $[s_-, s_+]$ における連続関数とする.次の境界値問題のグリーン関数を求めよ.

$$\frac{d^2 x}{ds^2} - \lambda^2 x = f(x), \quad x \in (s_-, s_+) \quad (\lambda \in \mathbb{C}, \lambda \neq 0),$$

$$-\frac{dx}{ds}(s_-) + b_- x(s_+) = 0, \quad \frac{dx}{ds}(s_+) + b_+ x(s_-) = 0$$

[解] 条件 (5.17) をみたす $\phi_\pm$ を構成する.最初に $\phi_-(s) = A_- e^{\lambda s} + B_- e^{-\lambda s}$ とおく.境界条件より

$$\left. -\frac{d\phi_-}{ds} + b_- \phi_- \right|_{s=s_-} = A_-(b_- - \lambda)e^{\lambda s_-} + B_-(b_- + \lambda)e^{-\lambda s_-} = 0.$$

よって $A_- = C(b_- + \lambda)e^{-\lambda s_-}$, $B_- = -C(b_- - \lambda)e^{\lambda s_-}$ とすればよいので

$$\phi_-(s) = C[(b_- + \lambda)e^{\lambda(s-s_-)} - (b_- - \lambda)e^{-\lambda(s-s_-)}]$$
$$= 2C[b_- \sinh\lambda(s - s_-) + \lambda \cosh\lambda(s - s_-)]$$

となる (C は任意定数).$\phi_+(s) = A_+ e^{\lambda s} + B_+ e^{-\lambda s}$ とおき,同様な計算により,$A_+ = C(b_+ - \lambda)e^{-\lambda s_+}$, $B_+ = -C(b_+ + \lambda)e^{\lambda s_+}$ で

$$\phi_+(s) = -2C[b_+ \sinh\lambda(s_+ - s) + \lambda \cosh\lambda(s - s_+)]$$

を得る.また,ロンスキー行列式は

$$\mathcal{W}[\phi_-, \phi_+]$$
$$= C^2 \begin{vmatrix} A_- e^{\lambda s} + B_- e^{-\lambda s} & A_+ e^{\lambda s} + B_+ e^{-\lambda s} \\ \lambda A_- e^{\lambda s} - \lambda B_- e^{-\lambda s} & \lambda A_+ e^{\lambda s} - \lambda B_+ e^{-\lambda s} \end{vmatrix}$$
$$= 2C^2 \lambda(A_+ B_- - A_- B_+)$$
$$= 2C^2 \lambda[(b_- b_+ + \lambda^2)\sinh\lambda(s_+ - s_-) + \lambda(b_- + b_+)\cosh\lambda(s_+ - s_-)]$$

と計算される.

以上より，求めるグリーン関数は

$$G(s,\sigma)$$
$$= \begin{cases} -\dfrac{[b_+ \sinh \lambda(s_+ - s) + \lambda \cosh \lambda(s - s_-)][b_- \sinh \lambda(\sigma - s_-) + \lambda \cosh \lambda(\sigma - s_+)]}{2\lambda[(b_- b_+ + \lambda^2)\sinh \lambda(s_+ - s_-) + \lambda(b_- + b_+)\cosh \lambda(s_+ - s_-)]}, \\ \qquad\qquad\qquad \sigma < s, \\ -\dfrac{[b_- \sinh \lambda(s - s_-) + \lambda \cosh \lambda(s - s_-)][b_+ \sinh \lambda(s_+ - \sigma) + \lambda \cosh \lambda(\sigma - s_+)]}{2\lambda[(b_- b_+ + \lambda^2)\sinh \lambda(s_+ - s_-) + \lambda(b_- + b_+)\cosh \lambda(s_+ - s_-)]}, \\ \qquad\qquad\qquad \sigma > s \end{cases}$$

□

問 5.8 次の境界値問題のグリーン関数を求めよ．

$$\frac{d^2 x}{ds^2} - \lambda^2 x = f(x), \quad x \in (s_-, s_+) \quad (\lambda \in \mathbb{C}, \lambda \neq 0)$$
$$x(s_+) = x(s_-) = 0$$

一般の微分方程式系のグリーン関数

ここでは，非斉次方程式

$$D(s)\frac{d\boldsymbol{x}}{ds} + A(s)\boldsymbol{x} = \boldsymbol{f}(s), \quad s \in (s_-, s_+) \tag{5.20}$$

の解で，斉次境界条件

$$B_- \boldsymbol{x}(s_-) = B_+ \boldsymbol{x}(s_+) = \boldsymbol{0} \tag{5.21}$$

をみたすものを，$2m$ 次行列に値をとる関数 $G(s,\sigma)$ を用いて

$$\boldsymbol{x}(s) = \int_{s_-}^{s_+} G(s,\sigma)\boldsymbol{f}(\sigma)\,d\sigma$$

と表すことを考える．いま，$Y(\sigma)$ を $(s_-\ s_+)$ で C^1 級，$[s_-\ s_+]$ で連続な任意の関数として

$$G(s,\sigma) = \begin{cases} X(s)X(\sigma)^{-1}D(\sigma)^{-1} + X(s)Y(\sigma), & \sigma < s \\ X(s)Y(\sigma), & \sigma > s \end{cases}$$

とおく．ここで，(5.14) より，$X(\sigma)^{-1}D(\sigma)^{-1} = \overline{X^*(\sigma)}$ としてよい．

$$\boldsymbol{x}(s) = \int_{s_-}^{s_+} G(s,\sigma)\boldsymbol{f}(\sigma)\,d\sigma$$

$$= \int_s^{s_+} X(s)Y(\sigma)\bm{f}(\sigma)\,d\sigma$$
$$+ \int_{s_-}^s X(s)[X(\sigma)^{-1}D(\sigma)^{-1} + Y(\sigma)]\bm{f}(\sigma)\,d\sigma$$

とおくと

$$D(s)\frac{d\bm{x}}{ds} + A(s)\bm{x}$$
$$= D(s)[X(s)X(\sigma)^{-1}D(\sigma)^{-1}\bm{f}(\sigma)]_{\sigma=s}$$
$$+ \int_s^{s_+} \left[D(s)\frac{d}{ds} + A(s)\right] X(s)Y(\sigma)\bm{f}(\sigma)\,d\sigma$$
$$+ \int_{s_-}^s \left[D(s)\frac{d}{ds} + A(s)\right] X(s)[X(\sigma)^{-1}D(\sigma)^{-1} + Y(\sigma)]\bm{f}(\sigma)\,d\sigma$$
$$= \bm{f}(s).$$

よって，非斉次方程式の解であることが分かる．

行列に値をとる関数 $Y(\sigma)$ は，$\bm{x}(s)$ が与えられた境界条件をみたすように定められることを示す．境界条件より

$$B_- G(s_-, \sigma) = B_- X(s_-)Y(\sigma) = \bm{0},$$
$$B_+ G(s_+, \sigma) = B_+ X(s_+)X(\sigma)^{-1}D(\sigma)^{-1} + B_+ X(s_+)Y(\sigma) = \bm{0},$$

よって，(5.12) で定義された $\mathcal{B}$ を用いると

$$\mathcal{B}Y(\sigma) = -\begin{bmatrix} \bm{0} \\ B_+ X(s_+)X(\sigma)^{-1}D(\sigma)^{-1} \end{bmatrix}$$

と表されるので，求める関数 $Y(\sigma)$ は

$$Y(\sigma) = -\mathcal{B}^{-1}\begin{bmatrix} \bm{0} \\ B_+ X(s_+)X(\sigma)^{-1}D(\sigma)^{-1} \end{bmatrix}$$

となる．以上より

5.4 グリーン関数

定理 5.6 微分方程式系の境界値問題において，$\mathcal{B}$ が正則ならば，上で構成した $G(s, \sigma)$ は $2m$ 次行列に値をとる関数で

(1) $(s_- \ s_+) \times (s_- \ s_+) \ (s \neq \sigma)$ で C^1 級で $[s_- \ s_+] \times [s_- \ s_+] \ (s \neq \sigma)$ で連続，

(2) $G(s, s+0) - G(s, s-0) = D(s)^{-1}$

をみたす．さらに，非斉次方程式の解は

$$\boldsymbol{x}(s) = \int_{s_-}^{s_+} G(s, \sigma) \boldsymbol{f}(\sigma)\, d\sigma$$

と表される．

定理の (1), (2) をみたす関数 $G(s, \sigma)$ を境界値問題の**グリーン関数** (Green's function) という．

以上の議論と同様に，随伴境界値問題についてもグリーン関数 $G^*(\sigma, s)$ を構成することができる．この場合，$2m$ 次行ベクトル値関数 $\boldsymbol{\phi}(s)$ について，G^* の作用を

$$\boldsymbol{\xi}(s) = \int_{s_-}^{s_+} \boldsymbol{\phi}(\sigma) G^*(\sigma, s)\, d\sigma$$

と考えることにする（s, σ の順序に注意）．

定理 5.7 もとのグリーン関数と随伴境界値問題のグリーン関数の関係は

$$G^*(\sigma, s) = \overline{G(\sigma, s)}.$$

[証明] いつものように

$$\boldsymbol{x}(s) = \int_{s_-}^{s_+} G(s, \sigma) \boldsymbol{f}(\sigma)\, d\sigma, \quad \boldsymbol{\xi}(s) = \int_{s_-}^{s_+} \boldsymbol{\phi}(\sigma) G^*(\sigma, s)\, d\sigma$$

とおくと，$\boldsymbol{x}(s)$, $\boldsymbol{\xi}(s)$ はそれぞれの微分方程式系

$$\mathcal{L}[\boldsymbol{x}](s) = \boldsymbol{f}(s), \quad \mathcal{L}^*[\boldsymbol{\xi}](s) = \boldsymbol{\phi}(s)$$

と境界条件

をみたす.よって,定理 5.4 より

$$\int_{s_-}^{s_+} \overline{\boldsymbol{\xi}(s)} \boldsymbol{f}(s)\, ds - \int_{s_-}^{s_+} \overline{\boldsymbol{\phi}(s)} \boldsymbol{x}(s)\, ds$$
$$= \int_{s_-}^{s_+} \left(\int_{s_-}^{s_+} \overline{\boldsymbol{\phi}(\sigma) G^*(\sigma, s)}\, d\sigma \right) \boldsymbol{f}(s)\, ds - \int_{s_-}^{s_+} \overline{\boldsymbol{\phi}(s)} \left(\int_{s_-}^{s_+} G(s, \sigma) \boldsymbol{f}(\sigma)\, d\sigma \right) ds$$
$$= \int_{s_-}^{s_+} \int_{s_-}^{s_+} \overline{\boldsymbol{\phi}(\sigma)} [\overline{G^*(\sigma, s)} - G(\sigma, s)] \boldsymbol{f}(s)\, d\sigma\, ds$$
$$= 0. \qquad \Box$$

高階単独方程式のグリーン関数

高階単独方程式

$$\frac{d^{2m}x}{ds^{2m}} + a_{2m-1}(s) \frac{d^{2m-1}x}{ds^{2m-1}} + \cdots + a_0(s)x = f(s)$$

の境界値問題は,1 階微分方程式系の境界値問題に帰着される(たとえば,例題 5.3 参照).しかし,グリーン関数の構成は,高階単独方程式をそのままの形で扱うほうが簡単なので,ここであらすじを紹介する.境界条件は

$$B_j^- x(s_-) = \sum_{k=0}^{2m-1} b_{j,k}^- \frac{d^k x}{ds^k}(s_-) = 0,$$
$$B_j^+ x(s_+) = \sum_{k=0}^{2m-1} b_{j,k}^+ \frac{d^k x}{ds^k}(s_+) = 0 \quad (1 \le j \le m)$$

と表される.

斉次方程式の 1 次独立解を $x_1(s), x_2(s), \ldots, x_{2m}(s)$ と表すとき,ロンスキアンを

$$\mathcal{W}(s) = \mathcal{W}[x_1, x_2, \ldots, x_{2m}]$$

として

5.4 グリーン関数

$$E(s,\sigma) = \frac{1}{\mathcal{W}(\sigma)} \begin{vmatrix} x_1(\sigma) & x_2(\sigma) & \cdots & x_{2m}(\sigma) \\ x_1^{(1)}(\sigma) & x_2^{(1)}(\sigma) & \cdots & x_{2m}^{(1)}(\sigma) \\ \vdots & \vdots & \ddots & \vdots \\ x_1^{(2m-2)}(\sigma) & x_2^{(2m-2)}(\sigma) & \cdots & x_{2m}^{(2m-2)}(\sigma) \\ x_1(s) & x_2(s) & \cdots & x_{2m}(s) \end{vmatrix}$$

とおくと

$$E(s,\sigma)|_{\sigma=s} = E_s^{(1)}(s,\sigma)|_{\sigma=s} = \cdots = E_s^{(2m-2)}(s,\sigma)|_{\sigma=s} = 0,$$
$$E_s^{(2m-1)}(s,\sigma)|_{\sigma=s} = 1$$

をみたす. ここで, $\phi_j(\sigma)$, $1 \leq j \leq 2m$ を滑らかな任意の関数として

$$g(s,\sigma) = \phi_1(\sigma)x_1(s) + \phi_2(\sigma)x_2(s) + \cdots + \phi_{2m}(\sigma)x_{2m}(s)$$

とおき, グリーン関数を

$$G(s,\sigma) = \begin{cases} E(s,\sigma) + g(s,\sigma), & \sigma < s \\ g(s,\sigma), & \sigma > s \end{cases}$$

と定める. 関数 $\phi_j(\sigma)$, $1 \leq j \leq 2m$ は, グリーン関数が境界条件

$$B_j^+ G(s_+,\sigma) = B_j^+ E(s_+,\sigma) + \sum_{l=1}^{2m} \phi_l(\sigma) B_j^+ x_l(s_+) = 0,$$
$$B_j^- G(s_-,\sigma) = \sum_{l=1}^{2m} \phi_l(\sigma) B_j^- x_l(s_-) = 0 \quad (1 \leq j \leq m)$$

みたすように定める. このようにして構成されたグリーン関数を用いると, 単独高階方程式の境界値問題の解は, 次のように表される.

$$x(s) = \int_{s_-}^{s_+} G(s,\sigma) f(\sigma) \, d\sigma.$$

例題 5.5 次の境界値問題のグリーン関数を構成せよ.

$$\frac{d^4x}{ds^4} - \mu^2 \frac{d^2x}{ds^2} = f(s), \quad s \in (0,T), \quad \left.\frac{d^2x}{ds^2}(s)\right|_{s=0,T} = x(s)|_{s=0,T} = 0$$

[解] 1階の微分方程式系に直して一般論を適用してもよいが，ここでは，先に説明した単独高階微分方程式のグリーン関数の構成法を用いる．斉次方程式

$$\frac{d^4x}{ds^4} - \mu^2 \frac{d^2x}{ds^2} = 0$$

の1次独立解を $x_1 = 1$, $x_2 = s$, $x_3 = e^{\mu s}$, $x_4 = e^{-\mu s}$ とおく．ロンスキアンは

$$\mathcal{W}[x_1, x_2, x_3, x_4] = \begin{vmatrix} 1 & s & e^{\mu s} & e^{-\mu s} \\ 0 & 1 & \mu e^{\mu s} & -\mu e^{-\mu s} \\ 0 & 0 & \mu^2 e^{\mu s} & \mu^2 e^{-\mu s} \\ 0 & 0 & \mu^3 e^{\mu s} & -\mu^3 e^{-\mu s} \end{vmatrix} = -2\mu^5.$$

ここで

$$E(s,\sigma) = -\frac{1}{2\mu^5} \begin{vmatrix} 1 & \sigma & e^{\mu \sigma} & e^{-\mu \sigma} \\ 0 & 1 & \mu e^{\mu \sigma} & -\mu e^{-\mu \sigma} \\ 0 & 0 & \mu^2 e^{\mu \sigma} & \mu^2 e^{-\mu \sigma} \\ 1 & s & \mu^3 e^{\mu s} & -\mu^3 e^{-\mu s} \end{vmatrix}$$

$$= \frac{1}{\mu^3}[\sinh \mu(s-\sigma) - \mu(s-\sigma)]$$

とおくと，$E(s,\sigma)$ は次の性質を持つ．

$$E(s,s) = E_s(s,s) = E_{ss}(s,s) = 0, \quad E_{sss}(s,s) = 1.$$

いま，グリーン関数を

$$G(s,\sigma) = \begin{cases} E(s,\sigma) + g(s,\sigma), & \sigma < s \\ g(s,\sigma), & \sigma > s \end{cases}$$

とおく．ここで，$g(s,\sigma) = \phi_1(\sigma) + \phi_2(\sigma)s + \phi_3(\sigma)e^{\mu s} + \phi_4(\sigma)e^{-\mu s}$, $\phi_j(\sigma)$, $1 \leq j \leq 4$ は滑らかな任意の関数である．$s=0$ での境界条件をみたすためには

$$\phi_1(\sigma) + \phi_3(\sigma) + \phi_4(\sigma) = 0, \quad \mu^2 \phi_3(\sigma) + \mu^2 \phi_4(\sigma) = 0.$$

よって，$\phi_1(\sigma) = 0$, $\phi_4(\sigma) = -\phi_3(\sigma)$ となる．改めて，$\phi_2(\sigma) = \mu\phi(\sigma)$, $2\phi_3(\sigma) = \psi(\sigma)$ とおくと

5.4 グリーン関数

$$g(s,\sigma) = \mu\phi(\sigma)s + \psi(\sigma)\sinh\mu s$$

と表すことができる.

次に, $s=T$ における境界条件より

$$\frac{1}{\mu^3}[\sinh\mu(T-\sigma) - \mu(T-\sigma)] + \mu\phi(\sigma)T + \psi(\sigma)\sinh\mu T = 0,$$

$$\frac{\sinh\mu(T-\sigma)}{\mu} + \mu^2\psi(\sigma)\sinh\mu T = 0.$$

よって

$$\psi(\sigma) = -\frac{\sinh\mu(T-\sigma)}{\mu^3\sinh\mu T}, \quad \phi(\sigma) = \frac{T-\sigma}{\mu^3 T}.$$

すなわち

$$g(s,\sigma) = \frac{(T-\sigma)s}{\mu^2 T} - \frac{\sinh\mu(T-\sigma)\sinh\mu s}{\mu^3\sinh\mu T}.$$

また

$$E(s,\sigma) + g(s,\sigma)$$
$$= \frac{(T-s)\sigma}{\mu^2 T} - \frac{\sinh\mu(T-\sigma)\sinh\mu s - \sinh\mu(s-\sigma)\sinh\mu T}{\mu^3\sinh\mu T}$$
$$= \frac{(T-s)\sigma}{\mu^2 T} - \frac{\cosh\mu(T-s+\sigma) - \cosh\mu(T-s-\sigma)}{2\mu^3\sinh\mu T}$$
$$= \frac{(T-s)\sigma}{\mu^2 T} - \frac{\sinh\mu(T-s)\sinh\mu\sigma}{\mu^3\sinh\mu T}.$$

以上より, グリーン関数は

$$G(s,\sigma) = \begin{cases} \dfrac{(T-s)\sigma}{\mu^2 T} - \dfrac{\sinh\mu(T-s)\sinh\mu\sigma}{\mu^3\sinh\mu T}, & \sigma < s \\ \dfrac{(T-\sigma)s}{\mu^2 T} - \dfrac{\sinh\mu(T-\sigma)\sinh\mu s}{\mu^3\sinh\mu T}, & \sigma > s. \end{cases} \quad (5.22)$$

□

[**別解**] 微分作用素 $\mathcal{L}[x]$ を

$$\mathcal{L}[x] = \frac{d^4 x}{ds^4} - \mu^2 \frac{d^2 x}{ds^2}$$

と定義する. 微分等式

$$\mathcal{L}[y]\overline{z} - y\mathcal{L}[\overline{z}] = \frac{d}{ds}[(y''' - \mu^2 y')\overline{z} - y''\overline{z}' - y(\overline{z}''' - \mu^2 \overline{z}') + y'\overline{z}'']$$

を $0 \leq s \leq T$ で積分し $s = 0, T$ において境界条件 $y(s) = y''(s) = z(s) = z''(s) = 0$ をおくと

$$\int_0^T \mathcal{L}[y](s)\overline{z(s)}\,ds = \int_0^T y(s)\mathcal{L}[\overline{z(s)}]\,ds$$

が導かれる．よって，この境界値問題においては，$\mathcal{L} = \mathcal{L}^*$ が成立する（自己共役）．よって，定理 5.7 より

$$G(s, \sigma) = G(\sigma, s) \tag{5.23}$$

がいえる．

境界条件 $x''(0) = x(0) = 0$ より，$s < \sigma$ においては

$$G(s, \sigma) = a_1(\sigma)\mu s + b_1(\sigma)\sinh \mu s.$$

また，境界条件 $x''(T) = x(T) = 0$ より，$s > \sigma$ においては

$$G(s, \sigma) = a_2(\sigma)\mu(T-s) + b_2(\sigma)\sinh \mu(T-s).$$

したがって，(5.23) よりグリーン関数が

$$G(s, \sigma) = \begin{cases} a(T-s)\sigma - b\sinh\mu(T-s)\sinh\mu\sigma, & \sigma < s \\ a(T-\sigma)s - b\sinh\mu(T-\sigma)\sinh\mu s, & \sigma > s \end{cases}$$

の形になることは見やすい．あとは

$$G_s(s, s+0) - G_s(s, s-0) = 0, \quad G_{sss}(s, s+0) - G_{sss}(s, s-0) = 1$$

より，a，b を定めると (5.22) の表現式を得る． □

問 5.9 次の境界値問題のグリーン関数を構成せよ．

$$\frac{d^4 x}{ds^4} - \lambda^4 x = f(s), \quad s \in (0, T), \quad \left.\frac{d^2 x}{ds^s}(s)\right|_{s=0,T} = x(s)|_{s=0,T} = 0$$

第6章

解析的微分方程式系

この章では特に断らない限り，変数はすべて複素数とする．$f(t, x)$ が (t_0, x_0) を含む領域 $\Omega \subset \mathbb{C} \times \mathbb{C}^m$ で解析的（正則）なとき，微分方程式

$$\frac{dx}{dt} = f(t, x), \quad x(t_0) = x_0$$

をみたす解 $x(t)$ が存在し，$t = t_0$ の近傍で解析的 (analytic) であることを示す．

6.1　1 変数と多変数の正則関数

複素平面 $\mathbb{C}$ の点 z_0 の近傍で定義された複素数値関数 $f(z) = u(x, y) + iv(x, y)$, $(z = x + iy,\ x, y \in \mathbb{R},\ i = \sqrt{-1})$ が点 z_0 で微分可能とは，極限値

$$\lim_{z \to z_0} \frac{f(z) - f(z_0)}{z - z_0} \quad (= f'(z_0) \text{ と表す})$$

が存在することである．

命題 6.1　関数 $f(z)$ が z で微分可能ならば，

$$\frac{\partial u}{\partial x}(x, y) = \frac{\partial v}{\partial y}(x, y), \quad \frac{\partial u}{\partial y}(x, y) = -\frac{\partial v}{\partial x}(x, y) \tag{6.1}$$

が成立する（これをコーシー–リーマンの関係式という）．

定義 6.1 D を $\mathbb{C}$ の領域（すなわち，連結な開集合）とする．$f(z)$ が領域 D で**正則 (holomorphic)**，（或いは**解析的 (analytic)**）とは，
 i) $f'(z)$ が D の各点で存在し，
 ii) 導関数 $f'(z)$ が D で連続である

ことである．条件 ii) は，i) から従うことが知られているがここでは仮定することにする．

命題 6.2（コーシーの積分定理）．次の (i) と (ii) は同値である．
 (i) $f(z)$ が領域 D で正則であること．
 (ii) $f(z)$ が D で連続で，長さ有限な任意の単一閉曲線 C で C 自身と C で囲まれる内部の領域がともに D に含まれるものに対して

$$\int_C f(z)\, dz = 0$$

が成り立つ．

[証明] $f(z)$ が正則ならば，C で囲まれる内部の領域を D_1 とすると，グリーン (Green) の定理より

$$\int_C f(z)\, dz = \int_C (u(x,y) + iv(x,y))(dx + i\, dy)$$
$$= \int_C (u\, dx - v\, dy) + i\left(\int_C (v\, dx + u\, dy)\right)$$
$$= \iint_{D_1} (-u_y - v_x)\, dx\, dy + i \iint_{D_1} (-v_y + u_x)\, dx\, dy = 0$$

が成立する（グリーンの定理を適用するのに導関数 u_x, u_y, v_x, v_y の連続性の仮定を使った）．ここで，最後の等式はコーシー–リーマンの関係式 (6.1) から従う．逆に，(ii) が成立するならば，D の点 z_0 を固定し，任意の $z \in D$ と z_0 とを結ぶ D に含まれる，長さ有限な連続曲線 Γ に対して

$$F(z) = \int_\Gamma f(\zeta)\, d\zeta$$

とおくと，$F(z)$ は，Γ の取り方によらない．積分路を適当にとることにより，容易

6.1 １変数と多変数の正則関数

に $F(z)$ が D の各点で微分可能で $F'(z) = f(z)$ が検証でき，$F(z)$ は D で正則である．後で示す命題 6.4 とその注意から，正則関数は何回でも微分できるので，$f(z)$ も D で正則である． □

命題 6.3（コーシーの積分公式）． $f(z)$ が領域 D で正則で，C は D に含まれる，長さ有限な単一閉曲線とする．このとき，C に囲まれる領域内の点 a に対して

$$f(a) = \frac{1}{2\pi i} \int_C \frac{f(z)}{z-a} dz \tag{6.2}$$

が成立する．ただし，積分路 C の向きは反時計まわりとする．

［証明］ 整数 $n \in \mathbb{Z}$ について

$$\int_C (z-a)^n \, dz = \begin{cases} 0 & \text{if } n \neq -1 \\ 2\pi i & \text{if } n = -1 \end{cases} \tag{6.3}$$

が成立する．実際，コーシーの積分定理より積分路 C は，a を中心とする，十分小さい半径 $\varepsilon > 0$ の円周 $\Gamma_\varepsilon = \{z = a + \varepsilon e^{i\theta} ; \theta \in [0, 2\pi]\}$ に置き換えることができる（$\because C$ と Γ_ε で挟まれる領域の近傍で $(z-a)^n$ は正則であるから）．従って，

$$\int_{\Gamma_\varepsilon} (z-a)^n \, dz = \int_0^{2\pi} \varepsilon^n e^{in\theta} i\varepsilon e^{i\theta} \, d\theta = i\varepsilon^{n+1} \int_0^{2\pi} e^{i(n+1)\theta} \, d\theta$$

$$= \begin{cases} 0 & \text{if } n \neq -1 \\ 2\pi i & \text{if } n = -1 \end{cases}$$

から (6.3) を得る．$\dfrac{f(z)}{z-a}$ も C と Γ_ε で挟まれる領域の近傍で正則だから，コーシーの積分定理より，(6.3) に注意すると，

$$\int_C \frac{f(z)}{z-a} dz - 2\pi i f(a) = \int_{\Gamma_\varepsilon} \frac{f(z)}{z-a} dz - \int_{\Gamma_\varepsilon} \frac{f(a)}{z-a} dz = \int_{\Gamma_\varepsilon} \frac{f(z) - f(a)}{z-a} dz$$

を得る．$\varepsilon > 0$ は任意に小さくとれるので

$$\left| \int_{\Gamma_\varepsilon} \frac{f(z) - f(a)}{z-a} dz \right| \leq \int_0^{2\pi} \max_{0 \leq \theta \leq 2\pi} |f(a + \varepsilon e^{i\theta}) - f(a)| \, d\theta$$

$$\leq 2\pi \max_{0 \leq \theta \leq 2\pi} |f(a + \varepsilon e^{i\theta}) - f(a)| \to 0 \quad (\varepsilon \to +0)$$

問 6.1 $f(z)$ は領域 D において 1 点 z_0 を除いて正則で，C は D に含まれ z_0 を囲む長さ有限な単一閉曲線とする．

(1) C に囲まれる領域内の点 $a \neq z_0$ と十分に小さな正数 ε に対して

$$f(a) = \frac{1}{2\pi i}\int_C \frac{f(z)}{z-a}\,dz - \frac{1}{2\pi i}\int_{|z-z_0|=\varepsilon}\frac{f(z)}{z-a}\,dz$$

が成立することを示せ．ただし，2 つの積分路の向きは反時計まわりとする．

(2) $f(z)$ が有界ならば，$z = z_0$ においても正則であることを示せ．

命題 6.4（テイラー展開）． D を $\mathbb{C}$ の領域とし，∂D は D の境界を表すとする．$f(z)$ が領域 D で正則なとき，$a \in D$ に対して

$$R_a = \inf_{z \in \partial D}|z-a| \quad (:= \mathrm{dist}(a, \partial D))$$

とおくと

$$f(z) = \sum_{n=0}^{\infty} a_n(z-a)^n, \quad |z-a| < R_a \tag{6.4}$$

が成立する．ただし，展開係数 $a_n = \dfrac{f^{(n)}(a)}{n!}$ は

$$a_n = \frac{1}{2\pi i}\int_C \frac{f(z)}{(z-a)^{n+1}}\,dz \tag{6.5}$$

で与えられる．ここで，C は，D に含まれる，a を囲む長さ有限な単一閉曲線である．

[証明] $0 < R < R_a$ をみたす R をとり，円周 $\Gamma_R = \{\zeta \in \mathbb{C}; |\zeta - a| = R\} \subset D$ と円周 Γ_R の内部にある点 $z \in \{\zeta, |\zeta - a| < R\}$ についてコーシーの積分公式を適用すると

$$f(z) = \frac{1}{2\pi i}\int_{\Gamma_R}\frac{f(\zeta)}{\zeta - z}\,d\zeta \tag{6.6}$$

が成立する．$|z-a| < R$ をみたす z を固定するとき，$|\zeta - a| = R$ ($\zeta \in \Gamma_R$) より

6.1 1変数と多変数の正則関数

$|z-a|/|\zeta-a| < 1$ に注意すると

$$\frac{1}{\zeta-z} = \frac{1}{\zeta-a}\left(\frac{1}{1-\dfrac{z-a}{\zeta-a}}\right) = \frac{1}{\zeta-a}\sum_{n=0}^{\infty}\left(\frac{z-a}{\zeta-a}\right)^n$$

と展開される．右辺は $\zeta \in \Gamma_R$ 上で一様収束級数だから

$$\int_{\Gamma_R}\frac{f(\zeta)}{\zeta-z}d\zeta = \int_{\Gamma_R}\sum_{n=0}^{\infty}f(\zeta)\frac{(z-a)^n}{(\zeta-a)^{n+1}}d\zeta$$
$$= \sum_{n=0}^{\infty}\left(\int_{\Gamma_R}\frac{f(\zeta)}{(\zeta-a)^{n+1}}d\zeta\right)(z-a)^n.$$

R を R_a に任意に近くとれることと，上の展開級数の係数を定義する積分の積分路 Γ_R はコーシーの積分定理から (5) で述べた任意の閉曲線 C に置き換えることができるので，(6.6) より展開公式 (6.4) が得られる． □

注意 6.1 $f(z)$ が a の近傍で正則ならば，命題 6.4 よりその近傍でテイラー展開 $f(z) = \sum_{n=0}^{\infty}a_n(z-a)^n$ できることが分かった．整級数に関する項別微分の定理より，導関数 $f'(z)$ も $f'(z) = \sum_{n=1}^{\infty}na_n(z-a)^{n-1}$ と同じ近傍で展開できる．整級数は正則なので，$f'(z)$ も正則である．

> **定義 6.2（多変数の解析関数）**．D を $\mathbb{C}^m$ の領域とする．$f(\boldsymbol{z}) = f(z_1, z_2, \ldots, z_m)$ が D で**正則**（或いは**解析的**）とは，$\dfrac{\partial f}{\partial z_1}(\boldsymbol{z}), \dfrac{\partial f}{\partial z_2}(\boldsymbol{z}), \ldots, \dfrac{\partial f}{\partial z_m}(\boldsymbol{z})$ が D で存在し，連続であることである．

例 6.1 $f(z_1, z_2)$ が $\Delta(R_1, R_2) = \{\boldsymbol{z} \in \mathbb{C}^2 ; |z_1| < R_1, |z_2| < R_2\}$ で正則で，$\overline{\Delta(R_1, R_2)} = \{\boldsymbol{z} \in \mathbb{C}^2 ; |z_1| \leq R_1, |z_2| \leq R_2\}$ で連続とする．このとき，

$$f(\boldsymbol{z}) = \sum_{\boldsymbol{\alpha}}f_{\boldsymbol{\alpha}}\boldsymbol{z}^{\boldsymbol{\alpha}} = \sum_{\alpha_1=0}^{\infty}\sum_{\alpha_2=0}^{\infty}f_{\boldsymbol{\alpha}}z_1^{\alpha_1}z_2^{\alpha_2}, \quad \forall \boldsymbol{z} \in \Delta(R_1, R_2). \quad (6.7)$$

ただし，$\boldsymbol{\alpha} = (\alpha_1, \alpha_2)$, $0 \leq \alpha_j \in \mathbb{Z}$ で，$f_{\boldsymbol{\alpha}} \in \mathbb{C}$ は次で与えられる．

$$f_{\boldsymbol{\alpha}} = \left(\frac{1}{2\pi i}\right)^2 \int_{|\zeta_1|=R_1} \int_{|\zeta_2|=R_2} \frac{f(\zeta_1, \zeta_2)}{\zeta_1^{\alpha_1+1} \zeta_2^{\alpha_2+1}} \, d\zeta_1 \, d\zeta_2. \tag{6.8}$$

実際，z_2 を固定して z_1 を変数としてコーシーの積分公式を適用すると

$$f(z_1, z_2) = \frac{1}{2\pi i} \int_{|\zeta_1|=r_1} \frac{f(\zeta_1, z_2)}{\zeta_1 - z_1} \, d\zeta_1 \quad (\text{ただし } 0 < r_1 < R_1)$$

が，$|z_1|$, r_1 をみたす z_1 に対して成立する．さらに，$f(\zeta_1, z_2)$ を一変数 z_2 の正則関数とみると

$$f(z_1, z_2) = \frac{1}{2\pi i} \int_{|\zeta_1|=r_1} \frac{1}{\zeta_1 - z_1} \left(\int_{|\zeta_2|=r_2} \frac{f(\zeta_1, \zeta_2)}{\zeta_2 - z_2} \, d\zeta_2\right) d\zeta_1$$

を得る．$\dfrac{1}{\zeta_1 - z_1} \dfrac{1}{\zeta_2 - z_2} = \dfrac{1}{\zeta_1}\left(\dfrac{1}{1 - \frac{z_1}{\zeta_1}}\right) \dfrac{1}{\zeta_2}\left(\dfrac{1}{1 - \frac{z_2}{\zeta_2}}\right)$ と $|z_j| < r_j$ ならば $|z_j/\zeta_j| < 1$ より $\left(1 - \dfrac{z_j}{\zeta_j}\right)^{-1} = \sum_{k=0}^{\infty} \left(\dfrac{z_j}{\zeta_j}\right)^k$ に注意すると，(6.7) の展開が (6.8) の $f_{\boldsymbol{\alpha}}$ で R_j を r_j に置き換えた形で成立することが分かる．r_j は R_j に任意に近くとれ，$f(\boldsymbol{z})$ は $\overline{\Delta(R_1, R_2)}$ で連続だから，コーシーの積分定理に注意して $r_j \uparrow R_j$ とすることにより，(6.8) で与えられる $f_{\boldsymbol{\alpha}}$ について (6.7) が示される．

簡単のため，$R_1 = R_2 = R$ として，$\Delta(R) = \Delta(R, R)$ と表すとき，$M = \max_{\overline{\Delta(R)}} |f(z_1, z_2)|$ とおくと (6.8) より

$$|f_{\boldsymbol{\alpha}}| \leq \frac{M}{R^{|\boldsymbol{\alpha}|}}, \quad (|\boldsymbol{\alpha}| = \alpha_1 + \alpha_2) \tag{6.9}$$

が従う（これを，コーシーの係数評価式という）．実際，$\zeta_j = Re^{i\theta_j}$, $0 \leq \theta_j \leq 2\pi$ とおいて $|f_{\boldsymbol{\alpha}}| \leq \left(\dfrac{1}{2\pi}\right)^2 \int_0^{2\pi} d\theta_1 \int_0^{2\pi} d\theta_2 \dfrac{M}{R^{\alpha_1+\alpha_2}}$ と評価されるからである．

6.2 解析的な解の存在

定理 6.1（コーシー）． $f(z, x)$ が (z_0, x_0) を含む領域 $\Omega \subset \mathbb{C} \times \mathbb{C}^m$ で解析的（正則）とする．このとき，正規形微分方程式系の初期値問題

$$\frac{dx}{dz} = f(z, x), \quad x(z_0) = x_0 \tag{6.10}$$

は $z = z_0$ の近傍で解析的 (analytic) な解を唯一つ持つ．

[証明] 平行移動 $z \to z - z_0$ により，$z_0 = 0$ として考える．同値な積分方程式

$$x(z) = x_0 + \int_0^z f(\zeta, x(\zeta)) \, d\zeta \tag{6.11}$$

を解こう．ここで，積分は 0 と z を結ぶ任意の径路に沿っている．とくに，方向が $\lambda \in \mathbb{C}$ の線分 $z = t\lambda$, $0 \leq t \leq 1$ の上で，積分方程式は

$$x(t) = x_0 + \lambda \int_0^t f(\tau\lambda, x(\tau)) \, d\tau$$

となり，その解 $x(t, \lambda)$ は，パラメータを含む微分方程式

$$\frac{dx}{dt} = \lambda f(t\lambda, x), \quad x(t_0) = x_0$$

をみたす．したがって，$|\lambda|$ が十分に小さいならば，$0 \leq t \leq 1$ において存在し，定理 2.7 の系 2 により λ について正則である．

ここで，$r \in \mathbb{R}$, $0 < r \leq 1$ について

$$x(rt, \lambda) = x_0 + \lambda \int_0^{rt} f(\tau\lambda, x(\tau, \lambda)) \, d\tau \tag{6.12}$$

$$= x_0 + r\lambda \int_0^t f(\sigma r\lambda, x(r\sigma, \lambda)) \, d\sigma \quad (\tau = r\sigma)$$

が成り立つことと，積分方程式の解の一意性より

$$x(rt, \lambda) = x(t, r\lambda)$$

が成立することが分かる．とくに $x(r, \lambda) = x(1, r\lambda)$．したがって，(6.12) で $rt = 1$

とおき，$\lambda = z$ と表すと，

$$\boldsymbol{x}(1,z) = \boldsymbol{x}_0 + z\int_0^1 \boldsymbol{f}(\tau z, \boldsymbol{x}(\tau, z))\, d\tau$$

$$= \boldsymbol{x}_0 + z\int_0^1 \boldsymbol{f}(\tau z, \boldsymbol{x}(1, \tau z))\, d\tau$$

$$= \boldsymbol{x}_0 + \int_0^z \boldsymbol{f}(\zeta, \boldsymbol{x}(1, \zeta))\, d\zeta$$

が成立する．最後の等式は $\boldsymbol{x}(1,\zeta)$ が ζ について正則なので，方向が z 線分に沿う積分を，変数変換 $\zeta = \tau z$ により径路に沿う複素積分と考えることができるからである．よって $\boldsymbol{x}(z) = \boldsymbol{x}(1,z)$ とおくと，$\boldsymbol{x}(z)$ は積分方程式 (6.11) をみたすことが分かる．以上より，$\boldsymbol{x}(z)$ が求める解である． □

注意 6.2 定理の証明において，$\boldsymbol{f}(z,\boldsymbol{x})$ が線形の場合は，第 3 章，定理 3.1 より $|\lambda|$ が小さくなくとも $0 \le t \le 1$ で解が存在することが分かる．収束半径の評価は，6.7 節定理 6.9 の系の証明で行われる．

6.3 解析的な解の特異点—モノドロミー—

この節では，n 個の未知関数についての線形微分方程式系

$$\frac{d\boldsymbol{x}}{dz} = A(z)\boldsymbol{x}, \quad \boldsymbol{x} \in \mathbb{C}^n \tag{6.13}$$

を $z = z_0$ の近傍で考察する．とくに，係数 $A(z)$ が $z = z_0$ 近傍において，$z \ne z_0$ で解析的とするとき，解の構造を決定したい．

平行移動により，$z_0 = 0$ としてよい．原点に近い $z = z_1$ の近傍において，微分方程式 (6.13) の 1 次独立な解，$\boldsymbol{x}_1(z), \boldsymbol{x}_2(z), \ldots, \boldsymbol{x}_n(z)$ を選ぶ．定理 6.1 と注意 6.2 により，これらの解を曲線に沿って解析接続することができ，$z = 0$ のまわりを（正の向きに）1 周回ったものを $\boldsymbol{x}_1(e^{2\pi i}z), \boldsymbol{x}_2(e^{2\pi i}z), \ldots, \boldsymbol{x}_n(e^{2\pi i}z)$ と表せば，それらは，$\boldsymbol{x}_1(z), \boldsymbol{x}_2(z), \ldots, \boldsymbol{x}_n(z)$ の 1 次結合で表すことができる．すなわち，行列を用いて表現すると

$$[\boldsymbol{x}_1(e^{2\pi i}z), \boldsymbol{x}_2(e^{2\pi i}z), \ldots, \boldsymbol{x}_n(e^{2\pi i}z)] = [\boldsymbol{x}_1(z), \boldsymbol{x}_2(z), \ldots, \boldsymbol{x}_n(z)]M.$$

$$\tag{6.14}$$

6.3 解析的な解の特異点—モノドロミー—

ここで，n 次行列 M は正則で**モノドロミー行列** (monodromy matrix)[1]といわれる．モノドロミー行列は解の 1 次独立系の選び方に依存する．しかし，他の系を選んだときは，ある正則行列 A により，AMA^{-1} と表されるので，たとえば M の固有値は微分方程式と特異点の性質を表していると考えられる．

例題 3.3 と注意 3.7 より，モノドロミー行列 M について対数が定義できるので

$$\Lambda = \frac{1}{2\pi i} \log M \tag{6.15}$$

とおき，行列指数の関数 $z^\Lambda = e^{\Lambda \log z}$ を考えて

$$[\boldsymbol{w}_1(z), \boldsymbol{w}_2(z), \ldots, \boldsymbol{w}_n(z)] = [\boldsymbol{x}_1(z), \boldsymbol{x}_2(z), \ldots, \boldsymbol{x}_n(z)] z^{-\Lambda}$$

とおくと

$$\begin{aligned}
&[\boldsymbol{w}_1(e^{2\pi i} z), \boldsymbol{w}_2(e^{2\pi i} z), \ldots, \boldsymbol{w}_n(e^{2\pi i} z)] \\
&= [\boldsymbol{x}_1(e^{2\pi i} z), \boldsymbol{x}_2(e^{2\pi i} z), \ldots, \boldsymbol{x}_n(e^{2\pi i} z)] (e^{2\pi i} z)^{-\Lambda} \\
&= [\boldsymbol{x}_1(z), \boldsymbol{x}_2(z), \ldots, \boldsymbol{x}_n(z)] M e^{-2\pi i \Lambda} z^{-\Lambda} \\
&= [\boldsymbol{w}_1(z), \boldsymbol{w}_2(z), \ldots, \boldsymbol{w}_n(z)].
\end{aligned}$$

ここで，$e^{-2\pi i \Lambda} = e^{-\log M} = M^{-1}$ であることを用いた．以上により，次の定理が得られた．

定理 6.2 係数 $A(z)$ が 0 の近傍で，$z = 0$ を除き解析的（正則）とする．このとき，線形微分方程式系

$$\frac{d\boldsymbol{x}}{dz} = A(z)\boldsymbol{x}, \quad \boldsymbol{x} \in \mathbb{C}^n$$

の基本系の形は，モノドロミー行列 M に対して，Λ を (6.15) により定めると

$$[\boldsymbol{x}_1(z), \boldsymbol{x}_2(z), \ldots, \boldsymbol{x}_n(z)] = [\boldsymbol{w}_1(z), \boldsymbol{w}_2(z), \ldots, \boldsymbol{w}_n(z)] z^\Lambda$$

---

[1] 原点の周りの議論なので**局所モノドロミー行列** (local monodromy matrix) とよばれることもある．

と表される．ここで，$w_1(z), w_2(z), \ldots, w_n(z)$ は $z \neq 0$ で定義された1価解析的な関数である．

解の基本系の形は，モノドロミー行列の特性により異なる．モノドロミー行列の固有値 μ_j $(1 \leq j \leq n)$ に対して，$\lambda_j = \frac{1}{2\pi i} \log \mu_j$ を**指数** (exponent) という．

定理 6.3 係数 $A(z)$ が 0 の近傍で，$z = 0$ を除き解析的（正則）とする．このとき，微分方程式系

$$\frac{d\boldsymbol{x}}{dz} = A(z)\boldsymbol{x}, \quad \boldsymbol{x} \in \mathbb{C}^n$$

の基本系の形は，モノドロミー行列の特性により異なり

1. モノドロミー行列が対角化できるならば，指数を $\lambda_1, \lambda_2, \ldots, \lambda_n$ と表すとき，$\boldsymbol{x}_j(z)$ は

$$\boldsymbol{x}_j(z) = z^{\lambda_j} \boldsymbol{w}_j(z), \quad 1 \leq j \leq n$$

という表現式を持つ．

2. モノドロミー行列が対角化できないならば，モノドロミー行列の固有値を μ と表すとき，μ の一般固有空間にかかわる基本系を $\boldsymbol{x}_1(z), \boldsymbol{x}_2(z), \ldots, \boldsymbol{x}_m(z)$ と表すとき

$$\boldsymbol{x}_1(z) = z^\lambda \boldsymbol{w}_1(z),$$
$$\boldsymbol{x}_2(z) = z^\lambda \boldsymbol{w}_2(z) + \frac{1}{2\pi i} e^{-2\pi i \lambda} \boldsymbol{x}_1(x) \log z$$
$$\vdots \quad \vdots$$
$$\boldsymbol{x}_m(z) = z^\lambda \boldsymbol{w}_m(z) + \frac{1}{2\pi i} e^{-2\pi i \lambda} \boldsymbol{x}_{m-1}(x) \log z + \cdots$$

と表される．ここで，$\boldsymbol{w}_j(z)$ $(1 \leq j \leq m)$ は $z \neq 0$ で定義された1価解析的な関数で，$\cdots$ の部分は $\boldsymbol{w}_j(z), 1 \leq j \leq m-2$, $(\log z)^k, 2 \leq k \leq m-1$ にかかわる項である．

6.3 解析的な解の特異点—モノドロミー—

[証明] モノドロミー行列 M が相異なる固有値 $\mu_1, \mu_2, \ldots, \mu_n$ を持つときは，解の 1 次独立系 $\boldsymbol{x}_1(z), \boldsymbol{x}_2(z), \ldots, \boldsymbol{x}_n(z)$ を

$$\boldsymbol{x}_j(e^{2\pi i}z) = \mu_j \boldsymbol{x}_j(z), \quad 1 \leq j \leq n$$

をみたすように選ぶことができる．このときは，定理 6.2 より $\boldsymbol{x}_j(z)$ は 1 の表現式となる．

モノドロミー行列の固有値が重複するときでも，適当な 1 次独立系により対角行列に変換されるならば，議論は上記と同じである．したがって，簡単のために M がただ一つの一般固有空間を持ち

$$M = \begin{bmatrix} \mu & 1 & \cdots & 0 & 0 \\ 0 & \mu & \ddots & 0 & 0 \\ \vdots & \vdots & \ddots & \ddots & \vdots \\ 0 & 0 & \cdots & \mu & 1 \\ 0 & 0 & \cdots & 0 & \mu \end{bmatrix} = \mu I + N$$

となる場合を考えると

$$\boldsymbol{x}_1(e^{2\pi i}z) = \mu \boldsymbol{x}_1(z), \quad \boldsymbol{x}_j(e^{2\pi i}z) = \mu \boldsymbol{x}_j(z) + \boldsymbol{x}_{j-1}(z) \quad (2 \leq j \leq n)$$

となっている．前と同様に $\lambda = \frac{1}{2\pi i} \log \mu$ とおくと，例題 3.3 より

$$\Lambda = \lambda I + \sum_{k=1}^{n-1} \frac{(-1)^{k-1} e^{-2k\pi i \lambda}}{2k\pi i} N^k.$$

よって

$$z^\Lambda = z^\lambda \prod_{k=1}^{n-1} e^{\frac{(-1)^{k-1} e^{-2k\pi i \lambda}}{2k\pi i} N^k \log z}$$

$$= z^\lambda \left(I + \log z \sum_{k=1}^{n-1} \frac{(-1)^{k-1} e^{-2k\pi i \lambda}}{2k\pi i} N^k + \cdots \right)$$

$$= z^\lambda \begin{bmatrix} 1 & \frac{1}{2\pi i} e^{-2\pi i \lambda} \log z & \cdots & * & * \\ 0 & 1 & \cdots & * & * \\ 0 & 0 & \cdots & * & * \\ \vdots & \vdots & \ddots & \vdots & \vdots \\ 0 & 0 & \cdots & 1 & \frac{1}{2\pi i} e^{-2\pi i \lambda} \log z \\ 0 & 0 & \cdots & 0 & 1 \end{bmatrix}$$

と表されることより，2 の表現式が得られる． □

注意 6.3　モノドロミー行列の固有値を μ とすると，$\lambda = \frac{1}{2\pi i} \log \mu$ が Λ の固有値となる．ここで，$\log \mu$ の値の決め方は $2k\pi i$ $(k \in \mathbb{Z})$ の任意性があるので，λ にも整数を加える自由度が発生する．したがって，上の $\boldsymbol{w}_j(z)$ の代わりに $z^k \boldsymbol{w}_j(z)$ としてもよいことになる．この注意は，次に解説する確定特異点の議論において有用である．

注意 6.4　定理 6.3 において，M ではなくて，Λ が標準形

$$\Lambda = \begin{bmatrix} \lambda & 1 & \cdots & 0 & 0 \\ 0 & \lambda & \ddots & 0 & 0 \\ \vdots & \vdots & \ddots & \ddots & \vdots \\ 0 & 0 & \cdots & \lambda & 1 \\ 0 & 0 & \cdots & 0 & \lambda \end{bmatrix} = \lambda I + N$$

であるとすると，次の表現式が得られる．

$$z^\Lambda = z^\lambda \begin{bmatrix} 1 & \log z & \frac{1}{2!}(\log z)^2 & \frac{1}{3!}(\log z)^3 & \cdots & \frac{1}{(m-1)!}(\log z)^{m-1} \\ 0 & 1 & \log z & \frac{1}{2!}(\log z)^2 & \cdots & \frac{1}{(m-2)!}(\log z)^{m-2} \\ \vdots & \vdots & \vdots & \vdots & \ddots & \vdots \\ 0 & 0 & 0 & 0 & \cdots & \log z \\ 0 & 0 & 0 & 0 & \cdots & 1 \end{bmatrix}. \quad (6.16)$$

このとき，定理 6.3 において $\boldsymbol{x}$ の表現式は以下のとおりである．

$$\boldsymbol{x}_1(z) = z^\lambda \boldsymbol{w}_1(z),$$
$$\boldsymbol{x}_2(z) = z^\lambda \boldsymbol{w}_2(z) + \boldsymbol{x}_1(z) \log z,$$
$$\vdots \quad \vdots$$
$$\boldsymbol{x}_m(z) = z^\lambda \boldsymbol{w}_m(z) + \boldsymbol{x}_{m-1}(z) \log z + \cdots$$
$$+ \boldsymbol{x}_1(z) \frac{(-1)^m (\log z)^{m-1}}{(m-1)!}.$$

例題 6.1　2 階の微分方程式

$$\frac{d^2 x}{dz^2} + a(z) \frac{dx}{dz} + b(z) x = 0 \tag{6.17}$$

において，係数 $a(z)$, $b(z)$ は $z \neq 0$ で定義された 1 価解析的な関数とする．原点の近傍における 1 次独立な解 $x_1(z)$, $x_2(z)$ を選び，これらを $z = 0$ のまわりを（正の向きに）1 周回ったものを $x_1(e^{2\pi i} z)$, $x_2(e^{2\pi i} z)$ と表せば

6.3 解析的な解の特異点—モノドロミー—

$$x_1(e^{2\pi i}z) = \alpha x_1(z) + \beta x_2(z), \quad x_2(e^{2\pi i}z) = \gamma x_1(z) + \delta x_2(z),$$

と表される.行列 $\begin{bmatrix} \alpha & \gamma \\ \beta & \delta \end{bmatrix}$ が (1) $\begin{bmatrix} \mu_1 & 0 \\ 0 & \mu_2 \end{bmatrix}$, (2) $\begin{bmatrix} \mu & 1 \\ 0 & \mu \end{bmatrix}$ となる各場合について,定理 6.3 を証明せよ.

[解] (1) このときは,解の 1 次独立系 $x_1(z)$, $x_2(z)$ を

$$x_1(e^{2\pi i}z) = \mu_1 x_1(z), \quad x_2(e^{2\pi i}) = \mu_2 x_2(z)$$

となるように選ぶことができる.ここで,$\mu_1 = e^{2\pi i \lambda_1}$, $\mu_2 = e^{2\pi i \lambda_2}$ をみたす λ_1, λ_2 を選び

$$w_1(z) = \frac{x_1(z)}{z^{\lambda_1}}, \quad w_2(z) = \frac{x_2(z)}{z^{\lambda_2}}$$

とおくと

$$w_j(e^{2\pi i}z) = \frac{x_j(e^{2\pi i}z)}{(e^{2\pi i}z)^{\lambda_j}} = \frac{x_j(z)}{z^{\lambda_j}} = w_j(z) \quad (j=1,2).$$

よって,1 次独立解は,$z \neq 0$ における 1 価解析関数 $w_1(z)$, $w_2(z)$ により

$$x_1(z) = z^{\lambda_1} w_1(z), \quad x_2(z) = z^{\lambda_2} w_2(z)$$

と表される.

(2) ここでも,$\mu = e^{2\pi i \lambda}$ をみたす λ を選び

$$[w_1(z), w_2(z)] = \frac{1}{z^\lambda} [x_1(z), x_2(z)] \begin{bmatrix} 1 & -\frac{1}{2\pi i \mu} \log z \\ 0 & 1 \end{bmatrix}$$

とおくと

$$[w_1(e^{2\pi i}z), w_2(e^{2\pi i}z)]$$
$$= \frac{1}{e^{2\pi i \lambda} z^\lambda} \left[x_1(e^{2\pi i}z), x_2(e^{2\pi i}z) - \frac{1}{2\pi i \mu}(\log z) x_1(e^{2\pi i}z) - \frac{1}{\mu} x_1(e^{2\pi i}z) \right]$$
$$= \frac{1}{\mu z^\lambda} \left[\mu x_1(z), \mu x_2(z) - \frac{1}{2\pi i \mu}(\log z) x_1(z) \right]$$
$$= [w_1(z), w_2(z)]$$

が成立する.したがって,この場合も $z \neq 0$ における 1 価解析関数 $w_1(z)$, $w_2(z)$ により下記のとおりに表される.

$$x_1(e^{2\pi i}z) = z^\lambda w_1(z), \quad x_2(e^{2\pi i}z) = z^\lambda w_2(z) + \frac{1}{2\pi i \mu} x_1(z) \log z. \qquad \square$$

6.4 確定特異点のまわりの解

この節では，係数行列 $A(z)$ が，$z=0$ において 1 位の極を持つ場合

$$A(z) = \frac{1}{z}\hat{A}(z) = \frac{A_0}{z} + A_1 + A_2 z + A_3 z^2 + \cdots \tag{6.18}$$

を考察する．このとき，$z=0$ は**確定特異点** (regular singularity) であるという．

> **定理 6.4** 確定特異点においては，$\boldsymbol{w}_1(z), \boldsymbol{w}_2(z), \ldots, \boldsymbol{w}_n(z)$ は高々極の特異性を持つ．

[証明] 確定特異点のまわりの解を $\boldsymbol{x}(z)$ とするとき，十分に大きな N について，$z^N \boldsymbol{x}(z)$ が有界であることを示せばよい．このとき，適当な自然数 m について $z=0$ は $z^m \boldsymbol{w}_j(z)$ $(1 \leq j \leq n)$ の除去可能な特異点となるので（問 6.1 参照），$\boldsymbol{w}_j(z)$ は高々極の特異性を持つ．

いま，$z = re^{i\theta}$, $z_1 = \delta e^{i\theta}$ $(0 < r < \delta, |\theta| \leq \pi)$ とおく．微分方程式より

$$\boldsymbol{x}(z) = \boldsymbol{x}(z_1) - \int_z^{z_1} \frac{1}{\zeta}\hat{A}(\zeta)\boldsymbol{x}(\zeta)\,d\zeta.$$

積分路を z と z_1 を結ぶ線分として，$\zeta = \rho e^{i\theta}$, $|\hat{A}| = \max_{|z| \leq \delta}|\hat{A}(z)|$ とすると，十分に大きな自然数 N について

$$\begin{aligned}r^N|\boldsymbol{x}(re^{i\theta})| &\leq r^N|\boldsymbol{x}(\delta e^{i\theta})| + r^N|\hat{A}|\int_r^\delta \frac{1}{\rho}|\boldsymbol{x}(\rho e^{i\theta})|\,d\rho \\ &= r^N|\boldsymbol{x}(\delta e^{i\theta})| + r^N|\hat{A}|\int_r^\delta \frac{1}{\rho^{N+1}}\rho^N|\boldsymbol{x}(\rho e^{i\theta})|\,d\rho.\end{aligned}$$

よって

$$\Psi(r) = \sup_{r \leq \rho \leq \delta,\,|\theta| \leq \pi} \rho^N|\boldsymbol{x}(\rho e^{i\theta})|$$

とおくと，不等式

$$r^N|\boldsymbol{x}(re^{i\theta})| \leq r^N|\boldsymbol{x}(\delta e^{i\theta})| + \frac{|\hat{A}|}{N}\Psi(r)$$

6.4 確定特異点のまわりの解

が得られた．ここで，$r < r'$ ならば $\Psi(r') \leq \Psi(r)$ が成立するので，$r < r' \leq \delta$ をみたす，すべての r' について上の不等式を適用すると

$$\Psi(r) \leq \delta^N |\boldsymbol{x}(\delta e^{i\theta})| + \frac{|\hat{A}|}{N}\Psi(r).$$

ゆえに，十分大きな N について

$$\Psi(r) \leq \frac{\delta^N |\boldsymbol{x}(\delta e^{i\theta})|}{1 - \frac{|\hat{A}|}{N}}$$

が成立する．以上により，$z^N \boldsymbol{x} = r^N |\boldsymbol{x}(re^{i\theta})|$ が有界であることが示された． □

2位の極を持つ場合との違いは，以下の例題 6.2 を参照のこと．

例題 6.2 行列 A が次の形を持つとき

$$A = \begin{bmatrix} \lambda & 1 & \cdots & 0 & 0 \\ 0 & \lambda & \ddots & 0 & 0 \\ \vdots & \vdots & \ddots & \ddots & \vdots \\ 0 & 0 & \cdots & \lambda & 1 \\ 0 & 0 & \cdots & 0 & \lambda \end{bmatrix},$$

微分方程式系

(1) $\dfrac{d\boldsymbol{x}}{dz} = \dfrac{1}{z}A\boldsymbol{x}$　　(2) $\dfrac{d\boldsymbol{x}}{dz} = \dfrac{1}{z^2}A\boldsymbol{x}$

の n 個の 1 次独立解を求めよ．

[解]　(1) 未知関数ベクトルを $\boldsymbol{x}(z) = \boldsymbol{y}(\log z)$ とおくと

$$\frac{d\boldsymbol{x}}{dz} = \frac{1}{z}\frac{d\boldsymbol{y}}{d\zeta} = \frac{1}{z}A\boldsymbol{y} \quad (\zeta = \log z).$$

ゆえに，$\boldsymbol{y}(\zeta)$ は $\boldsymbol{y}' = A\boldsymbol{y}$ の解となり $\boldsymbol{y}(\zeta) = e^{A\zeta}\boldsymbol{y}_0$．ここで

$$e^{A\zeta} = e^{\lambda\zeta}\begin{bmatrix} 1 & \zeta & \frac{1}{2!}\zeta^2 & \frac{1}{3!}\zeta^3 & \cdots & \frac{1}{(n-1)!}\zeta^{n-1} \\ 0 & 1 & \zeta & \frac{1}{2!}\zeta^2 & \cdots & \frac{1}{(n-2)!}\zeta^{n-2} \\ \vdots & \vdots & \vdots & \vdots & \ddots & \vdots \\ 0 & 0 & 0 & 0 & \cdots & \zeta \\ 0 & 0 & 0 & 0 & \cdots & 1 \end{bmatrix}.$$

よって，n 個の 1 次独立な解を並べると (6.16) で $m = n$ としたものが得られる．

(2) 未知関数ベクトルを $\boldsymbol{x}(z) = \boldsymbol{y}\left(-\frac{1}{z}\right)$ とおくと

$$\frac{d\boldsymbol{x}}{dz} = \frac{1}{z^2}\frac{d\boldsymbol{y}}{d\zeta} = \frac{1}{z^2}A\boldsymbol{y} \quad \left(\zeta = -\frac{1}{z}\right).$$

ゆえに，$\boldsymbol{y}(\zeta)$ は $\boldsymbol{y}' = A\boldsymbol{y}$ の解となる．よって，もとの方程式の n 個の 1 次独立な解を並べると

$$e^{-\frac{\lambda}{z}}\begin{bmatrix} 1 & -\frac{1}{z} & \frac{1}{2!}\left(-\frac{1}{z}\right)^2 & \frac{1}{3!}\left(-\frac{1}{z}\right)^3 & \cdots & \frac{1}{(n-1)!}\left(-\frac{1}{z}\right)^{n-1} \\ 0 & 1 & -\frac{1}{z} & \frac{1}{2!}\left(-\frac{1}{z}\right)^2 & \cdots & \frac{1}{(n-2)!}\left(-\frac{1}{z}\right)^{n-2} \\ \vdots & \vdots & \vdots & \vdots & \ddots & \vdots \\ 0 & 0 & 0 & 0 & \cdots & -\frac{1}{z} \\ 0 & 0 & 0 & 0 & \cdots & 1 \end{bmatrix}.$$

この場合は，解に真性特異点が現れることが分かる． □

例題 6.3 行列 A が以下の各々の形を持つとき

(1) $\begin{bmatrix} \frac{3}{5} & \frac{2}{5} \\ -1 & -\frac{3}{5} \end{bmatrix}$ (2) $\begin{bmatrix} 8 & 5 \\ -10 & -7 \end{bmatrix}$ (3) $\begin{bmatrix} \frac{7}{3} & 1 \\ -4 & -\frac{5}{3} \end{bmatrix}$

微分方程式系

$$\frac{d\boldsymbol{x}}{dz} = \frac{1}{z}A\boldsymbol{x} \tag{6.19}$$

の $z = 0$ におけるモノドロミー行列を求めよ．

[解]　例題 6.2 (1) の変数変換 $\zeta = \log z$ を用いる．

(1) 行列 A の固有値は $\pm\frac{1}{5}$．よって，補題 3.2 と定理 3.10 より（第 4 章 4.1 節も参照）行列 Q_1, Q_2 が定まり

$$e^{\zeta A} = e^{\frac{1}{5}\zeta}Q_1 + e^{-\frac{1}{5}\zeta}Q_2$$

と表される．したがって，$Q_1\boldsymbol{x}_0, Q_2\boldsymbol{x}_0 \neq \boldsymbol{0}$ をみたす $\boldsymbol{x}_0$ をとれば，$Q_1\boldsymbol{x}_0$ は $\frac{1}{5}$ の固有ベクトル，$Q_2\boldsymbol{x}_0$ は $-\frac{1}{5}$ の固有ベクトルなので，基本行列は $X(z) = \begin{bmatrix} z^{\frac{1}{5}}Q_1\boldsymbol{x}_0 & z^{-\frac{1}{5}}Q_2\boldsymbol{x}_0 \end{bmatrix}$ としてよい．よって

$$X(e^{2\pi i}z) = \begin{bmatrix} e^{\frac{2}{5}\pi i}z^{\frac{1}{5}}Q_1\boldsymbol{x}_0 & e^{-\frac{2}{5}\pi i}z^{-\frac{1}{5}}Q_2\boldsymbol{x}_0 \end{bmatrix} = X(z)\begin{bmatrix} e^{\frac{2}{5}\pi i} & 0 \\ 0 & e^{-\frac{2}{5}\pi i} \end{bmatrix}.$$

6.4 確定特異点のまわりの解

ゆえに $M = \begin{bmatrix} e^{\frac{2}{5}\pi i} & 0 \\ 0 & e^{-\frac{2}{5}\pi i} \end{bmatrix}$ である.

(2) A の固有値は $3, -2$. よって, (1) と同様に行列 Q_1, Q_2 が定まり, 適当な $\boldsymbol{x}_0$ をとれば, 基本行列は $X(z) = [z^3 Q_1 \boldsymbol{x}_0 \quad z^{-2} Q_2 \boldsymbol{x}_0]$ としてよく

$$X(e^{2\pi i} z) = [z^3 Q_1 \boldsymbol{x}_0 \quad z^{-2} Q_2 \boldsymbol{x}_0]$$
$$= X(z).$$

ゆえに, $M = I$ (単位行列) である.

(3) A の固有値は $\frac{1}{3}$ (重複固有値) で, $\left(A - \frac{1}{3}I\right)^2 = O$ が成立する. よって, 補題 3.2 と定理 3.10 より (第 4 章 4.1 節も参照) 行列 Q_1, Q_2 が定まり

$$e^{\zeta A} = e^{\frac{1}{3}\zeta}[Q_1 + Q_2 + \zeta(A - \tfrac{1}{3}I)Q_2]$$

と表される. 適当な $\boldsymbol{x}_0$ で, $Q_2\boldsymbol{x}_0 \neq \boldsymbol{0}$ をみたすものをとる. ここで, $Q_1\boldsymbol{x}_0$ は固有値 $\frac{1}{3}$ の固有ベクトルで, また, $(A - \tfrac{1}{3}I)Q_2\boldsymbol{x}_0$ も $\frac{1}{3}$ の固有ベクトルであるので, 基本行列として

$$X(z) = \left[z^{\frac{1}{3}}\left(A - \tfrac{1}{3}I\right)Q_2\boldsymbol{x}_0 \quad z^{\frac{1}{3}}Q_2\boldsymbol{x}_0 + z^{\frac{1}{3}}\log z\left(A - \tfrac{1}{3}I\right)Q_2\boldsymbol{x}_0 \right]$$

を選んでよい. よって, $\boldsymbol{y}_0 = Q_2\boldsymbol{x}_0$ と表すと

$$X(e^{2\pi i} z)$$
$$= e^{\frac{2\pi}{3}i}\left[z^{\frac{1}{3}}\left(A - \tfrac{1}{3}I\right)\boldsymbol{y}_0 \quad z^{\frac{1}{3}}\boldsymbol{y}_0 + z^{\frac{1}{3}}\log z\left(A - \tfrac{1}{3}I\right)\boldsymbol{y}_0 + 2\pi i z^{\frac{1}{3}}\left(A - \tfrac{1}{3}I\right)\boldsymbol{y}_0 \right]$$
$$= \left[z^{\frac{1}{3}}\left(A - \tfrac{1}{3}I\right)\boldsymbol{y}_0 \quad z^{\frac{1}{3}}\boldsymbol{y}_0 + z^{\frac{1}{3}}\log z\left(A - \tfrac{1}{3}I\right)\boldsymbol{y}_0 \right] \begin{bmatrix} e^{\frac{2\pi}{3}i} & 2\pi i e^{\frac{2\pi}{3}i} \\ 0 & e^{\frac{2\pi}{3}i} \end{bmatrix}.$$

ゆえに $M = \begin{bmatrix} e^{\frac{2\pi}{3}i} & 2\pi i e^{\frac{2\pi}{3}i} \\ 0 & e^{\frac{2\pi}{3}i} \end{bmatrix}$ である. □

問 6.2 2 階微分方程式

$$\frac{d^2 x}{dz^2} + \frac{b_1(z)}{z}\frac{dx}{dz} + \frac{b_2(z)}{z^2}x = 0$$

において, 係数 $b_1(z), b_2(z)$ は $z = 0$ の近傍で 1 価解析的であるとする. このとき, $x_1(z) = x(z)$, $x_2(z) = z\dfrac{dx}{dz}(z)$ とすると, 微分方程式は $A(z)$ が (6.18) の形の微分方程式系になることを示せ.

問 6.3 行列 A が以下の各々の形[2]を持つとき

(1) $\begin{bmatrix} 0 & 1 \\ \frac{1}{6} & \frac{1}{6} \end{bmatrix}$ (2) $\begin{bmatrix} 0 & 1 \\ 2 & 1 \end{bmatrix}$ (3) $\begin{bmatrix} 0 & 1 \\ -\frac{1}{4} & 1 \end{bmatrix}$

微分方程式系 (6.19) の $z = 0$ におけるモノドロミー行列を求めよ.

確定特異点における解の表現式

最初に次の補題を示す.

補題 6.1 確定特異点においては,モノドロミー行列の固有値 μ について,$\boldsymbol{x}(e^{2\pi i}z) = \mu \boldsymbol{x}(z)$ をみたす解 $\boldsymbol{x}(z)$ は,$\boldsymbol{w}(0) \neq \boldsymbol{0}$ をみたし $z = 0$ の近傍で解析的な関数 $\boldsymbol{w}(z)$ を用いて,

$$\boldsymbol{x}(z) = z^\lambda \boldsymbol{w}(z)$$

と表すことができる.ここで,λ は指数 $\frac{1}{2\pi i} \log \mu$ である.

[証明] 定理 6.3 より,$z \neq 0$ で 1 価解析的な関数 $\boldsymbol{w}$ を用いれば上記の表現式が得られる.一方,定理 6.4 より,$\boldsymbol{w}(z)$ の特異性は高々極なので,適当な k_0 をとれば,$z^{k_0} \boldsymbol{w}(z)|_{z=0} \neq \boldsymbol{0}$ と仮定してよい.一方,注意 6.3 より,$\lambda - k_0$ を Λ の固有値としてよいので,上の表現式において $\boldsymbol{w}(z)$ は $z = 0$ の近傍で解析的で,$\boldsymbol{w}(0) \neq \boldsymbol{0}$ と仮定してよいことになる. □

定理 6.5 係数 $A(z)$ が 0 の近傍で,$z = 0$ を除き解析的(正則)な微分方程式系

$$\frac{d\boldsymbol{x}}{dz} = A(z)\boldsymbol{x}, \quad \boldsymbol{x} \in \mathbb{C}^n$$

において,$z = 0$ は確定特異点で,係数行列は展開式 (6.18) を持つとする.モノドロミー行列の固有値を $\mu_1, \mu_2, \ldots, \mu_n$,対応する指数を $\lambda_1, \lambda_2, \ldots, \lambda_n$ と表すとき

---

[2] これらはオイラーの方程式 $t^2 \frac{d^2x}{dt^2} + b_1 t \frac{dx}{dt} + b_2 x = 0$ (b_1, b_2:定数)を微分方程式系に直したものである(上の問 6.2 を参照).

6.4 確定特異点のまわりの解

1. モノドロミー行列が対角化できるならば，$\boldsymbol{x}_j(z)$ は $z=0$ の近傍で解析的な関数 $\boldsymbol{w}_j(z)$ を用いて

$$\boldsymbol{x}_j(z) = z^{\lambda_j}\boldsymbol{w}_j(z), \quad \boldsymbol{w}_j(0) \neq \boldsymbol{0}, \quad 1 \leq j \leq n$$

のように表される．ここで，$\mu_j = \mu_{j+1}$ ならば，$\lambda_j - \lambda_{j+1}$ は整数になる．また，$\mu_j \neq \mu_k$ ($j \neq k$) ならば，$\lambda_j - \lambda_k$ は整数にはならない．

2. モノドロミー行列が対角化できないならば，モノドロミー行列の 1 つの固有値を μ，対応する指数を λ と表すとき，μ の一般固有空間にかかわる基本系を $\boldsymbol{x}_1(z), \boldsymbol{x}_2(z), \ldots, \boldsymbol{x}_m(z)$ とするならば

$$\boldsymbol{x}_1(z) = z^{\lambda'_1}\boldsymbol{w}_1(z),$$
$$\boldsymbol{x}_2(z) = z^{\lambda'_2}\boldsymbol{w}_2(z) + \frac{1}{2\pi i}e^{-2\pi i\lambda}\boldsymbol{x}_1(z)\log z$$
$$\vdots \quad \vdots$$
$$\boldsymbol{x}_m(z) = z^{\lambda'_m}\boldsymbol{w}_m(z) + \frac{1}{2\pi i}e^{-2\pi i\lambda}\boldsymbol{x}_{m-1}(z)\log z + \cdots$$

と表される．ここで，$\boldsymbol{w}_j(z)$ ($1 \leq j \leq m$) は $z=0$ の近傍で定義された 1 価解析的な関数で，$\cdots$ の部分は $\boldsymbol{w}_j(z)$, $1 \leq j \leq m-2$, $(\log z)^k$, $2 \leq k \leq m-1$ にかかわる項である．また，$\lambda'_j - \lambda$ ($1 \leq j \leq m$) は整数である．

[証明] 一般的に，$\lambda' = \lambda + k$, $k \in \mathbb{Z}$ ならば，$\mu' = e^{2\pi i\lambda'} = e^{2\pi i\lambda} = \mu$ が成立することに注意する．

(1) モノドロミー行列が対角化できるならば，定理 6.3 で得られた表現式において，補題 6.1 を用いて，もとの指数に整数値を加えて補正すれば，定理の表現式を得る．$\mu_j = \mu_{j+1}$ のときは，補正する整数値が異なる場合があることに注意する．

(2) モノドロミー行列が対角化できないときも，指数の補正が必要なことと，その方法は上記と同様である． □

指数と決定方程式

展開式 (6.18) より係数行列を $\frac{1}{z}\hat{A}(z)$ と表しておき，補題 6.1 の表現式 $\boldsymbol{x}(z) = z^\lambda \boldsymbol{w}(z)$ を方程式に代入すると，$\boldsymbol{w}(z)$ が $z=0$ の近傍で解析的であることより

$$z\frac{d\bm{w}}{dz} = [\hat{A}(z) - \lambda I]\bm{w}$$

が成立する．よって，$z = 0$ を代入すると

$$[A_0 - \lambda I]\bm{w}(0) = \bm{0} \quad \bm{w}(0) \neq \bm{0} \tag{6.20}$$

を得る．これより

補題 6.2 補題 6.1 の表現式において，指数 λ は行列 A_0 の固有値である．

行列 A_0 の固有方程式を**決定方程式** (characteristic equation) という．補題を言い換えると，指数は決定方程式の解である．明らかなことではあるが，次のことに注意する．

補題 6.3 モノドロミー行列が対角化できないときは，決定方程式の解を重複度を込めて数えるとき，その中に差が整数値になるものが存在する．

[証明] 対角化できないときには，定理 6.5 の表現式にある

$$\bm{x}_1(z) = z^{\lambda'_1}\bm{w}_1(z), \quad \bm{x}_2(z) = z^{\lambda'_2}\bm{w}_2(z) + \frac{1}{2\pi i}e^{-2\pi i\lambda}\bm{x}_1(z)\log z$$

を用いる．$\bm{x}_1(z)$ に補題 6.2 を用いると，λ'_1 が決定方程式の解であることが分かる．また，$\bm{x}_2(z)$ が微分方程式系をみたすことより

$$z\frac{d\bm{w}_2}{dz} = [\hat{A}(z) - \lambda'_2 I]\bm{w}_2 - \frac{1}{2\pi i}e^{-2\pi i\lambda}z^{\lambda'_1 - \lambda'_2}\bm{w}_1(z). \tag{6.21}$$

この式において，$z \to 0$ するとき，$\bm{w}_1(0) \neq \bm{0}$ で左辺は有界であるので，$\lambda'_1 - \lambda'_2 \in \mathbb{N}$ または $\lambda'_1 = \lambda'_2$ がいえる．$\lambda'_1 - \lambda'_2 \in \mathbb{N}$ のときは

$$[\hat{A}_1 - \lambda'_2 I]\bm{w}_2(0) = \bm{0}, \quad \bm{w}_2(0) \neq \bm{0}$$

が成立し，決定方程式の解の中に，差が整数値になるものが存在する．$\lambda'_1 = \lambda'_2$ のときは

$$[\hat{A}_1 - \lambda'_1 I]\bm{w}_2(0) = \frac{1}{2\pi i}e^{-2\pi i\lambda}\bm{w}_1(0) \neq \bm{0}$$

が成立し，同時に

6.4 確定特異点のまわりの解

$$[A_0 - \lambda_1' I]^2 \boldsymbol{w}_2(0) = \boldsymbol{0}, \quad \boldsymbol{w}_2(0) \neq \boldsymbol{0}$$

が成立するので λ_1' は決定方程式の重複解である．よって，補題が証明された． □

上記の証明を未知関数が2つの微分方程式系に適用すると

> **補題 6.3 の系** 未知関数が2つの微分方程式系においては，λ_1', λ_2' はともに決定方程式の解で，$\lambda_1' - \lambda_2' \in \mathbb{N}$ または $\lambda_1' = \lambda_2'$ が成立する．とくに $\lambda_1' = \lambda_2'$ ならば，λ_1' は決定方程式の重複解で，次の式が成立する．
>
> $$A_0 - \lambda_1' I \neq O, \quad (A_0 - \lambda_1' I)^2 = O.$$

解の漸近展開

モノドロミー行列を直接に計算することはできないので，決定方程式と指数をもとにした議論が実用上で必要となる．

> **定理 6.6** 決定方程式が相異なる n 個の解 $\lambda_1, \lambda_2, \ldots, \lambda_n$ を持ち，どの2つの解の差も整数値にならないならば，モノドロミー行列は相異なる n 個の固有値を持ち，対角化可能である．このとき，1つの解は収束級数
>
> $$\boldsymbol{x}(z) = z^\lambda \boldsymbol{w}(z) = \sum_{k=0}^{\infty} z^{\lambda+k} \boldsymbol{\xi}_k, \quad \boldsymbol{\xi}_0 \neq \boldsymbol{0}$$
>
> で表され，係数ベクトル $\boldsymbol{\xi}_k$ は次の漸化式により計算できる．
>
> $$(\lambda I - A_0)\boldsymbol{\xi}_0 = \boldsymbol{0}$$
> $$[(\lambda+1)I - A_0]\boldsymbol{\xi}_1 = A_1 \boldsymbol{\xi}_0$$
> $$[(\lambda+2)I - A_0]\boldsymbol{\xi}_2 = A_2 \boldsymbol{\xi}_0 + A_1 \boldsymbol{\xi}_1$$
> $$\vdots \quad \vdots$$
> $$[(\lambda+k)I - A_0]\boldsymbol{\xi}_k = A_k \boldsymbol{\xi}_0 + \cdots + A_1 \boldsymbol{\xi}_{k-1}$$
> $$\vdots \quad \vdots$$

[証明] モノドロミー行列の固有値は $\mu_j = e^{2\pi\lambda_j}$ と表されるので、どの2つの指数の差も整数値にならないならば、モノドロミー行列は相異なる n 個の固有値を持ち、対角化可能である（補題6.3に依ってもよい）。したがって、定理6.5より、それぞれの解は定理の展開式を持つ。$\boldsymbol{w}(z)$ は解析関数なので、この展開式は $z=0$ の近傍で収束することに注意する。

このとき、1つの解の展開式を方程式に代入すると

$$\sum_{l=0}^{\infty}(\lambda+l)z^l\boldsymbol{\xi}_l = \sum_{j=0}^{\infty}\sum_{k=0}^{\infty}z^{j+k}A_j\boldsymbol{\xi}_k$$
$$= \sum_{l=0}^{\infty}z^l\sum_{j=0}^{l}A_j\boldsymbol{\xi}_{l-j}.$$

よって、$(\lambda I - A_0)\boldsymbol{\xi}_0 = \boldsymbol{0}$. さらに

$$(\lambda+l)\boldsymbol{\xi}_l = \sum_{j=0}^{l}A_j\boldsymbol{\xi}_{l-j} \quad (l=1,2,\ldots).$$

これより定理の漸化式が得られる。仮定より $\lambda+k$ は A_0 の固有値でないので $\boldsymbol{\xi}_k$ は

$$\boldsymbol{\xi}_k = [(\lambda+k)I - A_0]^{-1}(A_k\boldsymbol{\xi}_0 + \cdots + A_1\boldsymbol{\xi}_{k-1})$$

と定めることができる。 □

注意 6.5 2つの指数の差が整数値になるときも、そのような指数のうちで、最も大きいものについては、$\lambda+k$ は A_0 の固有値ならないので、係数ベクトルを上記のように定めることができる。

決定方程式の解の差が整数のとき

このときは、モノドロミー行列が対角形となるのは特殊な場合である。

> **定理 6.7** 未知関数が2つの微分方程式系において、決定方程式が重複解 λ を持ち、モノドロミー行列が対角形ならば、A_0 はスカラー行列 $A_0 = \lambda I$ となる。

[証明] 定理6.5より解 $\boldsymbol{x}_j(z)$ は $z=0$ の近傍で解析的な関数 $\boldsymbol{w}_j(z)$ により

$$\boldsymbol{x}_j(z) = z^{\lambda_j}\boldsymbol{w}_j(z), \quad \boldsymbol{w}_j(0) \neq \boldsymbol{0}, \quad j=1,2$$

6.4 確定特異点のまわりの解

のように表される．これを用いると補題 6.2 より，λ_1, λ_2 は決定方程式の解なので，$\lambda = \lambda_1 = \lambda_2$ が成立する．さらに，定理 6.5 の証明から A_0 は 1 次独立な固有ベクトル $\boldsymbol{w}_1(0)$, $\boldsymbol{w}_2(0)$ を持つことが分かるので，A_0 はスカラー行列 λI に等しい． □

係数行列 A_0 がスカラー行列でないときの一般論は議論が込み入るので，後のベッセルの微分方程式に応用することを考えて，$m = 2$ の場合について議論する．補題 6.3 の系より，決定方程式の根は

$$\lambda, \quad \lambda' = \lambda - p, \quad p \in \mathbb{Z}, \quad p \geq 0$$

と表される．定理 6.6 と注意 6.5 より，指数 λ については収束級数

$$\boldsymbol{x}_1(z) = z^\lambda \boldsymbol{w}_1(z) = \alpha \sum_{k=0}^\infty z^{\lambda+k} \boldsymbol{\xi}_k, \quad \boldsymbol{\xi}_0 \neq \boldsymbol{0}$$

が構成される．ここで，α は任意定数で，後に値を定める．

$$\boldsymbol{x}_2(z) = z^{\lambda'} \boldsymbol{w}_2(z) + \frac{1}{2\pi i \mu} \boldsymbol{x}_1(z) \log z \quad (\mu = e^{2\pi i \lambda}) \tag{6.22}$$

のように表されるので，微分方程式系に代入すると，$\boldsymbol{w}_2(z)$ についての微分方程式系

$$z \frac{d\boldsymbol{w}_2}{dz} = [\hat{A}(z) - \lambda' I] \boldsymbol{w}_2 - \frac{1}{2\pi i \mu} z^p \boldsymbol{w}_1(z)$$

が得られる．$\boldsymbol{w}_2(z)$ を

$$\boldsymbol{w}_2(z) = \sum_{k=0}^\infty z^k \boldsymbol{\eta}_k, \quad \boldsymbol{\eta}_0 \neq \boldsymbol{0}$$

と展開すると，係数ベクトル $\boldsymbol{\eta}_k$ は次の漸化式により計算される．

$$(\lambda' I - A_0) \boldsymbol{\eta}_0 = \boldsymbol{0}$$

$$[(\lambda' + 1)I - A_0] \boldsymbol{\eta}_1 = A_1 \boldsymbol{\eta}_0$$

$$[(\lambda' + 2)I - A_0] \boldsymbol{\eta}_2 = A_2 \boldsymbol{\eta}_0 + A_1 \boldsymbol{\eta}_1$$

$$\vdots \quad \vdots$$

$$[(\lambda'+p)I - A_0]\boldsymbol{\eta}_p = A_p\boldsymbol{\eta}_0 + \cdots + A_1\boldsymbol{\eta}_{p-1} - \frac{\alpha}{2\pi i\mu}\boldsymbol{\xi}_0$$

$$\vdots \quad \vdots$$

$$[(\lambda'+k)I - A_0]\boldsymbol{\eta}_k = A_k\boldsymbol{\eta}_0 + \cdots + A_1\boldsymbol{\eta}_{k-1} - \frac{\alpha}{2\pi i\mu}\boldsymbol{\xi}_{k-p}$$

$$\vdots \quad \vdots$$

$p>0$ のとき：$\boldsymbol{\eta}_0$ は A_0 の固有ベクトルである．行列

$$(\lambda'+1)I - A_0, (\lambda'+2)I - A_0, \ldots, (\lambda'+p-1)I - A_0$$

は正則なので，$\boldsymbol{\eta}_1, \boldsymbol{\eta}_2, \ldots, \boldsymbol{\eta}_{p-1}$ は順次定められる．$\boldsymbol{\eta}_p$ は方程式

$$[\lambda I - A_0]\boldsymbol{\eta}_p = [(\lambda'+p)I - A_0]\boldsymbol{\eta}_p = A_p\boldsymbol{\eta}_0 + \cdots + A_1\boldsymbol{\eta}_{p-1} - \frac{\alpha}{2\pi i\mu}\boldsymbol{\xi}_0$$

の解である．ここで，$[\lambda I - A_0]\boldsymbol{\xi}_0 = \boldsymbol{0}$ が成立し，行列 $\lambda I - A_0$ は正則でないことに注意する．したがって，λ の左固有ベクトルを ${}^t\boldsymbol{\xi}_0^*$ とおくと，上記の方程式が解けるための必要十分条件は次のようになる．

$${}^t\boldsymbol{\xi}_0^*[A_p\boldsymbol{\eta}_0 + \cdots + A_1\boldsymbol{\eta}_{p-1}] - \frac{\alpha}{2\pi i\mu}{}^t\boldsymbol{\xi}_0^*\boldsymbol{\xi}_0 = 0.$$

よって，${}^t\boldsymbol{\xi}_0^*\boldsymbol{\xi}_0 = 1$ と仮定してよいので，$\alpha = 2\pi i\mu({}^t\boldsymbol{\xi}_0^*[A_p\boldsymbol{\eta}_0 + \cdots + A_1\boldsymbol{\eta}_{p-1}])$ とすればよい[3]．その他の $\boldsymbol{\eta}_{p+1}, \boldsymbol{\eta}_{p+2}, \ldots$ は順次定められる．

$p=0$ のとき：$\boldsymbol{\eta}_0$ は次の方程式の解となる．

$$[\lambda I - A_0]\boldsymbol{\eta}_0 = -\frac{\alpha}{2\pi i\mu}\boldsymbol{\xi}_0.$$

ここで，$(\lambda I - A_0)^2 = O$ が成立しているので，任意の $\boldsymbol{\eta}_0$ について $[\lambda I - A_0]\boldsymbol{\eta}_0$ は λ の固有ベクトルである．したがって，$\boldsymbol{\eta}_0$ の長さを調節すれば，上記の方程式をみたすようにできる．

上で定めた $\alpha\boldsymbol{\xi}_0$ を改めて $\boldsymbol{\xi}_0$ と表し，以上をまとめると

---

[3] ここで，${}^t\boldsymbol{\xi}_0^*[A_p\boldsymbol{\eta}_0 + \cdots + A_1\boldsymbol{\eta}_{p-1}] = 0$ のときは，$\alpha = 0$ となり，不都合が生じる．しかし，この場合は，方程式 $[(\lambda'+p)I - A_0]\boldsymbol{\eta}_p = A_p\boldsymbol{\eta}_0 + \cdots + A_1\boldsymbol{\eta}_{p-1}$ が解けるので，定理 6.6 のように $\log z$ の項が出ない展開が得られる．

6.4 確定特異点のまわりの解

定理 6.8 未知関数が 2 つの微分方程式系において，決定方程式の 2 解の差が整数値で，モノドロミー行列が対角形にならないとする．このとき，2 解を λ, $\lambda - p$ $(p \geq 0)$ と表すと，2 つの解は収束級数

$$\boldsymbol{x}_1(z) = z^\lambda \boldsymbol{w}_1(z) = \sum_{k=0}^{\infty} z^{\lambda+k} \boldsymbol{\xi}_k, \quad \boldsymbol{\xi}_0 \neq \boldsymbol{0},$$

$$\boldsymbol{x}_2(z) = z^{\lambda-p} \boldsymbol{w}_2(z) + \frac{1}{2\pi i \mu} \boldsymbol{x}_1(z) \log z$$

$$= \sum_{k=0}^{\infty} z^{\lambda+k-p} \boldsymbol{\eta}_k + \frac{1}{2\pi i \mu} \sum_{k=0}^{\infty} z^{\lambda+k}(\log z) \boldsymbol{\xi}_k, \quad \boldsymbol{\eta}_0 \neq \boldsymbol{0},$$

で表される．

例題 6.4 行列 A_0, A_1 を 2 次行列として，微分方程式系

$$\frac{d\boldsymbol{x}}{dz} = \left(\frac{1}{z} A_0 + A_1\right) \boldsymbol{x}$$

においてモノドロミー行列が対角形にならないとする．行列 A_0 の固有値は λ, $\lambda - p$ $(p \in \mathbb{Z}, p \geq 0)$ とするとき，定理 6.8 の展開式の中に $\log z$ の項が現れない条件を考察せよ．

[解] 固有値 $\lambda - p$ についての展開式において，定理 6.6 で得られた漸化式は

$$[(\lambda - p + k)I - A_0] \boldsymbol{\xi}_k = A_1 \boldsymbol{\xi}_{k-1} \quad (k = 1, 2, \ldots)$$

という形になる．$k < p$ については，$\boldsymbol{\xi}_k$ が順次定まる．$k = p$ について上記の連立 1 次方程式が解けるのは

$$^t\boldsymbol{\xi}^* A_0 = \lambda\, ^t\boldsymbol{\xi}^*$$

をみたすベクトル $\boldsymbol{\xi}^*$（左固有ベクトル）について，条件

$$^t\boldsymbol{\xi}^* A_1 \boldsymbol{\xi}_{p-1} = 0$$

が成立するときである．とくに，$^t\boldsymbol{\xi}^* A_1 = {}^t\boldsymbol{0}$ ならばよい．ベクトル $\boldsymbol{\xi}_p$ が定まれば，あとは順次定まるので，$\log z$ の項は現れない． □

問 6.4 微分方程式系

$$\frac{d\boldsymbol{x}}{dz} = \left(\frac{1}{z}\begin{bmatrix} \lambda & 0 \\ 0 & \lambda-1 \end{bmatrix} + \begin{bmatrix} a_1 & b_1 \\ c_1 & d_1 \end{bmatrix}\right)\boldsymbol{x}$$

について，定理 6.8 の展開式の中に $\log z$ の項が現れない条件を考察せよ．

6.5 ベッセルの微分方程式

解析的微分方程式の例として，ν 次のベッセル (Bessel) の微分方程式

$$\frac{d^2x}{dz^2} + \frac{1}{z}\frac{dx}{dz} + \left(1 - \frac{\nu^2}{z^2}\right)x = 0 \quad (\nu \in \mathbb{C}) \tag{6.23}$$

を解説する．未知関数を $x_1 = x$, $x_2 = z\dfrac{dx}{dz}$ とおくと，微分方程式系

$$\frac{dx_1}{dz} = \frac{1}{z}x_2, \quad \frac{dx_2}{dz} = \frac{\nu^2}{z}x_1 - zx_1 \tag{6.24}$$

が得られる．微分方程式系を行列で表示し，(6.18) の記号を用いると

$$A_0 = \begin{bmatrix} 0 & 1 \\ \nu^2 & 0 \end{bmatrix}, \quad A_2 = -\begin{bmatrix} 0 & 0 \\ 1 & 0 \end{bmatrix}, \quad A_k = O \ (k=1, k \geq 3)$$

となる．行列 A_0 の固有値は ν と $-\nu$ で，対応する固有ベクトルは $\boldsymbol{\xi}_+ = \begin{bmatrix} 1 \\ \nu \end{bmatrix}$ と $\boldsymbol{\xi}_- = \begin{bmatrix} 1 \\ -\nu \end{bmatrix}$ である．

指数の差は 2ν なので，2ν が整数かどうかで解の表現式が異なる．
$2\nu \notin \mathbb{Z}$ のとき： 定理 6.6 より，2 つの解は収束級数

$$\boldsymbol{x}_1(z) = z^\nu \sum_{k=0}^\infty z^k \boldsymbol{\xi}_k, \quad \boldsymbol{\xi}_0 \parallel \boldsymbol{\xi}_+,$$

$$\boldsymbol{x}_2(z) = z^{-\nu} \sum_{k=0}^\infty z^k \boldsymbol{\eta}_k, \quad \boldsymbol{\eta}_0 \parallel \boldsymbol{\xi}_-.$$

$\nu = n - \frac{1}{2}$, $n \in \mathbb{Z}$ のとき: 簡単のために $n=1$ のときを説明する．$\nu = \frac{1}{2}$ については，注意 6.5 により上記の展開式が得られる．$\nu = -\frac{1}{2}$ については，定理 6.6 における係数ベクトル $\boldsymbol{\xi}_k$ の漸化式において，$A_1 = O$ であることより，$\boldsymbol{\xi}_0$ と $\boldsymbol{\xi}_1$ は

$$\left(-\tfrac{1}{2}I - A_0\right)\boldsymbol{\xi}_0 = \boldsymbol{0}, \quad \left[\tfrac{1}{2}I - A_0\right]\boldsymbol{\xi}_1 = A_1 \boldsymbol{\xi}_0 = 0$$

により定まる．したがって，$\boldsymbol{\xi}_0 \parallel \boldsymbol{\xi}_-$, $\boldsymbol{\xi}_1 \parallel \boldsymbol{\xi}_+$ となる．以上より，やはり上記の展開式が得られる．一般の n についても上記の展開式が成立するが，証明は後述するベッセル関数の表示式（定理 6.12）と展開式（定理 6.13）を用いるのが分かりやすいので省略する．

$\nu = n \in \mathbb{Z}$ のとき: $n \geq 0$ とすると，定理 6.8 より展開式は

$$\boldsymbol{x}_1(z) = z^n \sum_{k=0}^{\infty} z^k \boldsymbol{\xi}_k, \quad \boldsymbol{\xi}_0 \parallel \boldsymbol{\xi}_+,$$

$$\boldsymbol{x}_2(z) = z^{-n} \sum_{k=0}^{\infty} z^k \boldsymbol{\eta}_k + \frac{z^\nu (\log z)}{2\pi i \mu} \sum_{k=0}^{\infty} z^k \boldsymbol{\xi}_k, \quad \boldsymbol{\eta}_0 \parallel \boldsymbol{\xi}_-.$$

問 6.5 $\frac{1}{2}$ 次のベッセル方程式

$$x'' + \frac{1}{z}x' + \left(1 - \frac{1}{4z^2}\right)x = 0$$

において，$x = z^{-\frac{1}{2}} y$ と未知関数変換をすると，y は微分方程式 $y'' + y = 0$ をみたすことを示せ．

6.6　優　級　数

一変数の優級数

複素数列 $\{f_n\}_{n=1}^{\infty}$ に対して

$$f(z) = \sum_{n=0}^{\infty} f_n z^n \in \mathbb{C}[[z]]$$

を形式的べき級数 (formal power series) とよぶ．形式的とは，右辺が収束しているかどうかを問わないからである．$\overline{\mathbb{R}}_+ = [0, +\infty)$ の数列 $\{F_n\}_{n=1}^{\infty}$ に対しては

$$F(z) = \sum_{n=0}^{\infty} F_n z^n \in \overline{\mathbb{R}}_+[[z]]$$

と表し，$|f_n| \leq F_n \ (\forall n)$ が成立するとき，$F(z)$ は $f(z)$ の**優級数**であるとよび，

$$f(z) \ll F(z)$$

と表すことにする．明らかに，$F(z)$ が $\{|z| < R\}$ で収束すれば $f(z)$ も $\{|z| < R\}$ で収束する．$F(z)$ が収束するとき，$F(z)$ を優関数という．

例題 6.5　$f(z)$ が $\{|z| < R\}$ で正則かつ $\{|z| \leq R\}$ で連続なとき，$f(z)$ の優関数を一つ求めよ．

[解]　命題 6.4 より，テイラー展開 $f(z) = \sum_{n=0}^{\infty} f_n z^n$ が成立する．$f(z)$ が $\{|z| \leq R\}$ で連続だから，2 変数の場合に述べたと同様に，コーシーの係数評価式

$$|f_n| \leq \frac{M}{R^n}, \quad M = \max_{|z| \leq R} |f(z)|$$

が従うので，優関数として次を得る．

$$F(z) = \sum_{n=0}^{\infty} \frac{M}{R^n} z^n = \frac{M}{1 - \dfrac{z}{R}} = \frac{MR}{R - z}. \qquad \Box$$

多変数の優級数

$\boldsymbol{z} = (z_1, \ldots, z_m) \in \mathbb{C}^m$ と $\boldsymbol{\alpha} = (\alpha_1, \ldots, \alpha_m), \ (0 \leq \alpha_j \in \mathbb{Z})$ とする．$f_{\boldsymbol{\alpha}} \in \mathbb{C}$ に対して

$$f(z) = \sum_{\boldsymbol{\alpha}} f_{\boldsymbol{\alpha}} \boldsymbol{z}^{\boldsymbol{\alpha}} = \sum_{\alpha_1=0}^{\infty} \cdots \sum_{\alpha_m=0}^{\infty} f_{(\alpha_1, \ldots, \alpha_m)} z_1^{\alpha_1} \cdots z_m^{\alpha_m} \in \mathbb{C}[[\boldsymbol{z}]]$$

を形式的べき級数とよぶ．$U_{\boldsymbol{\alpha}} \in \overline{\mathbb{R}}_+$ のとき，

$$F(z) = \sum_{\boldsymbol{\alpha}} F_{\boldsymbol{\alpha}} \boldsymbol{z}^{\boldsymbol{\alpha}} \in \overline{\mathbb{R}}_+[[\boldsymbol{z}]]$$

6.6 優級数

と表す.一変数の場合と同様に,$|f_{\boldsymbol{\alpha}}| \leq F_{\boldsymbol{\alpha}}$ $(\forall \boldsymbol{\alpha})$ が成立するとき,$F(\boldsymbol{z})$ は $f(\boldsymbol{z})$ の優級数といい,$f(\boldsymbol{z}) \ll F(\boldsymbol{z})$ と表す.$F(\boldsymbol{z})$ が $\Delta(R) = \{\boldsymbol{z} \in \mathbb{C}^m\,; |z_j| < R\}$ で収束すれば,そこで絶対収束し,$f(\boldsymbol{z})$ も $\Delta(R)$ で(絶対)収束する(多重級数だから絶対収束性に注意することが必要).

例題 6.6 $f(\boldsymbol{z})$ が $\Delta(R)$ で正則かつ $\overline{\Delta(R)} = \{\boldsymbol{z} \in \mathbb{C}^m\,; |z_j| \leq R\}$ で連続なとき,$f(\boldsymbol{z})$ の優関数として,$F(\boldsymbol{z}) = \dfrac{MR^m}{(R-z_1)\cdots(R-z_m)}$ と $G(\boldsymbol{z}) = \dfrac{MR}{R-(z_1+\cdots+z_m)}$ がとれることを示せ.ただし,$M = \max_{\boldsymbol{z} \in \overline{\Delta(R)}}|f(\boldsymbol{z})|$ である.

[解] 2変数の場合に示したように,一般に多変数の $f(\boldsymbol{z})$ についても

$$f(\boldsymbol{z}) = \sum_{\boldsymbol{\alpha}} f_{\boldsymbol{\alpha}} \boldsymbol{z}^{\boldsymbol{\alpha}} = \sum_{\alpha_1=0}^{\infty} \cdots \sum_{\alpha_m=0}^{\infty} f_{\boldsymbol{\alpha}} z_1^{\alpha_1} \cdots z_m^{\alpha_m}, \quad \forall \boldsymbol{z} \in \Delta(R)$$

とテイラー展開され,係数 $f_{\boldsymbol{\alpha}}$ に対してコーシーの係数評価式

$$|f_{\boldsymbol{\alpha}}| \leq \frac{M}{R^{|\boldsymbol{\alpha}|}} = \frac{M}{R^{\alpha_1+\cdots+\alpha_m}}$$

が成立する.従って

$$\sum_{\boldsymbol{\alpha}} \frac{M}{R^{|\boldsymbol{\alpha}|}} \boldsymbol{z}^{\boldsymbol{\alpha}} = M\left(\sum_{\alpha_1=0}^{\infty}\left(\frac{z_1}{R}\right)^{\alpha_1}\right)\cdots\left(\sum_{\alpha_m=0}^{\infty}\left(\frac{z_m}{R}\right)^{\alpha_m}\right) = F(\boldsymbol{z})$$

は $f(\boldsymbol{z})$ の優関数である.

$$\frac{G(\boldsymbol{z})}{M} = \frac{1}{1-\frac{z_1+\cdots+z_m}{R}} = \sum_{k=0}^{\infty} \frac{(z_1+\cdots+z_m)^k}{R^k}$$

$$= \sum_{k=0}^{\infty}\left(\sum_{\alpha_1+\cdots+\alpha_m=k} \frac{k!}{\alpha_1!\cdots\alpha_m!}\left(\frac{z_1}{R}\right)^{\alpha_1}\cdots\left(\frac{z_m}{R}\right)^{\alpha_m}\right)$$

より,$F(\boldsymbol{z}) \ll G(\boldsymbol{z})$ が従い,$G(\boldsymbol{z})$ も $f(\boldsymbol{z})$ の優関数である. □

6.7 正規形の解析的微分方程式―優級数の方法―

この節では，解をべき級数に展開する方法によって，解析的微分方程式を解く．優級数を用いれば，形式的な計算により求めた級数が，実際に収束することが示され，6.2 節で述べたコーシーの定理の別証明が得られる．

定理 6.9（コーシー）． $f(t,x)$ が (t_0, x_0) を含む領域 $\Omega \subset \mathbb{C} \times \mathbb{C}^m$ で解析的（正則）とする．このとき，正規形微分方程式系の初期値問題

$$\frac{dx}{dt} = f(t,x) \quad x(t_0) = x_0$$

は，$t = t_0$ の近傍で解析的 (analytic) な解を唯一つ持つ．

[証明] $t = s + t_0$, $x = y + x_0$ とおいて，$y(s)$ の方程式を考えれば，定理の証明は，$t_0 = 0$, $x_0 = 0$ の場合に帰着できる．簡単のため，まず，単独方程式

$$\frac{dx}{dt} = f(t,x), \quad x(0) = 0 \tag{6.25}$$

の場合を考える．$u(t) = x'(t)$ とすると初期条件より

$$x(t) = \int_0^t u(s)\,ds \quad (= D^{-1}u \text{ と表す})$$

が従うので，(6.25) は方程式

$$u = f(t, D^{-1}u) \tag{6.26}$$

に帰着される．(6.26) をみたす形式的べき級数 $u(t) = \sum_{n=0}^{\infty} u_n t^n \in \mathbb{C}[[t]]$（以下，形式解とよぶ）を求めよう．正則性の仮定から，f は $(0,0)$ の近傍で

$$f(t,x) = \sum_{p,q=0}^{\infty} f_{pq} t^p x^q$$

と展開され，項別積分より

$$D^{-1}u = \sum_{n=0}^{\infty} \frac{u_n}{n+1} t^{n+1}$$

6.7 正規形の解析的微分方程式―優級数の方法―

だから，(6.26) より

$$\sum_{n=0}^{\infty} u_n t^n = \sum_{p,q=0}^{\infty} f_{pq} t^p \left(\sum_{n=0}^{\infty} \frac{u_n}{n+1} t^{n+1} \right)^q$$

$$= \sum_{p,q=0}^{\infty} f_{pq} t^p \underbrace{\left(\sum_{n_1=0}^{\infty} \frac{u_{n_1}}{n_1+1} t^{n_1+1} \right) \cdots \left(\sum_{n_q=0}^{\infty} \frac{u_{n_q}}{n_q+1} t^{n_q+1} \right)}_{q\text{ 個の積}}$$

が従う．両辺の係数を比較することにより，u_n の漸化式

$$u_0 = f_{00} \quad (\because q \geq 1 \text{ ならば } t \text{ の正べきを含む}) \tag{6.27}$$

$$u_n = \sum_{\substack{p,q \geq 0 \\ p+q+n_1+\cdots+n_q=n}} f_{pq} \left(\frac{u_{n_1}}{n_1+1} \right) \cdots \left(\frac{u_{n_q}}{n_q+1} \right) \tag{6.28}$$

を得る．(6.28) で $n_j \leq n-1$ なので u_n は一意的に定まる．従って，初期値問題 (6.25) の解析的な解 $x(t)$ があれば，$x(t) = D^{-1} u(t) = \sum_{n=0}^{\infty} \frac{u_n}{n+1} t^{n+1}$ と表されるものだけである．

求めた形式解が原点の近傍で収束することを，優関数の方法で示そう．前節の例題で示したように，原点の近傍で解析的な $f(t,x)$ に対して優関数 $F(t,x)$ が存在する．方程式

$$U = F(t, D^{-1}U)$$

の形式解 $U(t) = \sum_{n=0}^{\infty} U_n t^n$ は $u(t)$ の優級数である．実際，$F(t,x) = \sum_{p,q=0}^{\infty} F_{pq} t^p x^q$，$F_{pq} \geq 0$ とすれば，U_n は (6.27)，(6.28) で f_{pq} を F_{pq} で置き換えた漸化式により定まる．$|u_0| = |f_{00}| \leq F_{00} = U_0$ であり，帰納的に $|u_n| \leq U_n$ が示される ($\because |f_{pq}| \leq F_{pq}$)．

形式解 $U(t)$ の収束性を見るため，

$$D^{-1} U = \sum_{n=0}^{\infty} \frac{U_n}{n+1} t^{n+1} \ll \sum_{n=0}^{\infty} U_n t^{n+1} = tU$$

が成立することに注意する．さらに，$D^{-1}U$ を tU に置き換えた方程式

$$W = F(t, tW) \tag{6.29}$$

を考えれば，解 $W(t) = \sum_{n=0}^{\infty} W_n t^n$ は $U(t)$ の優級数である ($\because W_0 = F_{00} = U_0$ であ

り，W_n は (6.28) で f_{pq} を F_{pq} に置き換え，$\frac{1}{n_j+1}$ の因子を取り去った式で帰納的に定まるから）．ここで，$f(t,x)$ が $\Delta(R) = \{(t,x) \in \mathbb{C}^2 ; |t| < R, |x| < R\}$ で正則かつ $\overline{\Delta(R)}$ で連続なとき，優関数 $F(t,x)$ として，とくに前節の例題で述べた $\frac{C}{R-(t+x)}$，（ただし $C = RM$，$M = \max_{\overline{\Delta(R)}}|f(t,x)|$）を選ぶと，方程式 (6.29) は 2 次方程式

$$tW^2 - (R-t)W + C = 0$$

になる．$W(0) = W_0 = F(0,0) = C/R$ に注意して，これを解くことにより原点の近傍で正則な

$$W(t) = \frac{2C}{R-t+\sqrt{(R-t)^2 - 4Ct}} \tag{6.30}$$

を得る．$u(t) \ll U(t) \ll W(t)$ であったから，$u(t)$ の収束性が示された．

一般の連立方程式の場合，すなわち，$f_j(t,\boldsymbol{x})$ $(j=1,\ldots,m)$ が $(0,\boldsymbol{0}) \in \mathbb{C} \times \mathbb{C}^m$ の近傍で正則なとき，初期値問題

$$\frac{dx_j}{dt} = f_j(t,x_1,\ldots,x_m), \quad x_j(0) = 0 \quad (j=1,\ldots,m),$$

の解析的な解 $\boldsymbol{x}(t) = {}^t(x_1(t),\ldots,x_m(t))$ を求めることは，$x'_j = u_j$ とおいて，方程式

$$u_j = f_j(t, D^{-1}u_1, \ldots, D^{-1}u_m) \quad (j=1,\ldots,m)$$

を考え，形式解 $u_j(t) = \sum_{n=0}^{\infty} u_{j,n} t^n$ を求めることに帰着される．$u_j(t)$ の収束性は，$f_j(t,\boldsymbol{x}) \ll F(t,\boldsymbol{x})$ $(\forall j)$ をみたす優関数 $F(t,\boldsymbol{x}) = \frac{C}{R-(t+x_1+\cdots+x_m)}$，$(C, R > 0)$ をとれば，方程式

$$W = F(t, tW, \ldots, tW)$$

の解 $W(t)$ が，$u_j(t)$ の優関数であることから明らかである． □

定理の証明の (6.30) 式から明らかなように，解 $\boldsymbol{x}(t)$ の存在範囲は一般に，$\boldsymbol{f}(t,\boldsymbol{x})$ の収束域 $\Delta(R)$ とそこでの $|\boldsymbol{f}(t,\boldsymbol{x})|$ の最大値による．しかし，方程式が線形の場合は，収束域 $\Delta(R)$ にのみよることが示される．実際，次の系が成立する．

定理 6.9 の系 $A(t) = \left(a_{jk}(t); \begin{matrix} j \downarrow 1,\ldots,m \\ k \to 1,\ldots,m \end{matrix}\right)$，$\boldsymbol{b}(t) = {}^t(b_1(t),\ldots,b_m(t))$ が $\{t \in \mathbb{C}; |t| < R\}$ で正則とする．このとき，連立線形方程式の初期値問題

6.7 正規形の解析的微分方程式—優級数の方法— **169**

$$\frac{d\boldsymbol{x}}{dt} = A(t)\boldsymbol{x} + \boldsymbol{b}(t), \quad \boldsymbol{x}(0) = 0$$

の解 $\boldsymbol{x}(t)$ が $\{|t| < R\}$ で唯一つ存在する．（線形方程式の解の存在範囲）

[証明] $R' < R$ をみたす，任意の R' について，この系を示せばよいので，$A(t)$, $\boldsymbol{b}(t)$ は $\{|t| \leq R\}$ で連続と仮定して一般性を失わない．簡単のため，単独の場合を考える．(6.26) の形式解 $u(t) = \sum_{n=0}^{\infty} u_n t^n$ の構成は，定理の証明と全く同じである．形式解 $u(t)$ の収束性を調べるため，任意の $N \in \mathbb{N}$ を固定して

$$u(t) = \sum_{n=0}^{N} u_n t^n + \sum_{n=N+1}^{\infty} u_n t^n := \varphi(t) + \tilde{u}(t)$$

と分解しよう．$\varphi(t)$ は多項式だから，$\tilde{u}(t)$ の収束域が $u(t)$ の収束域である．$f(t,x) = a(t)x + b(t)$ であることに注意すると，(6.26) は $u = a(t)D^{-1}u + b(t)$ と表されるので $\tilde{u}$ に対する方程式

$$\tilde{u} = a(t)D^{-1}\tilde{u} + \tilde{b}(t), \quad \text{ただし } \tilde{b}(t) = b(t) - \varphi(t) + a(t)(D^{-1}\varphi)(t)$$

を得る．$\tilde{u}(t)$ は $t = 0$ で $N+1$ 位の零点を持つから，$\tilde{b}(t)$ もそうである．$a(t)$, $\tilde{b}(t)/t^{N+1}$ は $\{|t| < R\}$ で正則，$\{|t| \leq R\}$ で連続だから，$a(t)x + \tilde{b}(t)$ の優関数として

$$F(t,x) = \frac{A}{R-t}x + \frac{Bt^{N+1}}{R-t}, \quad \text{ただし}, A = R\max_{|t|\leq R}|a(t)|, B = R\max_{|t|\leq R}\left|\frac{\tilde{b}(t)}{t^{N+1}}\right|$$

をとることができる．$U = \sum_{n=N+1}^{\infty} U_n t^n \in \overline{\mathbb{R}}_+[[t]]$ が方程式

$$U = F(t, D^{-1}U)$$

の形式解ならば，$\tilde{u}$ の優級数である．

$$D^{-1}U(t) = \sum_{n=N+1}^{\infty} \frac{U_n}{n+1}t^{n+1} \ll \sum_{n=N+1}^{\infty} \frac{U_n}{N+2}t^{n+1} = \frac{t}{N+2}U(t)$$

に注意すると，方程式

$$W = F\left(t, \frac{t}{N+2}W\right) = \left(\frac{A}{R-t}\right)\left(\frac{t}{N+2}\right)W + \frac{Bt^{N+1}}{R-t}$$

の解 $W(t) = \dfrac{Bt^{N+1}}{R - \left(1 + \frac{A}{N+2}\right)t}$ は $\tilde{u}(t) \ll U(t) \ll W(t)$ をみたす．従って，$u(t)$ は $\left\{|t| < R\left/\left(1 + \dfrac{A}{N+2}\right)\right.\right\}$ で収束する．N は任意に大きくとれるので求める結果を得る． $\square$

例題 6.7 ルジャンドル (Legendre) 方程式

$$(1-t^2)x'' - 2tx' + \lambda(\lambda+1)x = 0, \quad \lambda \in \mathbb{C} \text{ パラメータ} \tag{6.31}$$

の解析的な解を原点 $t=0$ の近傍で求めよ．

[解] 両辺を $(1-t^2)$ で割れば，(6.31) は原点の近傍で正規形単独 2 階線形方程式であり，かつ斉次だから互いに 1 次独立な解が 2 つある．正規形 2 階単独方程式の初期値問題は 1 階の方程式系の初期値問題と同値であるので，定理 6.9 とその系から解 $x(t)$ は原点の近傍 $\{|t| < 1\}$ で解析的である．$x(t) = \sum_{n=0}^{\infty} a_n t^n$ とおいて (6.31) に代入すると

$$(1-t^2)\sum_{n=0}^{\infty} n(n-1)a_n t^{n-2} - 2t\sum_{n=0}^{\infty} n a_n t^{n-1} - \lambda(\lambda+1)\sum_{n=0}^{\infty} a_n t^n = 0$$

から

$$2a_2 + \lambda(\lambda+1)a_0 + (6a_3 - (1-\lambda)(2+\lambda)a_1)t$$
$$+ \sum_{n=2}^{\infty} ((n+2)(n+1)a_{n+2} - (n-\lambda)(n+\lambda+1)a_n)t^n = 0.$$

従って，$2a_2 + \lambda(\lambda+1)a_0 = 0$, $6a_3 - (1-\lambda)(2+\lambda)a_1 = 0$,

$$(n+2)(n+1)a_{n+2} - (n-\lambda)(n+\lambda+1)a_n = 0, \quad n \geq 2$$

が成立し，

$$a_{n+2} = \frac{(n-\lambda)(n+\lambda+1)}{(n+2)(n+1)}a_n, \quad n=0,1,2,\ldots \tag{6.32}$$

を得る．n が偶数，奇数の場合に分けて

$$a_{2m} = (-1)^m \frac{\lambda(\lambda-2)\cdots(\lambda-2m+2)(\lambda+1)(\lambda+3)\cdots(\lambda+2m-1)}{(2m)!}a_0$$

$$a_{2m+1} = (-1)^m \frac{(\lambda-1)(\lambda-3)\cdots(\lambda-2m+1)(\lambda+2)(\lambda+4)\cdots(\lambda+2m)}{(2m+1)!} a_1$$

が $m=1,2,\ldots$ に対して成立する．(a_0, a_1) を $(1,0)$ または $(0,1)$ と選ぶことは，それぞれ，初期値 $(x(0), x'(0))$ が $(1,0)$ または $(0,1)$ に等しい解を求めることであるので

$$u_\lambda(t) = 1 + \sum_{m=1}^{\infty} (-1)^m$$
$$\times \frac{\lambda(\lambda-2)\cdots(\lambda-2m+2)(\lambda+1)(\lambda+3)\cdots(\lambda+2m-1)}{(2m)!} t^{2m},$$

$$v_\lambda(t) = t + \sum_{m=1}^{\infty} (-1)^m$$
$$\times \frac{(\lambda-1)(\lambda-3)\cdots(\lambda-2m+1)(\lambda+2)(\lambda+4)\cdots(\lambda+2m)}{(2m+1)!} t^{2m+1}$$

は，(6.31) の互いに 1 次独立な解である．

漸化式 (6.32) より，$a_n \neq 0\ (\forall n)$ であれば $\lim_{n\to\infty} \frac{a_n}{a_{n+2}} = 1$ だから解 $u_\lambda(t)$，$v_\lambda(t)$ の収束半径は $\sqrt{1} = 1$ であることが直接に確かめられる．ルジャンドル方程式のパラメータ $\lambda = 2k \geq 0$（非負の偶数）のときは，$a_{2m} = 0$，$m \geq k+1$ が成立し，$u_{2k}(t)$ は $2k$ 次の多項式である．また $\lambda = 2k+1 > 0$（正の奇数）のときは，$a_{2m+1} = 0$，$m \geq k+1$ が成立するので $v_{2k+1}(t)$ は $2k+1$ 次の多項式である．このように λ が非負の整数のとき，(6.31) は，多項式解を持つ．

$$P_{2k}(t) = (-1)^k \frac{(2k)!}{2^{2k}(k!)^2} u_{2k}(t), \quad P_{2k+1}(t) = (-1)^k \frac{(2k+1)!}{2^{2k}(k!)^2} v_{2k+1}(t)$$

で定義される $P_n(t)$，$(n = 1,2,\ldots)$ をルジャンドルの多項式という．　□

問 6.6 ルジャンドルの多項式 $P_n(t)$，$(n = 1,2,\ldots)$ は

$$P_n(t) = \frac{1}{2^n n!} \frac{d^n}{dt^n} (t^2 - 1)^n \quad \text{（ロドリーグの公式）}$$

と表されることを示せ．
（ヒント：$w(t) = t^2 - 1$ とするとき，等式 $(w^n)' = 2ntw^{n-1}$ が成立．両辺に w を掛けると $(t^2-1)(w^n)' = 2ntw^n$ を得るが，これを $n+1$ 回微分すると $x(t) = (w^n(t))^{(n)}$ が $\lambda = n$ とおいたルジャンドルの微分方程式 $((t^2-1)x')' - n(n+1)x = 0$ をみたすことが分かる．$x(0)$，$x'(0)$ の値に注意する．)

問 6.7 例題 6.7 の解で与えられた $v_0(t)$, $u_1(t)$ がそれぞれ

$$v_0(t) = \frac{1}{2}\log\frac{1+t}{1-t}, \quad u_1(t) = 1 + \frac{t}{2}\log\frac{1-t}{1+t}$$

と表されることを示せ.
(ヒント：初期値問題の一意性を用いる，あるいは，テイラー展開 $\log(1+y) = \sum_{n=0}^{\infty}\frac{(-1)^n}{n+1}y^{n+1}$ を適用する.)

問 6.8 エルミートの方程式

$$x'' - 2tx' + 2\lambda x = 0, \quad \lambda \in \mathbb{C} \text{ パラメータ} \tag{6.33}$$

の解を原点のまわりでの整級数を用いて表せ. $\lambda = n$（自然数）のときは，多項式解 $H_n(t) = \frac{(-1)^n}{2^{n/2}}e^{t^2}\frac{d^n}{dt^n}e^{-t^2}$ を持つことを示せ.
(ヒント：前半は，例題 6.7 と同様な計算による．後半の $\lambda = n$（自然数）のとき (6.33) は $z(t) = e^{-t^2}x(t)$ とおくと $z'' + 2tz' + 2(n+1)z = 0$ と変換される．$y(t) = e^{-t^2}$ ならば等式 $y' + 2ty = 0$ が成立し，これを $n+1$ 回微分せよ．$z = y^{(n)}$ に注意して，微分に関するライプニッツ (Leibniz) 公式 $(fg)^{(n)} = \sum_{k=0}^n \binom{n}{k}f^{(k)}g^{(n-k)}$ を適用.)

6.8　確定特異点型方程式

m 階線形単独方程式

$$a_0(t)\frac{d^m x}{dt^m} + a_1(t)\frac{d^{m-1}x}{dt^{m-1}} + \cdots + a_{m-1}(t)\frac{dx}{dt} + a_m(t)x = 0 \tag{6.34}$$

で，係数が

$$a_j(t) = (t-t_0)^{m-j}b_j(t), \quad (0 \le j \le m), \quad b_0(t_0) \ne 0$$

と $t = t_0$ のまわりで解析的な $b_j(t)$, $(j = 0, \ldots, m)$ によって表されるとき，点 t_0 を (6.34) の**確定特異点** (regular singular point) という．ここで，$t - t_0$ を t と変換することにより，$t_0 = 0$ と考えてよい．また，$s = 1/t$ と変換することにより，$s = 0$ が確定特異点になるときは $t = \infty$ が確定特異点であるという．

6.8 確定特異点型方程式

また，ベクトル値関数 $\boldsymbol{x} = {}^t(x_1, x_2, \ldots, x_m)$ を

$$x_j = t^{j-1} x^{(j-1)}, \quad 1 \leq j \leq m \tag{6.35}$$

のように定義すると，m 階線形単独方程式 (6.34) は，第 6.4 節で解説した 1 階線形微分方程式系に表すことができる（次の問 6.9 参照）．

問 6.9 m 階線形単独方程式 (6.34) の解 x について，ベクトル値関数 $\boldsymbol{x} = {}^t(x_1, x_2, \ldots, x_m)$ を (6.35) のように定めると，$\boldsymbol{x}$ は 1 階線形微分方程式系

$$\frac{d\boldsymbol{x}}{dt} = \frac{1}{t} \hat{A}(t), \quad (\hat{A}(t) \text{ は } t=0 \text{ の近傍で解析的})$$

の解であることを示せ．

フロベニウス (Frobenius) の理論

以下，応用上で重要な $m=2$ の場合に関するフロベニウス (Frobenius) の理論について述べる．$b_0(0) \neq 0$ だから，$t=0$ の近傍で $b_0(t)$ で (6.34) を割ることにより，$b_0(t) = 1$ としてよい．

まず，$b_j(t) = b_j \in \mathbb{C}$, $b_0 = 1$, $(j = 0, 1, 2)$ の場合である．**オイラー (Euler) の方程式**

$$t^2 x'' + t b_1 x' + b_2 x = 0 \tag{6.36}$$

を考えよう．t^λ ($\lambda \in \mathbb{C}$) が (6.36) の解とすると，$(t^\lambda)' = \lambda t^{\lambda-1}$, $(t^\lambda)'' = \lambda(\lambda-1) t^{\lambda-2}$ を (6.36) に代入し，t^λ で割ることにより 2 次方程式

$$\lambda(\lambda - 1) + b_1 \lambda + b_2 = 0 \tag{6.37}$$

を得る．(6.37) を (6.36) の決定方程式という．

決定方程式の根 μ_1, μ_2 が (6.37) の相異なる 2 根ならば，t^{μ_1}, t^{μ_2} は 1 次独立な解である．(6.37) が重根 μ を持つときは，t^μ と 1 次独立な解を（定数変化法により）$y(t) t^\mu$ の形で求めよう．これを (6.36) に代入して，t^μ が (6.36) の解であることを使って整理すると

$$t y'' + (b_1 + 2\mu) y' = 0$$

を得る．根と係数の関係より $2\mu = 1 - b_1$ だから，$u(t) = y'(t)$ についての 1 階

変数分離形を解くことにより,

$$y(t) = C_1 \log t + C_2, \quad C_1 \neq 0, \quad C_2 \text{ は定数}$$

である. 結局, $t^\mu (\log t)$ が t^μ と一次独立な解である.

一般の $b_j(t)$, $j=1,2$ の場合についても次の定理が成立する.

定理 6.10（フロベニウス）. $t=0$ に確定特異点を持つ 2 階線形方程式

$$t^2 x'' + t b_1(t) x' + b_2(t) x = 0 \tag{6.38}$$

において, 決定方程式

$$\lambda(\lambda-1) + b_1(0)\lambda + b_2(0) = 0$$

の 2 根を μ_1, μ_2 ($\operatorname{Re}\mu_1 \geq \operatorname{Re}\mu_2$) とすると,

(1) $\mu_1 - \mu_2 \notin \mathbb{Z}$ ならば, 2 つの 1 次独立な解は

$$x_1(t) = t^{\mu_1} v_1(t) \quad x_2(t) = t^{\mu_2} v_2(t)$$

の形で与えられる. ここで, $v_1(t)$, $v_2(t)$ は $t=0$ の近傍で解析的である.

(2) $\mu_1 - \mu_2 \in \mathbb{Z}$ ならば, 2 つの 1 次独立な解は,

$$x_1(t) = t^{\mu_1} v_1(t) \quad x_2(t) = c x_1(t) \log t + t^{\mu_2} v_2(t)$$

の形で与えられる. ただし, $v_1(t)$, $v_2(t)$ は $t=0$ の近傍で解析的で $v_1(0) \neq 0$ である. また, $\mu_1 = \mu_2$ の場合をのぞき $v_2(0) \neq 0$ であり, $\mu_1 = \mu_2$ ならば $c=1$ である.

[証明] 方程式 (6.38) は必ず,

$$x(t) = t^\lambda \sum_{n=0}^\infty v_n t^n = t^\lambda v(t) \in t^\lambda \times \mathbb{C}[[t]] \tag{6.39}$$

の形をした形式解を持つことを示そう. 方程式 (6.38) の係数を

$$b_1(t) = b_{1,0} + \sum_{j=1}^\infty b_{1,j} t^j := b_{1,0} + \tilde{b}_1(t), \quad b_2(t) = b_{2,0} + \sum_{j=1}^\infty b_{2,j} t^j := b_{2,0} + \tilde{b}_2(t)$$

6.8 確定特異点型方程式

と展開すれば，(6.38) は

$$t^2 x'' + t b_{1,0} x' + b_{2,0} x = -t \tilde{b}_1(t) x' - \tilde{b}_2(t) x \tag{6.40}$$

と表される．これに，形式解 (6.38) を代入すると

$$\sum_{n=0}^{\infty} f(\lambda+n) v_n t^{\lambda+n}$$
$$= -\left(\sum_{j=1}^{\infty} b_{1,j} t^j\right)\left(\sum_{m=0}^{\infty} (\lambda+m) v_m t^{\lambda+m}\right) - \left(\sum_{j=1}^{\infty} b_{2,j} t^j\right)\left(\sum_{m=0}^{\infty} v_m t^{\lambda+m}\right)$$

が従う．ただし，$f(\lambda) = \lambda(\lambda-1) + b_{1,0}\lambda + b_{2,0}$ である．

両辺の係数を比較することにより，v_n の漸化式

$$f(\lambda) v_0 = 0 \tag{6.41}$$

$$f(\lambda+n) v_n = -\sum_{\substack{j \geq 1 \\ j+m=n}} (b_{1,j}(\lambda+m) + b_{2,j}) v_m, \quad (n \geq 1) \tag{6.42}$$

を得る．$\lambda \in \mathbb{C}$ が決定方程式 $f(\lambda) = 0$ の根で，

$$f(\lambda+n) \neq 0, \quad \forall n \geq 1 \tag{*}$$

が成立すれば，$v_0 \neq 0$ について (6.41) が成立し，(6.42) によって v_n ($n = 1, 2, \ldots$) が v_0 から帰納的に定まる．従って，μ_1, μ_2, ($\text{Re}\,\mu_1 \geq \text{Re}\,\mu_2$) が決定方程式の 2 根であるとき，条件 (*) は $\lambda = \mu_1$ については，常にみたされ，(6.38) の形をした $x_1(t) = t^{\mu_1} v_1(t)$, ($v_1(0) \neq 0$) は (6.38) の形式解である．

また，$\mu_1 \neq \mu_2$ で，$\mu_1 - \mu_2 \notin \mathbb{N}$ ならば，条件 (*) は $\lambda = \mu_2$ についてもみたされ，この場合，$x_2(t) = t^{\mu_2} v_2(t)$, ($v_2(0) \neq 0$) も別な形式解を与える．$v_j(t)$ の収束性を示せば，1 次独立な 2 つの解が得られたことになる．

形式解 $v_j(t)$ の収束性を示そう．$b_k(t)$, ($k = 1, 2$) が，$|t| < R$ で正則，$|t| \leq R$ で連続とすれば，コーシーの係数評価式，$|b_{k,j}| \leq M/R^j$, $\exists M > 0$ が成立する．$\lambda = \mu_j$ のとき，十分大きい $l \in \mathbb{N}$ をとれば，

$$\exists \delta > 0; \ |f(\lambda+n)| \geq \delta n^2, \quad \forall n \geq l$$

が成立する．従って (6.42) より，$n \geq l$ ならば

$$|v_n| \leq \frac{1}{\delta n^2} \sum_{m=0}^{n-1} \frac{M(|\lambda|+1+m)}{R^{n-m}} |v_m|$$

が成立する. 不等式の右辺を V_n とおくと,

$$V_{n+1} = \frac{n^2}{(n+1)^2 R}\left(V_n + \frac{M(|\lambda|+1+n)}{\delta n^2}|v_n|\right)$$

が従い, $|v_n| \leq V_n$ より $\lim_{n\to\infty} V_{n+1}/V_n = 1/R$ を得る. 優級数 $\sum_{n=l}^{\infty} V_n t^n$ の収束半径が R だから $v(t) = v_j(t)$ は $|t| < R$ で収束する.

上で除外した

$$\mu_1 - \mu_2 = N, \quad \exists N \in \{0, 1, 2, \ldots\} \tag{6.43}$$

の場合を考察する. (6.38) の形をした形式解 $x_1(t) = t^{\mu_1} v_1(t)$ と 1 次独立な解を $x_2(t) = y(t)x_1(t)$ として求めよう (定数変化法). これを (6.40) に代入して, $x_1(t)$ が (6.38) の解であることを使って整理すると $y(t)$ に対する方程式

$$ty'' + (b_{1,0} + 2\mu_1)y' = -\left(\frac{2tv_1'(t)}{v_1(t)} + \tilde{b}_1(t)\right)y'$$

を得る ($\because x_1' = \mu_1 t^{\mu_1-1} v_1(t) + t^{\mu_1} v_1'(t)$). $f(\lambda) = 0$ の根と係数の関係式から $\mu_1 + \mu_2 = 1 - b_{1,0}$ が従い, (6.43) と合わせて, $b_{1,0} + 2\mu_1 = N+1$ が成立する. $v_1(0) \neq 0$ より $a(t) := -\left(\frac{2tv_1'(t)}{v_1(t)} + \tilde{b}_1(t)\right)$ は $t = 0$ の近傍で解析的で, $a(0) = 0$ をみたすので, $a(t) = \sum_{j=1}^{\infty} a_j t^j$ と展開できる. $y'(t) = z(t)$ は方程式

$$tz' + (N+1)z = a(t)z \tag{6.44}$$

をみたすので, $z(t) = t^\lambda u(t) = t^\lambda \sum_{n=0}^{\infty} u_n t^n$ とおいて, (6.44) に代入すると u_n についての漸化式

$$g(\lambda)u_0 = 0, \quad \text{ただし}, \quad g(\lambda) = \lambda + N + 1,$$
$$g(\lambda+n)u_n = \sum_{\substack{j \geq 1 \\ j+m=n}} a_j u_m, \quad (n \geq 1)$$

を得る.

ここで $u_0 \neq 0$ とすれば, $g(\lambda) = 0$ から, $\lambda = -N-1$ が従う. $g(-N-1+n) \neq 0$, $(n \geq 1)$ だから u_n が帰納的に定まり, (6.44) の形式解

$$z(t) = u_0 t^{-N-1} + u_1 t^{-N} + \cdots + u_N t^{-1} + u_{N+1} + u_{N+2} t + \cdots$$

6.8 確定特異点型方程式

が求まる（$u(t)$ の収束性は $v(t)$ のそれとほぼ同様に示される）．項別積分することにより，

$$y(t) = -\frac{u_0}{N}t^{-N} - \frac{u_1}{N-1}t^{-N+1} - \cdots - u_{N-1}t^{-1} + u_N \log t$$
$$+ u_{N+1}t + \frac{u_{N+2}}{2}t^2 + \cdots$$

が得られる．ただし，$N=0$ のときは，t の負べきの項は現れない．$x_1(t)$ と 1 次独立な解 $x_2(t) = y(t)x_1(t) = y(t)t^{\mu_1}v_1(t)$ は $\mu_2 = \mu_1 - N$ に注意すると

$$x_2(t) = t^{\mu_2}\left(-\frac{u_0}{N} - \cdots - u_{N-1}t^{N-1} + u_{N+1}t^{N+1} + \frac{u_{N+2}}{2}t^{N+2}\right.$$
$$\left. + \cdots\right)v_1(t) + u_N x_1(t)\log t$$
$$:= t^{\mu_2}v_2(t) + u_N x_1(t)\log t$$

の形で与えられることが分かる．ここで，$N \neq 0$ の場合，$v_2(0) = u_0/N \neq 0$ であり，$N=0$ ときは，$x_1(t)\log t$ の係数 u_0 は 0 でない． □

ベッセルの微分方程式の 1 次独立な解

ν 次のベッセルの微分方程式

$$t^2 x'' + tx' + (t^2 - \nu^2)x = 0, \quad \nu \in \mathbb{C}, \quad (\operatorname{Re}\nu \geq 0) \tag{6.45}$$

において $x(t) = t^\lambda \sum_{n=0}^{\infty} a_n t^n$ の形で表される解を求める．

決定方程式は

$$f(\lambda) = \lambda(\lambda-1) + \lambda - \nu^2 = 0$$

だからその 2 根は $\nu, -\nu$ である．$\operatorname{Re}\nu \geq \operatorname{Re}-\nu$ に注意して $x(t) = \sum_{n=0}^{\infty} v_n t^{n+\nu}$ を方程式に代入すると (6.42) から $v_1 = 0$,

$$v_n = \frac{-b_{2,2}v_{n-2}}{f(n+\nu)} = \frac{-v_{n-2}}{n(n+2\nu)}, \quad n \geq 2$$

が成立する．従って $v_1 = v_3 = \cdots = v_{2m-1} = 0$ がいえる．一方

$$v_{2m} = -\frac{v_{2m-2}}{2^2 m(m+\nu)} = (-1)^m \frac{v_0}{2^{2m}(m!)(\nu+1)(\nu+2)\cdots(\nu+m)}$$

となり，

$$x(t) = 2^\nu v_0 \sum_{m=0}^{\infty} (-1)^m \frac{v_0}{m!\,(\nu+1)(\nu+2)\cdots(\nu+m)} \left(\frac{t}{2}\right)^{2m+\nu}$$

を得る．また，ガンマ関数の性質，$\Gamma(z+1) = z\Gamma(z)$, $z \in \mathbb{C}$ から

$$\Gamma(\nu+m+1) = (\nu+m)(\nu+m-1)\cdots(\nu+1)\Gamma(\nu+1)$$

が従うので，$v_0 = 1/(2^\nu \Gamma(\nu+1))$ と選べば，$x(t)$ は

$$J_\nu(t) := \sum_{m=0}^{\infty} \frac{(-1)^m}{\Gamma(m+1)\Gamma(\nu+m+1)} \left(\frac{t}{2}\right)^{2m+\nu}$$

と書ける．この $J_\nu(t)$ を ν 次の（**第1種**）**ベッセル関数**という．

ここで $\nu - (-\nu) = 2\nu \notin \mathbb{N} \cup \{0\}$ ならば，ν を $-\nu$ に置き換えて上と同様な計算をすることにより

$$J_{-\nu}(t) = \sum_{m=0}^{\infty} \frac{(-1)^m}{\Gamma(m+1)\Gamma(-\nu+m+1)} \left(\frac{t}{2}\right)^{2m-\nu}$$

が解であることが示される．$J_\nu(t)$, $J_{-\nu}(t)$ は互いに 1 次独立な (6.45) の解である．

また，2ν が奇数 $2k+1$ のときは，$\nu = k + \frac{1}{2} \notin \mathbb{N}$ なので v_{2m} は v_0 から帰納的に定まり，また，$v_{2m+1} = 0$ $(m = 0, 1, 2, \ldots)$ とすれば (6.42) はみたされる．従って，$J_{-\nu}(t) = t^{-\nu}v(t)$, $(v(t)$ は解析的$)$ となるので，これも (6.45) の求める解である．結局，$\nu \neq 0, 1, 2, \ldots$ ならば，$J_\nu(t)$, $J_{-\nu}(t)$ が (6.45) の求める 1 次独立解となる．

ガンマ関数 $\Gamma(z)$ は $z = 0, -1, -2, \ldots$ で 1 位の極を持つので，ν が非負の整数 $k = 0, 1, 2, \ldots$ のときは

$$1/\Gamma(-k+m+1) = 0, \quad 0 \leq m \leq k-1$$

が従うことを考慮すると

$$J_{-k}(t) = \sum_{m=k}^{\infty} \frac{(-1)^m}{\Gamma(m+1)\Gamma(-k+m+1)} \left(\frac{t}{2}\right)^{2m-k}$$

6.8 確定特異点型方程式

$$= (-1)^k \sum_{m'=0}^{\infty} \frac{(-1)^{m'}}{\Gamma(m'+k+1)\Gamma(m'+1)} \left(\frac{t}{2}\right)^{2m'+k}$$

$$= (-1)^k J_k(t) \tag{6.46}$$

が成立する．結局，$J_{-k}(t)$ は $J_k(t)$ と 1 次従属で，ν が非負の整数 k のときは求める解は $J_k(t)$ のみである．

上の証明で明らかなように，ベッセルの微分方程式について ν が非負な整数 $k = 0, 1, 2, \ldots$ に等しいときは，$J_k(t)$ と 1 次独立な解は，$\log t$ を因子に持つ項を含む．定理 2 の証明におけるように定数変化法により，もう一つの 1 次独立解を求めることができるが，以下では，微分方程式の解が初期値とパラメータに関して連続であること（定理 2.6）を用いて，これを求めよう．

パラメータが $\nu \notin \mathbb{N} \cup \{0\}$, $(\mathrm{Re}\,\nu \geq 0)$ のとき，

$$Y_\nu(t) = \frac{J_\nu(t)\cos\nu\pi - J_{-\nu}(t)}{\sin\nu\pi}$$

とおくと，$Y_\nu(t)$ は，$J_\nu(t)$ と 1 次独立な方程式 (6.45) の解である．これをノイマン (**Neumann**) 関数（第 2 種ベッセル関数）という．$\nu = k \in \mathbb{N} \cup \{0\}$ については，

$$Y_k(t) = \lim_{\nu \to k} Y_\nu(t)$$

でノイマン関数 $Y_k(t)$ を定義する．右辺の極限値は $t \neq 0$ で存在し，次の命題が成立する．

命題 6.5 $k = 0, 1, 2, \ldots$ とするとき，上で定義される $Y_k(t)$ は，ベッセルの微分方程式 $(\nu = k)$, すなわち，

$$t^2 x'' + t x' + (t^2 - k^2) x = 0$$

をみたし，$J_k(t)$ と 1 次独立な解である．また，$Y_k(t)$ を定義する極限値は

$$Y_k(t) = \frac{1}{\pi}\left[\frac{\partial J_\nu}{\partial \nu}(t) - (-1)^k \frac{\partial J_{-\nu}}{\partial \nu}(t)\right]_{\nu=k} \tag{6.47}$$

に等しく，$k \geq 1$ のとき，

$$\pi Y_k(t) = 2J_k(t)\left(\log\frac{t}{2} + \gamma\right) - \sum_{m=0}^{k-1} \frac{\Gamma(k-m-1)}{\Gamma(m)}\left(\frac{t}{2}\right)^{2m-k}$$

$$- \left(\frac{t}{2}\right)^k \frac{1}{\Gamma(k)} \sum_{m=1}^{k} \frac{1}{m}$$

$$- \sum_{m=1}^{\infty} \frac{(-1)^m}{\Gamma(m)\Gamma(k+m)}\left(\sum_{j=1}^{m}\frac{2}{j} + \sum_{j=m+1}^{k+m}\frac{1}{j}\right)\left(\frac{t}{2}\right)^{2m+k},$$

$$\pi Y_0(t) = 2J_0(t)\left(\log\frac{t}{2} + \gamma\right) - 2\sum_{m=1}^{\infty} \frac{(-1)^m}{\Gamma(m)^2}\left(\frac{t}{2}\right)^{2m} \sum_{j=1}^{m} \frac{1}{j}$$

の表示を持つ．ただし，γ は次で定義されるオイラーの定数である．

$$\gamma = \lim_{n\to\infty}\left(1 + \frac{1}{2} + \cdots + \frac{1}{n} - \log n\right) = 0.57721\ldots.$$

［証明］ $t \neq 0$ を固定するとき，$f(\nu) = J_\nu(t)$ は $\{|\nu| < \infty\}$ で正則である．実際，ガンマ関数の積表示

$$\frac{1}{\Gamma(\nu)} = \nu e^{\gamma\nu} \prod_{j=1}^{\infty}\left(1 + \frac{\nu}{j}\right)e^{-\nu/j} \tag{6.48}$$

より $1/\Gamma(\nu)$ は $\mathbb{C} = \{|\nu| < \infty\}$ で正則であることが分かるので，有限和

$$f_n(\nu) = \sum_{m=0}^{n} \frac{(-1)^m}{\Gamma(m+1)\Gamma(\nu+m+1)}\left(\frac{t}{2}\right)^{2m+\nu}$$

はそこで正則である．$\operatorname{Re}\nu + m \geq 1$ をみたす m について

$$\frac{1}{|\Gamma(\nu+m+1)|} = \frac{1}{|\nu+m||\Gamma(\nu+m)|} \leq \frac{1}{(\operatorname{Re}\nu+m)|\Gamma(\nu+m)|}$$

$$\leq \frac{1}{|\Gamma(\nu+m)|} \leq \cdots \leq \frac{1}{|\Gamma(\nu+a(\nu)+2)|}, \quad a(\nu) = \max([-\operatorname{Re}\nu], 0),$$

が成立するので，$n \to \infty$ のとき正則関数列 $\{f_n(\nu)\}_{n=1}^{\infty}$ は，$\{|\nu| < \infty\}$ で $f(\nu) = J_\nu(t)$ に広義一様収束し，$f(\nu)$ はそこで正則である．従って $J_\nu(t)$ は ν について偏微

6.8 確定特異点型方程式

分可能で, $\frac{\partial J_\nu}{\partial \nu}(t)$ は ν について連続である.

上の収束は, $\{0 < |t| < \infty\}$ で t についても広義一様収束である. 同様な議論は, $J_{-\nu}(t)$ についても成立する. $g(\nu) = J_\nu(t)\cos\nu\pi - J_{-\nu}(t)$ とおくと, (6.46) より $g(k) = 0$ が従うので, ド・ロピタルの定理から

$$Y_k(t) = \lim_{\nu \to k} \frac{J_\nu(t)\cos\nu\pi - J_{-\nu}(t)}{\sin\nu\pi} = \lim_{\nu \to k} \frac{g'(\nu)}{\pi \cos\nu\pi}$$
$$= \lim_{\nu \to k} \frac{1}{\pi}\left[\frac{\partial J_\nu}{\partial \nu}(t) - (-1)^k \frac{\partial J_{-\nu}}{\partial \nu}(t)\right]$$

が成立する. コーシーの積分公式から,

$$\frac{\partial J_\nu}{\partial \nu}(t) = \frac{1}{2\pi i}\int_{|\zeta-\nu|=1}\frac{J_\zeta(t)}{(\zeta-\nu)^2}\,d\zeta$$

が従うので $\nu \to k$ のとき,

$$\frac{\partial J_\nu}{\partial \nu}(t) \to \left.\frac{\partial J_\nu}{\partial \nu}\right|_{\nu=k}(t)$$

は, $t \neq 0$ で t の正則関数として広義一様収束している. $J_{-\nu}(t)$ についても同様なので, $\nu \to k$ のとき, $Y_\nu(t)$ は $Y_k(t)$ に t の正則関数として広義一様収束し, 正則関数の性質として $Y'_\nu(t) \to Y'_k(t)$ も成立する. $t_0 \neq 0$ を任意にとると, $Y_\nu(t)$ は初期値 $(Y_\nu(t_0), Y'_\nu(t_0))$ に対するパラメータ ν を持つ方程式 (6.45) の解である. $\nu \to k$ のとき, 初期値 $(Y_\nu(t_0), Y'_\nu(t_0)) \to (Y_k(t_0), Y'_k(t_0))$ が従うので, 第 2 章の定理 2.5, 2.6 から $Y_k(t)$ は (6.45), $(\nu = k)$ の解である.

ノイマン関数 $Y_k(t)$ の具体的な表示は, ガンマ関数の積表示 (6.48) を用いて $\Gamma'/\Gamma = (\log \Gamma)'$ を計算することにより (6.47) の右辺から得られる. $Y_k(t)$ は $J_k(t)\log\frac{t}{2}$ の項を含むので $J_k(t)$ とは 1 次独立である. □

問 6.10 次の微分方程式の確定特異点 $t = 0$ の近傍における級数解を求めよ.

$$t^2 x'' - 4tx' + (6+t^2)x = 0$$

問 6.11 $b_1(t)$, $b_2(t)$ が $t=0$ の近傍で解析的とする. $t=0$ が確定特異点である微分方程式

$$t^2\frac{d^2x}{dt^2} + tb_1(t)\frac{dx}{dt} + b_2(t)x = 0$$

について独立変数を $s = 1/t$ と変換すると

$$s^2 \frac{d^2 x}{ds^2} + s\left(2 - b_1\left(\frac{1}{s}\right)\right)\frac{dx}{ds} + b_2\left(\frac{1}{s}\right) x = 0$$

となることを示せ.

ベッセル関数の漸化式

次のベッセル関数の級数表示式から出発する.

$$J_\lambda(z) = \left(\frac{z}{2}\right)^\lambda \sum_{n=0}^\infty \frac{(-1)^n}{n!\,\Gamma(n+\lambda+1)} \left(\frac{z}{2}\right)^{2n}.$$

$$\begin{aligned}
\frac{d}{dz}[z^{-\lambda} J_\lambda(z)] &= \left(\frac{1}{2}\right)^\lambda \sum_{n=1}^\infty \frac{(-1)^n}{(n-1)!\,\Gamma(n+\lambda+1)} \left(\frac{z}{2}\right)^{2n-1} \\
&= \left(\frac{1}{2}\right)^\lambda \sum_{n=0}^\infty \frac{(-1)^{n+1}}{n!\,\Gamma(n+\lambda+2)} \left(\frac{z}{2}\right)^{2n+1} \\
&= -z \left(\frac{z}{2}\right)^{\lambda+1} \sum_{n=0}^\infty \frac{(-1)^n}{n!\,\Gamma(n+\lambda+2)} \left(\frac{z}{2}\right)^{2n} \\
&= -z^{-\lambda} J_{\lambda+1}(z).
\end{aligned}$$

同様に

$$\begin{aligned}
\frac{d}{dz}[z^\lambda J_\lambda(z)] &= \left(\frac{1}{2}\right)^\lambda \sum_{n=0}^\infty \frac{2(n+\lambda)(-1)^n}{n!\,\Gamma(n+\lambda+1)} \left(\frac{z}{2}\right)^{2n+2\lambda-1} \\
&= \left(\frac{1}{2}\right)^{\lambda-1} \sum_{n=0}^\infty \frac{(-1)^n}{n!\,\Gamma(n+\lambda)} \left(\frac{z}{2}\right)^{2n+2\lambda-1} \\
&= z^\lambda \left(\frac{z}{2}\right)^{\lambda-1} \sum_{n=0}^\infty \frac{(-1)^n}{n!\,\Gamma(n+(\lambda-1)+1)} \left(\frac{z}{2}\right)^{2n} \\
&= z^\lambda J_{\lambda-1}(z).
\end{aligned}$$

よって次の漸化式が成立する.

6.8 確定特異点型方程式

定理 6.11

(1) $J_{\lambda+1}(z) = -z^\lambda \dfrac{d}{dz}[z^{-\lambda} J_\lambda(z)]$

(2) $J_{\lambda-1}(z) = z^{-\lambda} \dfrac{d}{dz}[z^\lambda J_\lambda(z)]$

上の漸化式はそれぞれ

(1) $\dfrac{J_{\lambda+1}(z)}{z^{\lambda+1}} = -\dfrac{1}{z}\dfrac{d}{dz}\left[\dfrac{J_\lambda(z)}{z^\lambda}\right]$ 　 (2) $\dfrac{J_{\lambda-1}(z)}{z^{\lambda-1}} = \dfrac{1}{z}\dfrac{d}{dz}\left[\dfrac{J_\lambda(z)}{z^\lambda}\right]$

と表されるので，これを n 回用いると次の形になる．

定理 6.12

(1) $\dfrac{J_{\lambda+n}(z)}{z^{\lambda+n}} = (-1)^n \left(\dfrac{1}{z}\dfrac{d}{dz}\right)^n \left[\dfrac{J_\lambda(z)}{z^\lambda}\right]$

(2) $\dfrac{J_{\lambda-n}(z)}{z^{\lambda-n}} = \left(\dfrac{1}{z}\dfrac{d}{dz}\right)^n \left[\dfrac{J_\lambda(z)}{z^\lambda}\right]$

$n - \frac{1}{2}$ 次のベッセル関数

最初に，ベッセル関数の級数表示式より

$$J_{-\frac{1}{2}}(z) = \left(\dfrac{x}{2}\right)^{-\frac{1}{2}} \sum_{n=0}^\infty \dfrac{(-1)^n z^{2n}}{n!\, 2^{2n} \Gamma\left(n + \frac{1}{2}\right)}$$

となっている．ここで

$$\begin{aligned}
n!\, 2^{2n} \Gamma\left(n + \dfrac{1}{2}\right) &= n!\, 2^{2n}\left(n - \dfrac{1}{2}\right)\left(n - \dfrac{3}{2}\right) \cdots \dfrac{1}{2}\sqrt{\pi} \\
&= n!\, 2^n (2n-1)(2n-3) \cdots 1 \sqrt{\pi} \\
&= (2n)!\sqrt{\pi}
\end{aligned}$$

に注意すると，次の定理を得る．

定理 6.13

$$J_{-\frac{1}{2}}(z) = \sqrt{\frac{2}{\pi z}} \cos z, \quad J_{\frac{1}{2}}(z) = \sqrt{\frac{2}{\pi z}} \sin z.$$

［証明］ $J_{\frac{1}{2}}(z)$ については

$$J_{\frac{1}{2}}(z) = -z^{\frac{1}{2}} \sqrt{\frac{2}{\pi}} \frac{1}{z} \frac{d}{dz}(\cos z) = \sqrt{\frac{2}{\pi z}} \sin z$$

となる． □

また，定理 6.12 を用いると

(1) $\quad J_{n+\frac{1}{2}}(z) = (-1)^n \sqrt{\frac{2}{\pi}} z^{n+\frac{1}{2}} \left(\frac{1}{z} \frac{d}{dz} \right)^n \frac{\sin z}{z}$

(2) $\quad J_{-n-\frac{1}{2}}(z) = \sqrt{\frac{2}{\pi}} z^{n+\frac{1}{2}} \left(\frac{1}{z} \frac{d}{dz} \right)^n \frac{\cos z}{z}$

が得られる．

付　　録

A.1　指数関数についての補足

証明に必要な微分積分学の基本結果を述べる．

命題 A.1（合成関数の微分公式）．　$f(x)$, $\varphi(t)$ がともに微分可能ならば
$$\frac{d}{dt}f(\varphi(t)) = f'(\varphi(t))\varphi'(t)$$
が成立する．

命題 A.2（逆関数の存在と微分可能性）．　$t = \varphi(x)$ が開区間 I で微分可能で $\varphi'(x) > 0$ ならば $\varphi(x)$ は I で狭義単調増加である．また，逆関数 $x = \varphi^{-1}(t)$ が区間 $\varphi(I)$ で存在し，そこで $\varphi^{-1}(t)$ は狭義単調増加，かつ微分可能で
$$\frac{d}{dt}\varphi^{-1}(t) = \frac{1}{\varphi'(\varphi^{-1}(t))}, \quad \left(\text{すなわち，} \frac{dx}{dt} = \frac{1}{\frac{dt}{dx}}\right) \tag{A.1}$$
が成立する．

命題 A.3（微積分学の基本定理）．　実数値関数 $f(x)$ が開区間 I で連続なとき，$a \in I$ について
$$F(x) = \int_a^x f(t)\,dt, \quad x \in I$$

とおくと $F(x)$ は I で微分可能で $F'(x) = f(x)$ が成立する．

命題 A.4（変数変換公式）． $f(x)$ が区間 $I = [a,b]$ で連続とする． $\varphi(t)$ が $J = [\alpha, \beta]$ で C^1 級で， $\varphi(J) \subset I$, $\varphi(\alpha) = a$, $\varphi(\beta) = b$ とする．このとき次が成立する．
$$\int_a^b f(x)\,dx = \int_\alpha^\beta f(\varphi(t))\varphi'(t)\,dt. \tag{A.2}$$

命題 A.5（定積分に関する不等式）． $f(x)$, $g(x)$ が $[a,b]$ で連続で， $f(x) \leq g(x)$ ならば
$$\int_a^b f(x)\,dx \leq \int_a^b g(x)\,dx.$$
等式成立は，恒等的に $f = g$ のときのみである．

$x > 0$ に対して対数関数 $\log x$ を
$$\log x = \int_1^x \frac{1}{u}\,du \tag{A.3}$$
で定義すると，命題 A.3 より $\log x$ は $(0, \infty)$ で微分可能で狭義単調増加である．さらに次が成立する．

定理 A.1（対数関数の性質）． $x, y > 0$ に対して
(i) $\log x + \log y = \log(xy)$
(ii) $\log \dfrac{1}{x} = -\log x$
(iii) $\lim_{x \to +\infty} \log x = +\infty$　$\lim_{x \to +0} \log x = -\infty$

［証明］　変数変換 $v = xu$ より $\log y = \int_1^y \dfrac{1}{u}\,du = \int_x^{xy} \dfrac{1}{v}\,dv$ が従う． $\int_1^{xy} \dfrac{1}{v}\,dv = \int_1^x \dfrac{1}{v}\,dv + \int_x^{xy} \dfrac{1}{v}\,dv$ だから (i) が成立する．定義 (A.3) から， $\log 1 = 0$ が従うので，(i) において $y = \dfrac{1}{x}$ とおけば (ii) は明らか．(iii) の前半を示す． $\log x$ は単調増加だから，発散するか，有限な極限値が存在するか，のいずれかが成立する．有限な極限値

A.1 指数関数についての補足

$\lim_{x \to +\infty} \log x := A$ が存在したとすると

$$\lim_{n \to \infty} \int_n^{2n} \frac{1}{u} du = \lim_{n \to \infty} \log 2n - \log n = A - A = 0$$

が成立する．一方，$n \leq u \leq 2n$ で $\frac{1}{2n} \leq \frac{1}{u}$ だから，命題 A.5 から

$$\frac{1}{2} = \int_n^{2n} \frac{1}{2n} du \leq \int_n^{2n} \frac{1}{u} du$$

となり矛盾する．従って (iii) の前半が成立する．後半は (ii) を用いれば前半から従う．
□

対数関数の値域は前定理 (iii) から $\mathbb{R}$ 全体であり，微積分学の基本定理（命題 A.3）より $(\log x)' = \frac{1}{x} > 0$ であるから，命題 A.2 によって対数関数 $t = \log x$ の逆関数が $\mathbb{R}$ 全体で定義される．それを $x = \exp t$ と表すことにすると，命題 A.2 の (A.1) より

$$\frac{d}{dt} \exp t = \exp t \tag{A.4}$$

が成立する．合成関数の微分公式（命題 A.1）より，$\exp at$ の定数倍が微分方程式 (1.1) の解であることが分かる．

上で定義した $\exp t$ が指数関数 e^t と等しいことを示そう．まず定理 A.1 の (i) より，指数法則

$$(\exp t)(\exp s) = \exp(t + s) \tag{A.5}$$

が従う．実際，$\log((\exp t)(\exp s)) = \log(\exp t) + \log(\exp s) = t + s = \log(\exp(t+s))$ であり，対数関数は 1 対 1 写像であるから，(A.5) を得る．

$$\exp 1 = \lim_{n \to \infty} \left(1 + \frac{1}{n}\right)^n := e \quad \text{ネイピア数} \tag{A.6}$$

を示そう．対数関数の 1 対 1 性より，$1 = \log e$ を示せばよい．対数関数は連続だから

$$\log e = \lim_{n \to \infty} \log\left(1 + \frac{1}{n}\right)^n$$
$$= \lim_{n \to \infty} n \log\left(1 + \frac{1}{n}\right)$$
$$= \lim_{n \to \infty} n \int_1^{1+\frac{1}{n}} \frac{1}{u} du = 1.$$

ここで,2番目の等式で定理 A.1 (i), すなわち,

$$\log x^n = \log x + \log x^{n-1} = \log x + \log x + \cdots + \log x = n\log x$$

を用いた. また, 最後の等式は命題 A.5 より

$$1 = n\int_1^{1+\frac{1}{n}} du > n\int_1^{1+\frac{1}{n}} \frac{1}{u}\, du > n\int_1^{1+\frac{1}{n}} \frac{1}{1+\frac{1}{n}}\, du = \frac{1}{1+\frac{1}{n}}$$

が従うからである. (A.5), (A.6) から, 有理数 $\frac{q}{p}$, ($p \in \mathbb{N}$, $q \in \mathbb{Z}$) について $\exp\frac{q}{p} = (e^{1/p})^q$ が従う. $\exp t$, e^t は連続関数だから, 実数 $\mathbb{R}$ 全体で $\exp t = e^t$ が成立する. 従って, (A.4) から任意の定数 C について $x(t) = Ce^{at}$ が (1.1) の解であることが分かったが, 定数 C は $e^0 = 1$ より $x(0)$ に等しい. すなわち, $t=0$ での値 $x(0)$ (初期値という) を用いて $x(t) = x(0)e^{at}$ と表される.

A.2 コーシー–コワレフスカヤの定理

偏微分方程式を解析性の仮定の下で研究する際に, もっとも基本的であるコーシー–コワレフスカヤ (Cauchy–Kovalevskaya) の定理について述べる. $t \in \mathbb{C}$, $\boldsymbol{x} = (x_1, \ldots, x_n) \in \mathbb{C}^n$ とする. 本節では $(t, \boldsymbol{x})$ を独立変数とし, $u = u(t, \boldsymbol{x})$ は従属変数 (未知関数) を表すものとする. 以下,

$$D_t = \frac{\partial}{\partial t}, \quad D_{\boldsymbol{x}} = \left(\frac{\partial}{\partial x_1}, \ldots, \frac{\partial}{\partial x_n}\right)$$

とする. $\boldsymbol{x}_0 \in \mathbb{C}^n$ の近傍で (解析的な) 関数 $u_0(x)$ を与えて,

$$\begin{cases} D_t u = f(t, \boldsymbol{x}, u, D_{\boldsymbol{x}} u) = f\left(t, \boldsymbol{x}, u, \dfrac{\partial u}{\partial x_1}, \ldots, \dfrac{\partial u}{\partial x_n}\right) \\ u(t_0, \boldsymbol{x}) = u_0(\boldsymbol{x}) \quad \text{(初期条件)} \end{cases} \quad \text{(A.7)}$$

をみたす $u(t, x)$ を (t_0, x_0) の近傍で求める**初期値問題**を考察する. ここで, $f(t, \boldsymbol{x}, u, \xi_1, \ldots, \xi_n)$ は

$$\left(t_0, \boldsymbol{x}_0, u_0(\boldsymbol{x}_0), \frac{\partial u_0}{\partial x_1}(x_0), \ldots, \frac{\partial u_0}{\partial x_n}(x_0)\right) \in \mathbb{C} \times \mathbb{C}^n \times \mathbb{C} \times \mathbb{C}^n$$

の近傍で解析的であると仮定する. 独立変数を $(s, \boldsymbol{y}) = (t - t_0, \boldsymbol{x} - \boldsymbol{x}_0)$, 未知関数を $v(s, \boldsymbol{y}) = u(t, \boldsymbol{x}) - u_0(\boldsymbol{x})$ と変換することにより初期値問題 (A.7) は, $(t_0, \boldsymbol{x}_0) =$

A.2 コーシー–コワレフスカヤの定理

$(0, \mathbf{0})$, $u_0(\boldsymbol{x}) = 0$ の場合に帰着される.

> **定理 A.2** (コーシー–コワレフスカヤ).　$f(t, \boldsymbol{x}, u, \boldsymbol{\xi})$ が原点 $\mathbf{0} \in \mathbb{C}^{2(n+1)}$ の近傍で解析的とする. このとき, 初期値問題
> $$\begin{cases} D_t u = f(t, \boldsymbol{x}, u, D_{\boldsymbol{x}} u) = f\left(t, \boldsymbol{x}, u, \dfrac{\partial u}{\partial x_1}, \ldots, \dfrac{\partial u}{\partial x_n}\right) \\ u(0, \boldsymbol{x}) = 0 \end{cases} \quad \text{(A.8)}$$
> は原点の近傍で解析的な解 $u(t, \boldsymbol{x})$ を唯一つ持つ.

[証明[1])]　簡単のため, $\boldsymbol{x} = x \in \mathbb{C}^1$ の場合に示す. $w(t, x) = D_t u(t, x)$ とおくと初期条件 $u(0, x) = 0$ より

$$u(t, x) = \int_0^t w(s, x)\, ds \quad (= D_t^{-1} w \text{ と表す})$$

が従うので初期値問題 (A.8) は

$$w = f(t, x, D_t^{-1} w, D_x D_t^{-1} w) \quad \text{(A.9)}$$

に帰着される. この方程式の形式解を $w(t, x) = \sum_{n=0}^{\infty} w_n(x) t^n$ とすると,

$$D_t^{-1} w = \sum_{n=0}^{\infty} \frac{w_n(x)}{n+1} t^{n+1}$$

である. $f(t, x, u, \xi)$ が $\Delta(R) = \{(t, x, u, \xi);\ |t| < R,\ |x| < R,\ |u| < R,\ |\xi| < R\}$ で正則で, $\overline{\Delta}(R)$ で連続と仮定すると, $\Delta(R)$ で

$$f(t, x, u, \xi) = \sum_{p, q, r \geq 0} f_{pqr}(x) t^p u^q \xi^r$$

と展開されるので, 方程式 (A.9) は

$$\sum_{n=0}^{\infty} w_n(x) t^n = \sum_{p,q,r \geq 0} f_{pqr}(x) t^p \left(\sum_{n=0}^{\infty} \frac{w_n(x)}{n+1} t^{n+1}\right)^q \left(\sum_{m=0}^{\infty} \frac{w'_m(x)}{m+1} t^{m+1}\right)^r$$

となり, 定理 1 の証明のときと同様に, 次の漸化式を得る.

---

[1]) 以下の簡潔な証明は名古屋大学名誉教授の三宅正武氏による.

$w_0(x) = f_{000}(x)$, また, $n \geq 1$ に対して
$$w_n(x) = \sum_{\substack{p,q,r\geq 0, p+(n_1+1)+\cdots+ \\ (n_q+1)+(m_1+1)+\cdots+(m_r+1)=n}} f_{pqr}(x) \left(\frac{w_{n_1}(x)}{n_1+1}\right) \cdots \left(\frac{w_{n_q}(x)}{n_q+1}\right)$$
$$\times \left(\frac{w'_{m_1}(x)}{m_1+1}\right) \cdots \left(\frac{w'_{m_r}(x)}{m_r+1}\right).$$

$n_j, m_k < n$ だから, $w_n(x)$ が帰納的に漸化式から定まり, 解析的な解は存在すれば $u(t,x) = D_t^{-1} w(t,x)$ の形で唯一つである.

形式解 $w(t,x)$ の収束性を示そう. $f(t,x,u,\xi) \ll F(t,x,u,\xi)$ ならば
$$W = F(t, x, D_t^{-1} W, D_x D_t^{-1} W) \tag{A.10}$$
の形式解 $W(t,x) = \sum_{n=0}^{\infty} W_n(x) t^n$ は $w_n(x) \ll W_n(x)$ をみたす. f の優関数 F として
$$F(t,x,u,\xi) = \frac{C}{R-(t+x+u+\xi)}$$
$$= \frac{C}{R-x} \times \frac{1}{1 - \dfrac{t+u+\xi}{R-x}}$$
$$= \frac{C}{R-x} \sum_{k=0}^{\infty} \left(\frac{t+u+\xi}{R-x}\right)^k$$
$$= \sum_{p,q,r\geq 0} \frac{F_{pqr}}{(R-x)^{p+q+r+1}} t^p u^q \xi^r$$

(ただし $F_{pqr} = \frac{Ck!}{p!q!r!}$) をとると, $W_n(x)$ は
$$W_n(x) = \sum_{k=0}^{3n} \frac{C_{nk}}{(R-x)^{k+1}}, \quad C_{nk} \geq 0 \tag{A.11}$$

の形で求まる. 実際, $f_{pqr}(x)$ に $\dfrac{F_{pqr}}{(R-x)^{p+q+r+1}}$ が対応していることに注意すると
$$W_0(x) = \frac{F_{000}}{(R-x)} = F(0,x,0,0)$$
が成立している. (A.11) が $n-1$ まで成立すると仮定して, n のときを示す. 漸化式

A.2 コーシー–コワレフスカヤの定理

$$W_n = \sum_{\substack{p,q,r\geq 0,\, p+q+r+n_1+\cdots+\\ n_q+m_1+\cdots+m_r=n}} \frac{F_{pqr}}{(R-x)^{p+q+r+1}} \left(\frac{W_{n_1}}{n_1+1}\right)\cdots\left(\frac{W_{n_q}}{n_q+1}\right)$$

$$\times \left(\frac{W'_{m_1}}{m_1+1}\right)\cdots\left(\frac{W'_{m_r}}{m_r+1}\right)$$

より $(R-x)^{-1}$ のべきの数は，帰納法の仮定から高々，

$$(p+q+r+1) + (3n_1+1) + \cdots + (3n_q+1) + (3m_1+2) + \cdots + (3m_r+2)$$
$$= 1 + 3(n_1+\cdots+n_q+m_1+\cdots+m_r) + p + 2q + 3r$$
$$= 1 + 3(n-p-q-r) + p + 2q + 3r \leq 3n+1$$

であり，n のときも (A.11) は成立する．形式解 $W(t,x)$ に対して

$$D_t^{-1} W(t,x) = \sum_{n=0}^{\infty} W_n(x) \frac{t^{n+1}}{n+1} \ll tW(t,x) \tag{A.12}$$

が成立し，また，(A.11) より

$$D_x D_t^{-1} W_n(x) t^n = \sum_{k=0}^{3n} \frac{C_{nk}(k+1)}{(R-x)^{k+2}} \times \frac{t^{n+1}}{n+1} \ll \frac{3t}{R-x} W_n(x) t^n$$

が従う（$\because (k+1)/(n+1) < 3$）ので，

$$D_x D_t^{-1} W(t,x) = \sum_{n=0}^{\infty} D_x D_t^{-1} W_n(x) t^n$$
$$\ll \sum_{n=0}^{\infty} \frac{3t}{R-x} W_n(x) t^n = \frac{3t}{R-x} W(t,x) \tag{A.13}$$

が成立する．(A.12), (A.13) から，方程式

$$V = F\left(t, x, tV, \frac{3t}{R-x}V\right)$$

の解 $V(t,x)$ に対して $W(t,x) \ll V(t,x)$ が従う．$F = \dfrac{C}{R-(t+x+u+\xi)}$ であったから，方程式は

$$V = \frac{C}{R-x-t-tV-\frac{3tV}{R-x}}$$

となる．$V(0,x) = F(0,x,0,0) = \dfrac{C}{R-x}$ に注意して解けば

$$V(t,x) = \frac{2C}{R-x-t+\sqrt{(R-x-t)^2-4C\left(t+\dfrac{3t}{R-x}\right)}} \tag{A.14}$$

であり，これは $\mathbb{C}^2_{t,x} \ni \mathbf{0}$ の近傍で解析的である．$w \ll W \ll V$ だから，原点の近傍で形式解 w は収束し，そこで，$u(t,x) = D_t^{-1}w(t,x)$ は初期値問題 (A.8) の解析的な解である． □

注意 A.1 定理 A.2 の証明 (A.14) で明らかなように，解の存在範囲は f の収束域とそこでの $|f|$ の最大値による．しかし，f が u と $D_x u$ の 1 次式（線形方程式）の場合は f の収束域のみによる．実際，線形偏微分方程式の初期値問題

$$\begin{cases} D_t u = a(t,x) D_x u + b(t,x) u + c(t,x) \\ u(0,x) = 0 \end{cases} \tag{A.15}$$

を考えよう．常微分方程式の場合と同様に，(A.15) の形式解 $w(t,x)$ を

$$w(t,x) = \sum_{n=0}^{N} w_n(x) t^n + \sum_{n=N+1}^{\infty} w_n(x) t^n = \varphi(t,x) + \tilde{w}(t,x)$$

と分解すると，(A.15) から

$$\tilde{w} = a(t,x) D_x D_t^{-1} \tilde{w} + b(t,x) D_t^{-1} \tilde{w} + \tilde{c}(t,x)$$

ただし，$\tilde{c}(t,x) = \{c(t,x) - \varphi(t,x) + (a(t,x) D_x D_t^{-1} + b(t,x) D_t^{-1})\varphi(t,x)\}$

が成立する．ここで，$c(t,x)/t^{N+1}$ は原点の近傍で正則なので $f(t,x,u,\xi) = a(t,x)\xi + b(t,x)u + \tilde{c}(t,x)$ の優関数として $F = \dfrac{A}{R-x-t}\xi + \dfrac{B}{R-x-t}u + \dfrac{Ct^{N+1}}{R-x-t}$ がとれるので，方程式 (A.9) の形式解を

$$\tilde{W}(t,x) = \sum_{n=N+1}^{\infty} W_n(x) t^n$$

の形で求めることができる．この $\tilde{W}$ に対しては，(A.12)，(A.13) はそれぞれ，

$$D_t^{-1} \tilde{W}(t,x) = \sum_{n=N+1}^{\infty} W_n(x) \frac{t^{n+1}}{n+1} \ll \frac{t}{N+2} \tilde{W}(t,x),$$

$$D_x D_t^{-1} \tilde{W}(t,x) \ll \frac{3t}{(R-x)(N+2)} \tilde{W}(t,x)$$

と置き換えることができるので，$\tilde{W} \ll V$ をみたす V の方程式は

A.2 コーシー–コワレフスカヤの定理

$$V = \frac{A}{R-x-t} \times \frac{3tV}{(R-x)(N+2)} + \frac{BtV}{(R-x-t)(N+2)} + \frac{C}{R-x-t}$$

になる。これを解いて

$$V(t,x) = \frac{C}{R - \left(x + t + \dfrac{3tA/(N+2)}{R-x} + Bt/(N+2)\right)}$$

を得る. N は任意に大きくとれるので, 解 $u(t,x)$ の収束域は, R にのみよることが示される.

問 の 略 解

第 1 章

問 1.1 $u(t) = e^{-at}x(t)$ を考え，直接計算により $\frac{du}{dt} = 0$ だから $u(t)$ は定数であり，$u(0) = 1$ から明らか．

問 1.2 前半は合成関数の微分法，後半は $y(t) = y(0)e^{-abt}$ より，$y(t)$，$y(0)$ を $x(t)$，$x(0)$ で表す．

問 1.3 (1) $\sqrt{1+x^2} + \sqrt{1+t^2} = C$，(2) $(2t+x+3)\log(2t+x+3) = t + C$，$C$ は定数．

問 1.4 $tx + \mathrm{Tan}^{-1} t = C$，$C$ は任意定数．

問 1.5 (1) $e^t/3 + Ce^{-2t}$，C は任意定数．(2) 一般解 $\pm \dfrac{1}{\sqrt{t+1/2+Ce^{2t}}}$，特異解 0．

問 1.6 一般解 $(3x - 2C)^2 = 4Ct^3$，特異解 $x = -t^3/6$．

第 2 章

問 2.1 $x_1(t) = 1 + t$，$x_2(t) = 1 + t + t^2/2$，帰納法により $x_n(t) = \sum_{k=0}^{n} t^k/k!$．したがって $x(t) = e^t$．

問 2.2 $x_2(t) = 1 - t^2/2$，$y_2(t) = -t$，$x_{2m}(t) = x_{2m+1}(t) = \displaystyle\sum_{k=0}^{m}(-1)^k t^{2k}/(2k)!$，$y_{2m-1}(t) = y_{2m}(t) = \displaystyle\sum_{k=1}^{m}(-1)^k t^{2k-1}/(2k-1)!$．$x(t) = \cos t$，$y(t) = \sin t$．

問 2.3 方程式は変数分離形だから，解は $t = \displaystyle\int_1^x \frac{dy}{y\{\log(1+y^2)\}^a}$ が定める陰関数として求まる．

第 3 章

問 3.1 (1) $c(t)$ の微分方程式は $c'' - \left(1 + t^2 + \dfrac{2t}{1+t^2}\right)c' = 0$．これを解くと，$c(t) = c_1 + c_2 e^{t+\frac{1}{3}t^3}$．したがって，独立なもう一つの解は $c_2 e^{2t+\frac{1}{3}t^3}$．(2) 両辺を比べると，

194

特殊解は2次式で求められると予想できる. $x = at^2 + bt + c$ とおき代入すると, $a = 1$, $b = 2$, $c = 3$. よって一般解は $x = e^t(c_1 + c_2 e^{t+\frac{1}{3}t^3}) + t^2 + 2t + 3$.

問 3.2 $\mathcal{W}'(t) = -a(t)\mathcal{W}(t)$ を積分する.

問 3.3 行列 A の固有値は 4. $A^2 = O$ をみたすことより, 基本行列は $e^{4t}[I + (A - 4I)] = e^{4t}\begin{bmatrix} 1 - 20t & -25t \\ 6t & 1 + 20t \end{bmatrix}$. 特殊解を $\boldsymbol{y} = \begin{bmatrix} a \\ b \end{bmatrix}$ とおくと, $a = \frac{3}{2}$, $b = -1$. したがって, 一般解は $c_1 \begin{bmatrix} 1 - 20t \\ 16t \end{bmatrix} + c_2 \begin{bmatrix} -25t \\ 1 + 20t \end{bmatrix} + \begin{bmatrix} \frac{3}{2} \\ -1 \end{bmatrix}$. 初期値をみたすように c_1, c_2 を定めると, 求める解は $\boldsymbol{x}(t) = -\frac{1}{2}\begin{bmatrix} 1 - 20t \\ 16t \end{bmatrix} + \begin{bmatrix} -25t \\ 1 + 20t \end{bmatrix} + \begin{bmatrix} \frac{3}{2} \\ -1 \end{bmatrix}$.

問 3.4 (1) $\frac{d}{dt}e^{tA}e^{tB} = Ae^{tA}e^{tB} + e^{tA}Be^{tB} = \left(A + B + \sum_{n}^{\infty} \frac{t^n}{n!}[A^n, B]\right)e^{tA}e^{tB}$. A と $[A, B]$ は交換可能だから,

$$A^n B - BA^n = \sum_{j=0}^{n-1} A^{n-j-1}[A, B]A^j = [A, B]\sum_{j=0}^{n-1} A^{n-j-1}A^j = n[A, B]A^{n-1}.$$

従って, $e^{tA}Be^{tB} = Be^{tA}e^{tB} + t[A, B]e^{tA}e^{tB}$ を得る. よって, $\frac{d}{dt}e^{tA}e^{tB} = (A + B + [A, B]t)e^{tA}e^{tB}$ が成立する. $A + B$ と $[A, B]$ が交換可能なので $Y(t) = e^{t(A+B)+\frac{1}{2}t^2[A,B]} = e^{t(A+B)}e^{\frac{1}{2}t^2[A,B]}$ が成立し, $Y(t)$ も $e^{tA}e^{tB}$ と同じ微分方程式をみたす. $t = 0$ の値は両者とも I に等しいので初期値問題の一意性より $e^{tA}e^{tB} = Y(t)$. (2) はこれに $t = 1$ を代入すればよい.

問 3.5 (1) $\frac{1}{2bi}\left[\frac{1}{z - (a + bi)} - \frac{1}{z - (a - bi)}\right]$. (2) $\frac{1}{2z} - \frac{1}{z - 1} + \frac{1}{2(z - 2)}$. (3) $\frac{2}{z} + \frac{1}{z^2} - \frac{2}{z - 1} + \frac{1}{(z - 1)^2}$.

問 3.6 v は $\frac{d^2v}{dt^2} = \frac{du}{dt} = -v$ をみたすので, 一般解は $v = c_1 \sin t + c_2 \cos t$. このとき, $u = \frac{dv}{dt} = c_1 \cos t - c_2 \sin t$ が一般解. よって, $t = 0$ で $u = 1$ となるのは, $u = \cos t$, $u = 0$ となるのは $u = -\sin t$. 同様に, $t = 0$ で $v = 0$ となるのは, $v = \sin t$, $v = 1$ となるのは $u = \cos t$. 以上より, 基本解は $\begin{bmatrix} \cos t & -\sin t \\ \sin t & \cos t \end{bmatrix}$.

問 **3.7** 行列 J を $J = \begin{bmatrix} 0 & -1 \\ 1 & 0 \end{bmatrix}$ とおくと $A = aI + bJ$. $IJ = JI$ が成立するので, $e^{tA} = e^{t(aI+bJ)} = e^{atI}e^{btJ}$. よって, 例題 3.4 (2) より, $e^{tA} = e^{at}\begin{bmatrix} \cos bt & -\sin bt \\ \sin bt & \cos bt \end{bmatrix}$.

問 **3.8** (1) 特性多項式は $(z-2)^3$. $A - 2I = \begin{bmatrix} -8 & 3 & 13 \\ -1 & 0 & 2 \\ -5 & 2 & 8 \end{bmatrix}$, $(A-2I)^2 = \begin{bmatrix} -4 & 2 & 6 \\ -2 & 1 & 3 \\ -2 & 1 & 3 \end{bmatrix}$.
よって,
$$e^{tA} = e^{2tI + t(A-2I)} = e^{2t}\left[I + (A-2I)t + \tfrac{1}{2}t^2(A-2I)^2\right]$$
$$= \begin{bmatrix} 1 - 8t - 2t^2 & 3t + t^2 & 13t + 3t^2 \\ -t - t^2 & 1 + \tfrac{1}{2}t^2 & 2t + \tfrac{3}{2}t^2 \\ -5t - t^2 & 2t + \tfrac{1}{2}t^2 & 1 + 8t + \tfrac{3}{2}t^2 \end{bmatrix}.$$

(2) 特性多項式は $(z-2)^3$. $A - 2I = \begin{bmatrix} 2 & -2 & -2 \\ 1 & -1 & -1 \\ 1 & -1 & -1 \end{bmatrix}$, $(A-2I)^2 = O$. よって,
$e^{tA} = e^{2tI + t(A-2I)} = e^{2t}[I + (A-2I)t] = \begin{bmatrix} 1 + 2t & -2t & -2t \\ t & 1-t & -t \\ t & -t & 1-t \end{bmatrix}$. (3) 特性多項式は $(z-2)(z-4)^2$. 対称行列なので, 最小多項式は $(z-2)(z-4)$. 多項式の 1 の分解は $\tfrac{1}{2}[(z-2)-(z-4)] = 1$. よって, $Q_1 = \tfrac{1}{2}(A-2I) = \tfrac{1}{2}\begin{bmatrix} 1 & 0 & 1 \\ 0 & 2 & 0 \\ 1 & 0 & 1 \end{bmatrix}$, $Q_2 = -\tfrac{1}{2}(A-4I) = -\tfrac{1}{2}\begin{bmatrix} 1 & 0 & 1 \\ 0 & 0 & 0 \\ 1 & 0 & -1 \end{bmatrix}$ とおくと $e^{tA} = e^{2t}Q_1 + e^{4t}Q_2 = \begin{bmatrix} \tfrac{1}{2}(e^{4t}+e^{2t}) & 0 & \tfrac{1}{2}(e^{4t}-e^{2t}) \\ 0 & e^{4t} & 0 \\ \tfrac{1}{2}(e^{4t}-e^{2t})t & 0 & \tfrac{1}{2}(e^{4t}+e^{2t}) \end{bmatrix}$.

問 **3.9** (1) 特性根は ± 1. よって, 一般解は $c_1 e^{-t} + c_2 e^t$. (2) 特性根は 3 (重複解). よって, 一般解は $e^{3t}(c_1 + c_2 t)$. (3) 特性根は $1 \pm 3i$. よって, 一般解は $e^t(c_1 \cos 3t + c_2 \sin 3t)$.

問 **3.10** (1) 特性根は $1, \frac{1\pm\sqrt{5}}{2}$. よって, 一般解は $c_1 e^t + c_2 e^{\frac{1-\sqrt{5}}{2}t} + c_3 e^{\frac{1+\sqrt{5}}{2}t}$. (2) 特性根は $\frac{\sqrt{2}}{2}(\pm 1 \pm i)$. よって, 一般解は $e^{\frac{\sqrt{2}}{2}t}(c_1 \cos \frac{\sqrt{2}}{2}t + c_2 \sin \frac{\sqrt{2}}{2}t) + e^{-\frac{\sqrt{2}}{2}t} \times (c_1 \cos \frac{\sqrt{2}}{2}t + c_2 \sin \frac{\sqrt{2}}{2}t)$. (3) 特性根は ± 1 (ともに重複解). よって, 一般解は $e^t(c_1 +$

$c_2 t) + e^{-t}(c_3 + c_4 t)e^t$.

問 3.11 定理 3.14 を用いる. (1) はじめに $\frac{d^2 z}{dt^2} + z = 4te^{it}$ を解く. 特殊解を $z = (d_1 t + d_2 t^2)e^{it}$ とおくと $d_1 = 1$, $d_2 = i$. よって, $y(t) = \text{Re}[(t - it^2)e^{it}] = t\cos t + t^2 \sin t$. 一般解は $c_1 \cos t + c_2 \sin t + t\cos t + t^2 \sin t$. (2) 特殊解を $y = dte^t$ とおくと $d = \frac{1}{4}$. よって, 一般解は $c_1 e^t + c_2 e^{-t} + c_3 \cos t + c_4 \sin t + \frac{1}{4}te^t$. (3) 特殊解を $y = dte^{it}$ とおくと $d = -4i$. よって, 一般解は $c^{it}(c_1 + c_2 t) + e^{-it}(c_3 + c_4 t) - 4ite^{it}$. (4) 特殊解を $y = (d_1 t^2 + d_2 t^3)e^{it}$ とおくと $d_1 = -\frac{1}{24}i$, $d_2 = -\frac{1}{6}$. よって, 一般解は $c^{it}(c_1 + c_2 t) + e^{-it}(c_3 + c_4 t) - \left(\frac{1}{24}it^2 + \frac{1}{6}t^3\right)e^{it}$.

問 3.12 (1) 方程式 $\frac{d^2 w}{dt^2} + w = 4te^{it}$ を考えて, 特殊解を $w(t) = (At^2 + Bt)e^{it}$ とおき, A, B を定めて実部をとる. 一般解は $c_1 \cos t + c_2 \sin t + t^2 \sin t + t\cos t$. (2) 特殊解を $w(t) = Ate^t$ とおく. 一般解は $c_1 e^t + c_2 e^{-t} + c_3 e^{it} + c_4 e^{-it} + \frac{1}{4}te^t$. (3) 特殊解を $w(t) = At^2 e^{it}$ とおく. 一般解は $e^{it}(c_1 + c_2 t) + e^{-it}(c_3 + c_4 t) - 2t^2 e^{it}$. (4) 特殊解を $w(t) = (At^3 + Bt^2)e^{it}$ とおく. 一般解は $e^{it}(c_1 + c_2 t) + e^{-it}(c_3 + c_4 t) - \left(\frac{1}{3}t^3 + it^2\right)e^{it}$.

第 4 章

問 4.1 (1) 平衡点は $(0,0)$. 例題 4.3 のように $\mathcal{E} = \frac{1}{2}y^2 + \frac{1}{4}x^4$ とおくと, $\mathcal{E}$ は積分曲線に沿って定数となる. よって, 解軌道の方程式は $\frac{1}{2}y^2 + \frac{1}{4}x^4 = \mathcal{E}_0$ で, 解軌道は原点を中心とする凸な閉曲線となり $(0,0)$ は安定である. ただし, 漸近安定ではない. (2) 平衡点は $(0,0)$ と $(0,1)$, $\boldsymbol{f}'(\boldsymbol{x}) = \begin{bmatrix} 0 & 1 \\ 2x-1 & -1 \end{bmatrix}$. よって, $x=0$ のとき, 固有値は $\frac{-1\pm\sqrt{3}i}{2}$. ゆえに, $(0,0)$ は安定らせん点. また, $x=1$ のとき, 固有値は $\frac{-1\pm\sqrt{5}}{2}$. ゆえに, $(0,1)$ は鞍点で, 不安定となる. (3) 平衡点は $(0,0)$ と $(0,1)$, $\boldsymbol{f}'(\boldsymbol{x}) = \begin{bmatrix} 0 & 1 \\ 1-2x & -1 \end{bmatrix}$. よって, $x=0$ のとき, 固有値は $\frac{-1\pm\sqrt{5}}{2}$. ゆえに, $(0,1)$ は鞍点で, 不安定となる. また, $x=1$ のとき, 固有値は $\frac{-1\pm\sqrt{3}i}{2}$. ゆえに, $(0,0)$ は安定らせん点.

問 4.2 $((2n-1)\pi, 0)$ において, $\boldsymbol{f}'(\boldsymbol{x})$ は $\begin{bmatrix} 0 & 1 \\ 1 & 0 \end{bmatrix}$. よって, $((2n-1)\pi, 0)$ は鞍点. 例 4.3 より, 平衡点 $(2m\pi, 0)$ の近くでは, 解軌道は $\frac{1}{2}y^2 = \cos(x - 2n\pi) + \mathcal{E}_0$ (閉曲線)となる. また, $\boldsymbol{f}'(\boldsymbol{x})$ は $\begin{bmatrix} 0 & 1 \\ -1 & 0 \end{bmatrix}$ となるので, 十分に小さな正数 ε について, 解曲線は $(\varepsilon \cos t, -\varepsilon \sin t)$ に近いと考えてよい. したがって, 解曲線の向きは時計方

向である．この解軌道が $((2n-1)\pi, 0)$ を通るのは，$\mathcal{E}_0 = 1$ のとき，すなわち $y^2 = 2[1 + \cos(x - 2m\pi)] = 4\cos^2\left(\frac{1}{2}x - m\pi\right)$ ($m = n, n-1$) となるときである．解曲線の向きを考えると，$(2n-1)\pi < x < (2n+1)\pi$ においては，$y = -2\cos\left(\frac{1}{2}x - n\pi\right)$，$(2n-3)\pi < x < (2n-1)\pi$ においては，$y = 2\cos\left[\frac{1}{2}x - (n-1)\pi\right]$ が安定な解軌道である．

問 4.3 リャプノフ関数を $V = \frac{1}{2}(x^2 + y^2)$ とおくと，$\frac{dV}{dt} = (y - x^3)x + (-x - y^3)y = -(x^4 + y^4) < 0$, $(x, y) \neq (0, 0)$. よって，$(0, 0)$ は漸近安定である．

問 4.4 リャプノフ関数を $V = \frac{1}{2}(x^2 - y^2)$ とおくと，$\frac{dV}{dt} = (2x^2 - y^2)x - xy^2 = 2x(x^2 - y^2)$. よって，$\Omega = \{(x, y)\,;\, x > |y|\}$ とおくと，Ω において，$V > 0$, $\frac{dV}{dt} > 0$, $x = |y|$ において $V = 0$ となるので，$(0, 0)$ は不安定である．

第 5 章

問 5.1 一般解は $x = c_1 \cos \lambda s + c_2 \sin \lambda s$, 境界条件は
$$\begin{cases} c_1 \cos \lambda s_- + c_2 \sin \lambda s_- = g_- \\ c_1 \cos \lambda s_+ + c_2 \sin \lambda s_+ = g_+. \end{cases}$$
この c_1, c_2 を未知数とする連立方程式が一意的に解ける条件は $\cos \lambda s_- \sin \lambda s_+ - \sin \lambda s_- \cos \lambda s_+ = \sin \lambda (s_- - s_+) \neq 0$. また，$\sin \lambda (s_- - s_+) = 0$ となるのは，$\lambda = \frac{n\pi}{s_+ - s_-}$, $n \in \mathbb{Z}$ のときで，$x = \sin \frac{n\pi(s - s_-)}{s_+ - s_-}$ が求める解．

問 5.2 一般解は $x = c_1 s + c_2$. 境界条件が $-\frac{dx}{ds}(s_\pm) + b_\pm x(s_\pm) = g_\pm$ のとき，条件は $\begin{cases} (b_- s_- - 1)c_1 + b_- c_2 = g_- \\ (b_+ s_+ + 1)c_1 + b_+ c_2 = g_+ \end{cases}$. よって，連立方程式が一意的に解ける条件は $b_+ b_- (s_+ - s_-) + (b_+ + b_-) \neq 0$. 境界条件が $x(s_\pm) = g_\pm$ のときは，$c_1 = \frac{g_+ - g_-}{s_+ - s_-}$, $c_2 = \frac{g_- s_+ - g_+ s_-}{s_+ - s_-}$ と定めると解になる．

問 5.3 このとき，随伴境界条件は $\xi(s_\pm) = 0$. $L[x] = 0$ が成立することは，例題 5.2 と同じ．境界においては $\left[\frac{d}{ds}[\overline{\xi a_0(s)} x]\right]_{s=s_\pm} = 0$ が成立するので，$x(s_\pm) = 0$ がいえる．

問 5.4 例題 5.2 が $(L^*)^* = L$ を示している．直接に計算すると：$L^*[\xi] = \overline{a_0(s)}\frac{d^2\xi}{ds^2} + [2\overline{a_0(s)}' - \overline{a_1(s)}]\frac{d\xi}{ds} + [\overline{a_0(s)}'' - \overline{a_1(s)}' + \overline{a_2(s)}]\xi$ より $(L^*)^*[\xi] = \frac{d^2}{ds^2}[a_0(s)x] - \frac{d}{ds}[\{2a_0(s)' - a_1(s)\}x] + [a_0(s)'' - a_1(s)' + a_2(s)]x = L[x]$.

問 の 略 解

問 5.5 1 次独立解は $e^{\lambda s}$, $e^{-\lambda s}$, $\cos \lambda s$, $\sin \lambda s$ であることより，基本行列は

$$X(s) = \begin{bmatrix} e^{\lambda s} & e^{-\lambda s} & \cos \lambda s & \sin \lambda s \\ \lambda e^{\lambda s} & -\lambda e^{-\lambda s} & -\lambda \sin \lambda s & \lambda \cos \lambda s \\ \lambda^2 e^{\lambda s} & \lambda^2 e^{-\lambda s} & -\lambda^2 \cos \lambda s & -\lambda^2 \sin \lambda s \\ \lambda^3 e^{\lambda s} & -\lambda^3 e^{-\lambda s} & \lambda^3 \sin \lambda s & -\lambda^3 \cos \lambda s \end{bmatrix}$$

となる．それぞれの境界条件について (5.12) で定義された行列 $\mathcal{B}$ の行列式を計算すると

両端支持

$$|\mathcal{B}| = \begin{vmatrix} e^{\lambda s_-} & e^{-\lambda s_-} & \cos \lambda s_- & \sin \lambda s_- \\ \lambda^2 e^{\lambda s_-} & \lambda^2 e^{-\lambda s_-} & -\lambda^2 \cos \lambda s_- & -\lambda^2 \sin \lambda s_- \\ e^{\lambda s_+} & e^{-\lambda s_+} & \cos \lambda s_+ & \sin \lambda s_+ \\ \lambda^2 e^{\lambda s_+} & \lambda^2 e^{-\lambda s_+} & -\lambda^2 \cos \lambda s_+ & -\lambda^2 \sin \lambda s_+ \end{vmatrix}$$

$$= 4\lambda^4 (e^{\lambda s_+} - e^{\lambda s_-}) \sin \lambda (s_+ - s_-).$$

両端固定

$$|\mathcal{B}| = \begin{vmatrix} e^{\lambda s_-} & e^{-\lambda s_-} & \cos \lambda s_- & \sin \lambda s_- \\ \lambda e^{\lambda s_-} & -\lambda e^{-\lambda s_-} & -\lambda \sin \lambda s_- & \lambda \cos \lambda s_- \\ e^{\lambda s_+} & e^{-\lambda s_+} & \cos \lambda s_+ & \sin \lambda s_+ \\ \lambda e^{\lambda s_+} & -\lambda e^{-\lambda s_+} & -\lambda \sin \lambda s_+ & \lambda \cos \lambda s_+ \end{vmatrix}$$

$$= 2\lambda^2 \sinh \lambda(s_+ - s_-) \sin \lambda(s_+ - s_-)$$
$$+ 2\lambda^2 [\cosh \lambda(s_+ - s_-) + e^{-\lambda(s_+ + s_-)}] \cos \lambda(s_+ - s_-)$$
$$- \lambda^2 (2 + e^{-2\lambda s_+} + e^{-2\lambda s_-}).$$

両端自由

$$|\mathcal{B}| = \begin{vmatrix} \lambda^2 e^{\lambda s_-} & \lambda^2 e^{-\lambda s_-} & -\lambda^2 \cos \lambda s_- & -\lambda^2 \sin \lambda s_- \\ \lambda^3 e^{\lambda s_-} & -\lambda^3 e^{-\lambda s_-} & \lambda^3 \sin \lambda s_- & -\lambda^3 \cos \lambda s_- \\ \lambda^2 e^{\lambda s_+} & \lambda^2 e^{-\lambda s_+} & -\lambda^2 \cos \lambda s_+ & -\lambda^2 \sin \lambda s_+ \\ \lambda^3 e^{\lambda s_+} & -\lambda^3 e^{-\lambda s_+} & \lambda^3 \sin \lambda s_+ & -\lambda^3 \cos \lambda s_+ \end{vmatrix}$$

$$= 2\lambda^{10} \sinh \lambda(s_+ - s_-) \sin \lambda(s_+ - s_-)$$
$$+ 2\lambda^{10} [\cosh \lambda(s_+ - s_-) + e^{-\lambda(s_+ + s_-)}] \cos \lambda(s_+ - s_-)$$
$$- \lambda^{10} (2 + e^{-2\lambda s_+} + e^{-2\lambda s_-}).$$

よって，両端支持の場合は $\lambda \neq \frac{n\pi}{s_+ - s_-}$, $n \in \mathbb{Z}$ のとき $\mathcal{B}$ が正則となる．

問 5.6 (1) 微分方程式系の解で $\boldsymbol{x}(s_-) = \boldsymbol{x}_0$ をみたすものは，$\boldsymbol{x}(s) = e^{(s-s_-)A}\boldsymbol{x}_0$. 第 3 章 (3.23) の表現式により，解が $\lim_{t \to \infty} \boldsymbol{x}(s) = \boldsymbol{0}$ をみたす必要十分条件は，$Q_k(A)\boldsymbol{x}_0 = \boldsymbol{0}$ ($m_1 < k \leq m_1 + m_2$) なので，条件は $\boldsymbol{x}(s_-) \in E^-$. (2) $\boldsymbol{x}(s_-) = \sum_{k=1}^m x_k \boldsymbol{f}_k$ と表しておく．このとき，任意の $\boldsymbol{g}_- \in \mathbb{C}^m$ について，連立 1 次方程式：$B_-\boldsymbol{x}(s_-) = \sum_{k=1}^m x_k B_- \boldsymbol{f}_k = \boldsymbol{g}_-$ が解ける必要十分条件は

$$\det[B_- \boldsymbol{f}_1 \quad B_- \boldsymbol{f}_2, \quad \cdots \quad B_- \boldsymbol{f}_m] \neq 0.$$

問 5.7 $\mathcal{L}^*[\boldsymbol{\xi}] = -\frac{d\boldsymbol{\xi}}{ds}\overline{D(s)} + \boldsymbol{\xi}[\overline{A(s)} - \overline{D'(s)}]$ より $\frac{d}{ds}[D(s)\boldsymbol{x}] + [A(s) - D'(s)]\boldsymbol{x} = \mathcal{L}[\boldsymbol{x}]$.

問 5.8 $\phi_-(s) = A_- e^{\lambda s} + B_- e^{-\lambda s}$ とおく．境界条件より $\phi(s_-) = A_- e^{\lambda s_-} + B_- \times e^{-\lambda s_-} = 0$. よって $A_- = Ce^{-\lambda s_-}$, $B_- = -Ce^{\lambda s_-}$ とすればよいので $\phi_-(s) = C \times \sinh\lambda(s - s_-)$ (C は任意定数). 同様な計算により $\phi_+(s) = C' \sinh\lambda(s_+ - s)$ を得る．また，ロンスキー行列式は $\mathcal{W}[\phi_-, \phi_+] = CC' \begin{vmatrix} \sinh\lambda(s - s_-) & \sinh\lambda(s_+ - s) \\ \cosh\lambda(s - s_-) & -\cosh\lambda(s_+ - s) \end{vmatrix} = -CC'\lambda \sinh\lambda(s_+ - s_-)$ と計算される．よって，求めるグリーン関数は

$$G(s, \sigma) = \begin{cases} -\dfrac{\sinh\lambda(s_+ - s)\sinh\lambda(\sigma - s_-)}{\sinh\lambda(s_+ - s_-)}, & \sigma < s, \\ -\dfrac{\sinh\lambda(s - s_-)\sinh\lambda(s_+ - \sigma)}{\sinh\lambda(s_+ - s_-)}, & \sigma > s \end{cases}$$

問 5.9 解の基本系は $e^{\lambda s}$, $e^{-\lambda s}$, $\cos\lambda s$, $\sin\lambda s$, $E(s, \sigma) = \frac{1}{2\lambda^3}[\sinh\lambda(s - \sigma) - \sin\lambda(s - \sigma)]$. $g_{ss}(0, \sigma) = g(0, \sigma) = 0$ をみたす解は $\phi(\sigma)\sinh\lambda s + \psi(\sigma)\sin\lambda s$ とおける．境界条件：$g_{ss}(T, \sigma) = -E_{ss}(T - \sigma)$, $g(T, \sigma) - E(T - \sigma)$ より，$\phi(\sigma)$, $\psi(\sigma)$ を定めると，$g(s, \sigma) = -\frac{1}{2\lambda^3}\left[\frac{\sinh\lambda(T-\sigma)\sinh\lambda s}{\sinh\lambda T} - \frac{\sin\lambda(T-\sigma)\sin\lambda s}{\sin\lambda T}\right]$. 例題 5.5 別解と同様 $G(s, \sigma) = G(\sigma, s)$ が成立するので，

$$G(s, \sigma) = \begin{cases} -\frac{1}{2\lambda^3}\left[\dfrac{\sinh\lambda\sigma\sinh\lambda(T-s)}{\sinh\lambda T} - \dfrac{\sin\lambda\sigma\sin\lambda(T-s)}{\sin\lambda T}\right], & \sigma < s, \\ -\frac{1}{2\lambda^3}\left[\dfrac{\sinh\lambda(T-\sigma)\sinh\lambda s}{\sinh\lambda T} - \dfrac{\sin\lambda(T-\sigma)\sin\lambda s}{\sin\lambda T}\right], & \sigma > s. \end{cases}$$

第 6 章

問 6.1 (1) コーシーの積分定理より，a と z_0 を囲む適当な多角形 C_n: $A_1A_2\cdots A_nA_1$ と z_0 を囲む三角形 B: $B_1B_2B_3B_1$ をとると，$\int_C \frac{f(z)}{z-a}\,dz = \int_{C_n} \frac{f(z)}{z-a}\,dz$, $\int_{|z-z_0|=\varepsilon} \frac{f(z)}{z-a}\,dz = \int_B \frac{f(z)}{z-a}\,dz$. ここで，多角形と三角形ともに，反時計方向に頂点の

問 の 略 解

順番がついているとする．B_1 と A_1, B_2 と A_2, それぞれを互いに交わらない曲線で結ぶ．ここで a は閉曲線 $B_1A_1A_2B_2B_1$ に囲まれるとしてよい．コーシーの積分公式より $f(a) = \frac{1}{2\pi i} \int_{B_1A_1A_2B_2B_1} \frac{f(z)}{z-a} dz$. また $f(a) = \frac{1}{2\pi i} \int_{A_1B_1B_3B_2A_2\cdots A_nA_1} \frac{f(z)}{z-a} dz = 0$. 2つの積分を加えると $f(a) = \frac{1}{2\pi i} \int_{A_1A_2\cdots A_nA_1} \frac{f(z)}{z-a} dz + \frac{1}{2\pi i} \int_{B_1B_3B_2B_1} \frac{f(z)}{z-a} dz = \frac{1}{2\pi i} \int_{C_n} \frac{f(z)}{z-a} dz - \frac{1}{2\pi i} \int_B \frac{f(z)}{z-a} dz$. (2) $|f(z)| \le M$ とすると，(1) の第 2 項は $\left| \frac{1}{2\pi i} \int_{|z-z_0|=\varepsilon} \frac{f(z)}{z-a} dz \right| \le \frac{M}{2\pi} \frac{1}{|a-z_0|-\varepsilon} \int_{|z-z_0|=\varepsilon} |dz| = \frac{M\varepsilon}{|a-z_0|-\varepsilon} \to 0 \; (\varepsilon \to 0)$. よって，$f(z)$ は $z = z_0$ の近傍においても正則である．

問 6.2 $\frac{dx_1}{dz} = \frac{1}{z}x_2$, $\frac{dx_2}{dz} = \frac{dx}{dz} + z\frac{d^2x}{dz^2} = \frac{1}{z}[1-b_1(z)]x_2 - \frac{1}{z}b_2(z)x_1$. よって $\hat{A}(z) = \begin{bmatrix} 0 & 1 \\ -b_2(z) & 1-b_1(z) \end{bmatrix}$ とすればよい．

問 6.3 例題 6.3 と同様な議論である．変数変換 $\zeta = \log z$ を用いると，微分方程式は $\frac{d\boldsymbol{x}}{d\zeta} = A\boldsymbol{x}$. (1) 固有値は $\frac{1}{2}$, $\frac{1}{3}$. $M = \begin{bmatrix} e^{\pi i} & 0 \\ 0 & e^{\frac{2}{3}\pi i} \end{bmatrix}$. (2) A の固有値は $2, -1$ (整数値)．よって，$M = I$ (単位行列). (3) A の固有値は $\frac{1}{2}$ (重複固有値) で，$(A - \frac{1}{2}I) \ne O$, $(A - \frac{1}{2}I)^2 = O$ が成立する．ゆえに $M = \begin{bmatrix} e^{\pi i} & 2\pi i e^{\pi i} \\ 0 & e^{\pi i} \end{bmatrix}$ である．

問 6.4 $A_0 = \begin{bmatrix} \lambda & 0 \\ 0 & \lambda-1 \end{bmatrix}$, $A_1 = \begin{bmatrix} a_1 & b_1 \\ c_1 & d_1 \end{bmatrix}$ とおく．$\boldsymbol{\eta}_0 = \begin{bmatrix} 0 \\ 1 \end{bmatrix}$ から始まる展開が問題となる．$\boldsymbol{\eta}_1$ を決める方程式は $(\lambda I - A_0)\boldsymbol{\eta}_1 = A_1\boldsymbol{\eta}_0$. ${}^t\boldsymbol{\xi}_0 = (1, 0)$ は A_0 の左固有ベクトルなので，方程式が解ける条件は ${}^t\boldsymbol{\xi}_0 A_1 \boldsymbol{\eta}_0 = b_1 = 0$ である．逆に $b_1 = 0$ とすると，x_1 がみたす方程式は $\frac{dx_1}{dz} = \left(\frac{\lambda}{z} + a_1\right)x_1$ なので，一般解は $x_1 = Cz^\lambda e^{a_1 z}$. よって，$x_2$ の方程式は $\frac{dx_2}{dz} = \left(\frac{\lambda-1}{z} + d_1\right)x_2 + c_1 C z^\lambda e^{a_1 z}$. これは，$\frac{d}{dz}[z^{-(\lambda-1)}e^{-d_1 z}x_2] = c_1 C z e^{(a_1 - d_1)z}$ と変形できるので，(i) $a_1 \ne d_1$ のとき：一般解は $x_2 = C'z^{\lambda-1}e^{d_1 z} + C\frac{c_1 z^{\lambda-1}}{a_1 - d_1}\left(z - \frac{1}{a_1 - d_1}\right)e^{a_1 z}$. (ii) $a_1 = d_1$ のとき：一般解は $x_2 = \left(C'z^{\lambda-1} + C\frac{c_1 z^{\lambda+1}}{2}\right)e^{d_1 z}$. したがって，$\log z$ は現れない．

問 6.5 $x = z^{-\frac{1}{2}}y$ とおくと，$x' = z^{-\frac{1}{2}}y' - \frac{1}{2}z^{-\frac{3}{2}}y$, $x'' = z^{-\frac{1}{2}}y'' - z^{-\frac{3}{2}}y' + \frac{3}{4}z^{-\frac{5}{2}}y$ より，y は微分方程式 $y'' + y = 0$ をみたす ($\frac{1}{2}$ 次のベッセルの微分方程式の一般解は $z^{-\frac{1}{2}}(c_1 \cos z + c_2 \sin z)$).

問 6.6 ライプニッツの公式より $\left(\frac{d}{dt}\right)^{n+1}[(t^2-1)(w^n)'] = (t^2-1)\left(\frac{d}{dt}\right)^{n+2}(w^n) + 2(n+1)t\left(\frac{d}{dt}\right)^{n+1}(w^n) + n(n+1)\left(\frac{d}{dt}\right)^n(w^n) = 2nt\left(\frac{d}{dt}\right)^{n+1}(w^n) + 2n(n+1)w^n$.

これより，w^n はルジャンドルの微分方程式をみたすことが分かる．$P_n(t) = \frac{1}{2^n n!} \sum_{j=1}^n {}_n C_j (t^{2j})^{(n)}$ より $P_{2k}(0) = (-1)^k \frac{(2k)!}{2^{2k}(k!)^2}$, $P'_{2k}(0) = 0$, $P_{2k+1}(0) = 0$, $P'_{2k+1}(0) = (-1)^k \frac{(2k+1)!}{2^{2k}(k!)^2}$ が分かるので，ロドリーグの公式で与えられた多項式がルジャンドルの多項式であることが分かる．

問 6.7 最初に $\frac{1}{2} \log \frac{1+t}{1-t} = t \sum_{m=0}^\infty \frac{t^{2m}}{2m+1}$ に注意する．

$$v_0(t) = t + \sum_{m=1}^\infty \frac{1 \cdot 3 \cdots (2m-1) 2 \cdot 4 \cdots 2m}{(2m+1)!} t^{2m+1}$$
$$= t + \sum_{m=1}^\infty \frac{1}{2m+1} t^{2m+1} = \frac{1}{2} \log \frac{1+t}{1-t}.$$
$$u_1(t) = 1 - \sum_{m=1}^\infty \frac{1 \cdots (2m-3) 2 \cdot 4 \cdots 2m}{(2m)!} t^{2m}$$
$$= 1 - t^2 \sum_{m=1}^\infty \frac{t^{2m-2}}{2m-1} = 1 - \frac{t}{2} \log \frac{1+t}{1-t}.$$

問 6.8

$$u_\lambda(t) = \sum_{m=0}^\infty \frac{2^m (2m-2-\lambda) \cdots (2-\lambda)(-\lambda)}{(2m)!} x^{2m},$$
$$v_\lambda(t) = \sum_{m=0}^\infty \frac{2^m (2m-1-\lambda) \cdots (3-\lambda)(1-\lambda)}{(2m+1)!} x^{2m+1}.$$

$\lambda = n \in \mathbb{Z}$ のときは a_{n+2} 以降が 0 となるので，解は多項式である．

ライプニッツの公式より $\left(\frac{d}{dt}\right)^{n+1}[y' + 2ty] = \left(\frac{d}{dt}\right)^{n+2} y + 2t \left(\frac{d}{dt}\right)^{n+1} y + 2(n+1) \times \left(\frac{d}{dt}\right)^n y = 0$. よって，$y_n = \left(\frac{d}{dt}\right)^n y$ とおくと，$y^{(n)}$ は $y_n'' + 2t y_n' + 2(n+1) y_n = 0$ をみたす．ゆえに，$x_n = e^{-t^2} y_n = e^{-t^2} \left(\frac{d}{dt}\right)^n e^{t^2}$ はエルミートの微分方程式をみたす．

問 6.9 $1 \leq j \leq n-1$ のとき $\frac{dx_j}{dt} = (j-1) t^{j-2} x^{(j-1)} + t^{j-1} x^{(j)} = \frac{1}{t}[(j-1) x_j + x_{j+1}]$. $\frac{dx_n}{dt} = (n-1) t^{n-2} x^{(n-1)} + t^{n-1} x^{(n)} = \frac{1}{t}\left[(n-1) x_n - \frac{b_1(t)}{b_0(t)} x_m - \cdots - \frac{b_m(t)}{b_0(t)} x_1\right]$ が成立するので，求める形にできる．

問 6.10 決定方程式は $f(\lambda) = \lambda(\lambda-1) - 4\lambda + 6 = (\lambda-2)(\lambda-3)$. $\lambda = 3$ に対応する解を $x = \sum_{n=0}^\infty a_n t^{n+3}$ とおくと，$a_1 = 0$ で，漸化式は，$a_n = -\frac{1}{n(n+1)} a_{n-2}$. これを解くと $a_{2m} = \frac{(-1)^m}{(2m+1)!} a_0$ を得る．よって，1つの解は $x_1(t) = a_0 \sum_{m=0}^\infty \frac{(-1)^m}{(2m+1)!} t^{2m+3} = a_0 t^2 \sin t$. $\lambda = 2$ に対応する解を $x = \sum_{n=0}^\infty b_n t^{n+2}$ とおくと，漸化式は，$b_n = -\frac{1}{n(n-1)} b_{n-2}$. これを解くと $b_{2m} = \frac{(-1)^m}{(2m)!} b_0$. よって，他の解は $x_2(t) = b_0 \times \sum_{m=0}^\infty \frac{(-1)^m}{(2m)!} t^{2m+2} = b_0 t^2 \cos t$.

問 6.11 $t \frac{d}{dt} = -s \frac{d}{ds}$, $t^2 \left(\frac{d}{dt}\right)^2 = 2s \frac{d}{ds} + s^2 \frac{d^2}{ds^2}$ より明らかである．

参 考 文 献

[1] E. A. コディントン,N. レヴィンソン,常微分方程式論(上,下),吉岡書店,1968.
[2] R. クーラント,D. ヒルベルト,数理物理学の方法(新装版,第 1,2 巻),東京図書,1995.
[3] A. Erdélyi, Asymptotic Expansions, Dover, 1956.
[4] K. O. Friedrichs, Advanced Ordinary Differential Equations, Gordon & Breach, 1965.
[5] 犬井鉄郎,特殊関数(岩波全書),岩波書店,1962.
[6] 入江昭二,垣田高夫,常微分方程式,内田老鶴圃,1974.
[7] 岩崎千里,楳田登美男,微分方程式概説,サイエンス社,2004.
[8] 笠原晧司,微分積分学,サイエンス社,1974.
[9] 笠原晧司,教養課程線形代数学,サイエンス社,1982.
[10] 笠原晧司,微分方程式の基礎,朝倉書店,1982.
[11] T. フォン・カルマン,M. A. ビオ,工学における数学的方法(上,下),法政大学出版局,1954.
[12] 河野實彦,微分方程式入門,森北出版,1996.
[13] 溝畑茂,積分方程式入門(増補版),朝倉書店,1976.
[14] 長瀬道弘,微分方程式,裳華房,1993.
[15] 南雲道夫,微分方程式 I,共立出版,1955.
[16] L. S. ポントリャーギン,常微分方程式,共立出版,1963.
[17] 島倉紀夫,常微分方程式,裳華房,1988.
[18] 高野恭一,常微分方程式,朝倉書店,1994.
[19] 岡村博,微分方程式序説,共立出版,2003.
[20] 大久保謙二郎,河野實彦,漸近展開,教育出版,1976.
[21] 占部博信,基礎課程複素関数論,サイエンス社,1999.
[22] 山口昌哉,非線型現象の数学,朝倉書店,1972.
[23] 山本稔,常微分方程式の安定性,実教出版,1979.
[24] 吉沢太郎,微分方程式入門,朝倉書店,1967.
[25] C. Zuily, H. Queffélec, Élements d'Analyse pour l'Agrégation, Masson, 1995.

参考文献

　本書を執筆する際には，コディントン－レヴィンソン[1]，Erdélyi[3]，Friedrichs[4]，笠原[10]，カルマン－ビオ[11]，南雲[15]，山本[23]，Zuily–Queffélec[25]を参考にした．

　本書と共に，入江－垣田[6]，岩崎－楳田[7]，笠原[10]，長瀬[14]，島倉[17]などを参照すると有益である．また，微分方程式を学ぶときに必要となる微分積分と線形代数については，笠原[8,9]が最適である．複素関数に関することについては，本コースの占部[21]を推薦する．

　微分方程式をさらに学ばれる読者の方々には，次の参考図書をお薦めする．
(1) 基礎理論：河野[12]，岡村[19]．
(2) 非線形微分方程式の大域理論：ポントリャーギン[16]，山口[22]，山本[23]，吉沢[24]．
(3) 境界値問題：コディントン－レヴィンソン[1]，溝畑[13]．
(4) 解析的微分方程式：高野[18]．
(5) 特殊関数：クーラント－ヒルベルト[2]，犬井[5]，溝畑[13]，島倉[17]．

また，本書では，解の漸近展開の理論を述べることができなかった．重要で有用な話題であるので，Erdélyi[3]，Friedrichs[4]，大久保－河野[20]，高野[18]，島倉[17]などをお薦めする．

索 引

あ 行

アトラクタ　90
安定　97
安定結節点　90
安定集合　102
安定部分空間　101
安定らせん点　92
鞍点　91, 102
一様有界性　30
一般解　8
一般化された同次形方程式　13
エントロピー関数　107
オイラーの方程式　173

か 行

解　5
解核行列　47
解軌道　87
解曲線　5
階数　5
解析的　138, 141
確定特異点　150, 172
完全微分形　11
完備　22
基本解　76
基本行列　46, 124
境界条件　112
境界値問題　112
局所的に　6

局所モノドロミー行列　145
グリーン関数　131
クレロー型　14
グロンウォールの不等式　6
決定方程式　156
勾配流　87
コーシー–コワレフスカヤの定理　188
コーシー問題　6
コーシー–リーマンの関係式　137
コーシー列　22

さ 行

最小多項式　64
自己共役作用素　116
指数　146
縮小写像　23
条件付き漸近安定性　101
常微分方程式　5
初期条件　6
初期値問題　6, 188
自励系　85
随伴境界条件　116, 122
随伴境界値問題　114, 123
随伴作用素　116, 122
正規形　5
斉次　41, 48
正則　138, 141
積分因子　12
積分曲線　85

漸近安定　97
線形微分方程式系　41
線形方程式　48
線形方程式の解の存在範囲　169
相空間　85

た　行

(第1種)ベッセル関数　178
第2種ベッセル関数　179
単独方程式　5
中心　91
定数変化法　10
デュアメルの原理　76
同等連続性　30
特異解　9
特異点　96
特殊解　8
特性多項式　70
特性方程式　71

な　行

軟化子　32
ノイマン関数　179

は　行

バナッハ空間　22
非斉次　41, 48

微分作用素　70
不安定結節点　91
不安定らせん点　92
不動点定理　23
部分分数法　78
フロベニウスの理論　173
平衡点　90, 96
ベルヌーイ型　13
変数分離形　8
偏微分方程式　5
変分方程式　39
包絡線　15

ま　行

未定係数法　79
モノドロミー行列　145

や　行

優級数　164

ら　行

ラグランジュ型　18
リッカチ型　14
リプシッツ条件　6
リペラ　91
リャプノフ関数　107
臨界点　96

著者略歴

森本芳則
もりもと　よしのり

1974 年　京都大学理学部卒業
1977 年　大阪大学大学院理学研究科博士課程中途退学
現　在　京都大学大学院人間・環境学研究科教授
　　　　理学博士，Doctorat d'Etat（フランス国家博士）
　　　　日本数学会解析学賞，2011
主要著書　「数学辞典」（分担執筆），岩波書店，2007．

浅倉史興
あさくら　ふみおき

1975 年　大阪大学理学部卒業
1980 年　京都大学大学院理学研究科博士課程単位取得退学
現　在　大阪電気通信大学工学部・大学院工学研究科教授
　　　　理学博士
主要著書
「応用解析」培風館，2014；「応用解析ハンドブック」（増田久弥編，分担執筆），丸善出版，2012；「数学辞典」（分担執筆），岩波書店，2007；"Hyperbolic Problems –Theory, Numerics, Applications I, II"（共同編集，編集責任者），Yokohama Publishers, 2006．

数学基礎コース＝ K5
基礎課程 微分方程式
2014 年 12 月 10 日 ⓒ　　　　　　　初　版　発　行

著　者　森本芳則　　　　発行者　木下敏孝
　　　　浅倉史興　　　　印刷者　林　初彦

発行所　株式会社　サイエンス社
〒151-0051　東京都渋谷区千駄ヶ谷 1 丁目 3 番 25 号
営業　☎ (03)5474-8500　（代）　振替 00170-7-2387
編集　☎ (03)5474-8600　（代）
FAX　☎ (03)5474-8900

印刷・製本　太洋社
《検印省略》

本書の内容を無断で複写複製することは，著作者および出版社の権利を侵害することがありますので，その場合にはあらかじめ小社あて許諾をお求め下さい．

サイエンス社のホームページのご案内
http://www.saiensu.co.jp
ご意見・ご要望は
rikei@saiensu.co.jp　まで．

ISBN978-4-7819-1351-3
PRINTED IN JAPAN

━━━━━━━━━ 新版 演習数学ライブラリ ━━━━━━━━━

新版 演習線形代数
寺田文行著　2色刷・A5・本体1980円

新版 演習微分積分
寺田・坂田共著　2色刷・A5・本体1850円

新版 演習微分方程式
寺田・坂田共著　2色刷・A5・本体1900円

新版 演習ベクトル解析
寺田・坂田共著　2色刷・A5・本体1700円

＊表示価格は全て税抜きです．

━━━━━━━━ サイエンス社 ━━━━━━━━